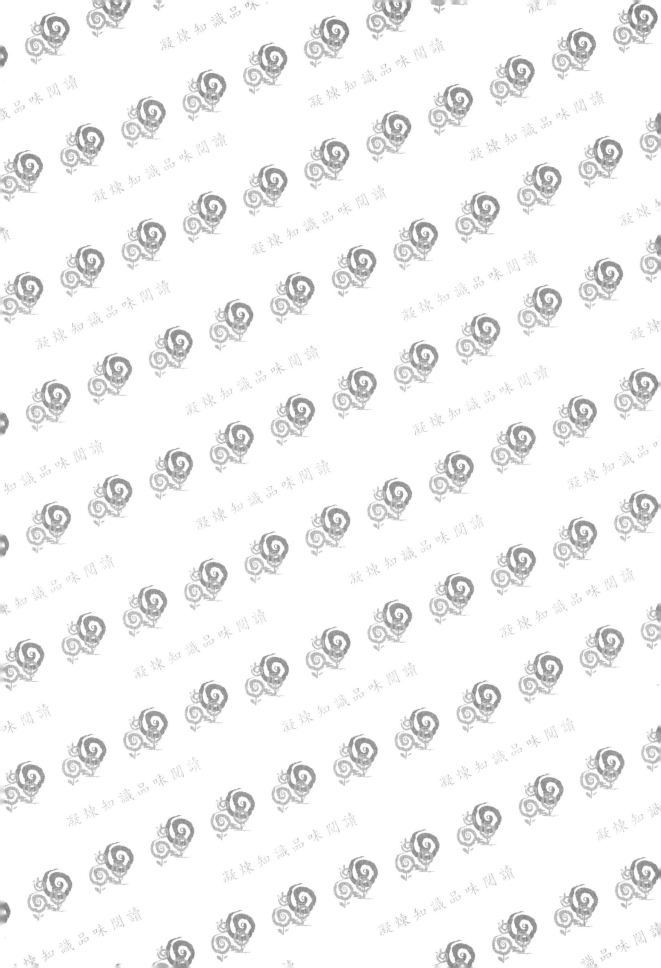

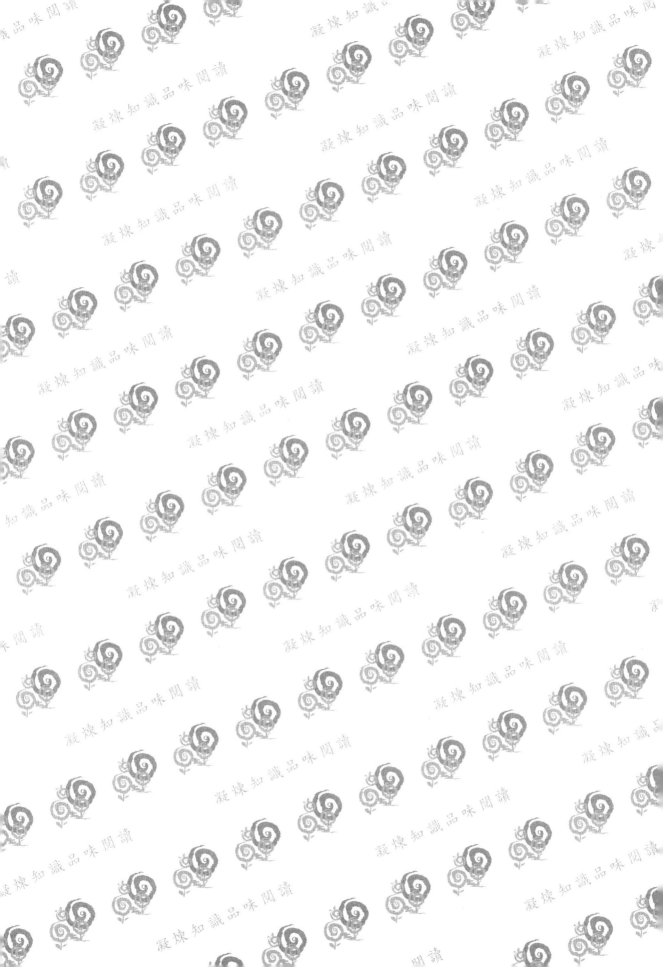

餐飲服務

第二版

服務品質與顧客關係
管理理論與實務

- 協助企業改善服務品質
- 提升顧客滿意度
- 提升產業競爭力

五南圖書出版公司 印行

郭德賓 著

致謝辭

　　本書是個人一生從事服務業顧客滿意研究的心得累積，以及多年來擔任企業經營輔導顧問的經驗結晶，本書得以出版首先要感謝父親郭炯楠與母親劉秀治的養育栽培，夫人周淑華及女兒蕙心與兒子為鈞的支持體諒，親朋好友的鼓勵協助，餐旅管理研究所同學的資料蒐集，以及助理余芝婷的排版校稿，才能順利完成本書的寫作與出版。

　　從商業經濟的角度來看，這是一本不會賺錢的書，因為這不是翻譯國外的教科書，缺乏廣大的商業市場。但是，從餐旅教育的角度來看，這是一本值得仔細閱讀的書，因為這是作者結合理論與實務，依據台灣產業的實證研究結果精心撰寫的書。所以，這本書能夠出版，要感謝行政院國家科學委員會在研究計畫經費的補助，國立高雄餐旅大學在出版經費的補助，以及相關產學合作廠商在實證研究的協助，讓本書得以廣為流傳造福莘莘學子，協助企業改善服務品質，提升顧客滿意度，進而提升產業競爭力，在此致上最誠摯的敬意與感謝。若有疏漏之處，敬請不吝指教，信箱：teping@mail.nkuht.edu.tw

郭德賓

謹誌於國立高雄餐旅大學　2016.9

作者序

在二十幾年的大學教學生涯中發現，國內的大專教科書大多是翻譯國外原文書，很少有以國內產業進行實證研究之後撰寫的本土性書籍，以致教科書內所引用的案例或數據都是國外資料，與國內的產業狀況有很大的落差。有鑑於此，筆者將多年來發表有關顧客滿意的學術論文，以及與業界進行產學合作所獲得的實證資料，改寫成《服務品質與顧客關係管理─理論與實務》一書，可謂筆者一生從事服務品質與顧客滿意研究的心血結晶，希望能藉由此書與同好、後進共同分享。

本書分為〈理論基礎〉、〈實務應用〉、〈研究發展〉、〈個案討論〉四大篇幅，第壹篇〈理論基礎〉，從顧客滿意與服務品質基礎理論的起源開始談起，介紹兩個不同理論的發展與演進過程，分析二者的差異與整合，讓讀者可以很清楚地瞭解，這二個極為相似卻又各自迥異的理論精髓所在。第貳篇〈實務應用〉，以第壹篇所介紹的顧客滿意與服務品質理論為基礎，進行實證研究加以驗證，讓讀者瞭解如何將書上的理論加以實際應用。第參篇〈研究發展〉，介紹現代服務管理理論的發展，從服務劇場的觀點來探討顧客滿意理論的演進，以及服務失誤與服務補救議題的發展，並且探討難纏顧客的類型與因應對策。第肆篇〈個案討論〉，列舉顧客滿意、員工自發行為、服務失誤、服務補救與補救失誤的實際案例，進行個案分析與討論，讓讀者能夠結合理論與實務，並且將所學加以實際應用。

郭德賓

謹誌於國立高雄餐旅大學　2016.9

CONTENTS
目　錄

第 ① 篇

理論基礎篇

　　如何提升服務品質以增加顧客滿意，是現代企業成功的不二法門。所以，第壹篇〈理論基礎篇〉，是讀者在深入瞭解服務管理之前，必須先學習的基本功，內容包含：「第一章　服務管理概論」、「第二章　顧客滿意的定義與評量」、「第三章　服務品質的定義與評量」、「第四章　服務品質與顧客滿意的比較」、「第五章　服務品質屬性與顧客滿意度關係」，學會本篇的理論基礎，將可以讓你對於服務品質與顧客滿意有基本的概念。

第一章

服務管理概論

問題思考

什麼是「服務」？「服務」與「產品」哪裡不一樣？

 問題提示

「產品」是有形的，看得到摸得著。「服務」是無形的，看不到摸不著。

 問題解答

「服務」是一個很抽象的概念，在購買之前，看不到也摸不著。它不像有形的「產品」，在購買之前，可以看得到，也可以摸得著。所以，對消費者而言，服務的購買充滿了風險。

管理現場

海底撈肉麻式服務　強勁登台！

發跡於四川，享譽中國最強的川式火鍋連鎖店於2015年9月登台了！選在位於台北最熱鬧、交通便利的信義區內，主打服務至上的招牌，原汁原味將大陸獨特的「肉麻式服務」帶進台灣，目前在全球包含美國、新加坡、日本和韓國等各地設有130間分店。

顧客從一上門即享有尊榮禮遇，候位時，有點心、飲料、哈根達斯冰淇淋無限量供應，還提供免費的美甲沙龍、擦皮鞋與頂級按摩服務。用餐期間的餐桌服務更是多元，除了會主動替顧客盛裝醬料、拿取開胃菜及水果之外，怕火鍋弄髒衣服或沾附到頭髮、眼鏡遇熱氣起霧，更是貼心地送上熱毛

巾、衣服防護套、圍兜、髮圈、髮夾和眼鏡拭鏡紙，就連手機的 USB 充電插座，以及隔絕火鍋油膩氣味的防護套都準備得相當周全。

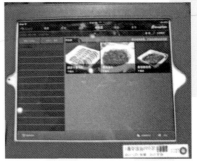

候位叫號系統、IPAD 點餐、撈麵秀及川劇變臉表演等創新服務體驗也直接搬到台灣，就連廁所準備的備品也非常多樣，衛生棉、牙刷、刮鬍刀、吸油面紙、卸妝乳、洗面乳、香水應有盡有。菜單部分除了增加大陸所沒有的燙滷類食品，如滷牛筋、滷牛肚等，其餘的餐點項目與大陸地區差異不大，四川麻辣等湯底均是由中國大陸原裝進口來台，供應道地川味火鍋。價格部分即使比台灣的一般火鍋店貴，但生意一樣興隆，人潮一樣絡繹不絕！

一、服務的定義

　　Lovelock（1979）認為所謂「服務」，是將服務附加於產品之上，對消費者而言，將可因此而增加對該產品的效用與價值。Kotler（1980）將「服務」定義為：一方提供給另一方的任何活動或利益，它基本上是無形的，而且無法產生事物的所有權，服務的生產可能與某一項實體產品有關，也可能無關。

二、服務的特性

　　「服務」之所以不同於一般有形的商品，因為它具備了以下四種特性：

（一）無形性（intangibility）：服務不具形體，在購買之前無法評量與測試。

　　　　大部分的服務是無形的，消費者在購買一項服務之前，不易評估此項服務的內容與價值；換言之，服務在購買之前是看不見、摸不著、聽不到、嗅

圖1-1　服務的四大特性

不出來的。因此，大部分的服務在銷售之前不能被評量或測試，以證明其服務品質，而廠商也不易去瞭解消費者是如何去認知與評量他們所提供的品質。因此，廠商應該儘量的讓無形的服務有形化，以加強消費者在購買服務時的信心。例如：整型醫院在做廣告宣傳時，會以整型前、整型後的照片，來說明整型前後的效果；建設公司在預售房屋時，會以設計圖、房屋模型、樣品屋等，來讓消費者瞭解實際完成後的房屋。

（二）同時性（inseparability）：服務的製造與消費同時產生，二者不可分離。

　　服務通常與服務的提供者密不可分，在提供服務的過程中，服務者與被服務者必須同時在場。因此，服務的品質無法像有形的產品一樣，在工廠裡被設計與製造，然後再交給顧客。在勞力密集的服務業中，品質發生於服務傳遞的過程中，通常涉及顧客與服務接觸人員之間的互動。所以，在消費者參與密集的服務業中，例如：理髮、醫療服務等，廠商對於服務的品質將會較難控制。因此，廠商可以將服務擴大或複製，讓更多的消費者在同一時間接受服務。例如：歌星張惠妹開演唱會，可以選擇較大的場地，同時容納更多的歌迷，或者透過電視實況轉播，讓更多的歌迷同時觀賞。

（三）變異性（heterogeneity）：服務績效會因人、因時、因地而異。

　　服務，特別是在某些涉及高度勞力內容的服務業中，具有顯著的變異性。服務人員所提供的服務績效，會因為顧客和時間的不同，而有顯著的差異。因此，廠商應該儘量的讓服務標準化，以便控制服務品質。例如：麥當勞使用標準化的容器來煎蛋，使煎出來的每一顆蛋都一樣大；曼都髮廊加強

對員工的教育訓練，並施以標準化的作業流程，使每一位顧客都能受到一樣親切的服務。

（四）易逝性（perishability）：服務無法儲存，很容易消逝。

　　服務無法儲存，它並不像實體產品一樣，可以加以儲存。此外，服務的需求與供給往往配合不上，在尖峰時間需求量很大，但供給量卻無法同步增加；在離峰時間需求量很小，經常造成設備與人力的閒置浪費。因此，服務品質受到需求波動的影響很大，廠商不易控制服務品質。所以，廠商可以採取「差別取價」的方式，在尖峰時間以較高的價格來抑制需求，在離峰時間以較低的價格來刺激需求，以平衡服務的供給與需求。例如：電話公司在夜間或假日採折扣方式計費，以便充分運用設備；旅館在非假日採折扣方式出租房間，以提高房間出租率。此外，廠商也可以雇用兼職人員，來增加尖峰時間的供給量，或者採取預約的方式，以充分掌握需求的波動。

問題思考
既然，「服務」是無形的，看不到也摸不著？那麼「服務」要怎麼來分類？

問題提示
雖然，「服務」是無形的，看不到也摸不著。但是，每一種「服務」都有其特殊的屬性與特徵。

問題解答
每一種「服務」，都可以依其屬性與特徵為坐標軸來加以區隔分類，使其更容易凸顯該類型服務之特質。

三、服務的分類

　　由於服務業涵蓋的範圍甚廣，不同服務業之間的差異性頗大。因此，Lovelock（1983）使用「服務活動的本質（有形活動或無形活動）」、「何者直

接接受服務（人或事）」、「服務傳送的本質（連續傳送或間斷傳送）」、「服務組織與其顧客之間的關係型態（會員關係或無正式關係）」、「服務人員可自行裁量的程度（高或低）」、「服務屬性顧客化的程度（高或低）」、「供給受到限制的程度（尖峰需求通常能配合而無拖延或尖峰需求通常超出產能）」、「需求變動之程度（廣泛或狹小）」、「顧客與服務組織間的互動本質（顧客抵達服務組織、服務組織抵達顧客、顧客與服務組織之交易於咫尺之外）」，以及「服務輸出之地點（單點或多點）」等構面，來區分服務業的類型。

㈠服務活動的本質

表1-1　服務活動的本質

何者直接接受服務

服務活動的本質		人		事	
	有形活動	對人體提供服務		對有形資產提供服務	
		■ 醫療服務 ■ 乘客運輸 ■ 美容沙龍	■ 餐飲服務 ■ 健康中心 ■ 理容美髮	■ 貨物運輸 ■ 設備維修 ■ 守衛服務	■ 洗衣服務 ■ 草坪整修 ■ 動物獸醫
	無形活動	對人心提供服務		對無形資產提供服務	
		■ 教育服務 ■ 廣播服務 ■ 資訊服務	■ 歌劇院 ■ 博物館	■ 銀行 ■ 法律顧問 ■ 會計服務	■ 保險服務 ■ 保全服務

資料來源：Lovelock (1983), p.72.

㈡服務與顧客之間的關係

表1-2　服務與顧客之間的關係

服務與顧客之間的關係型態

服務傳送的本質		有會員關係		無正式關係	
	連續傳送	■ 保險服務 ■ 銀行服務 ■ 電話用戶	■ 學校教育 ■ 社團組織	■ 廣播電台 ■ 燈塔	■ 警察局 ■ 公用高速公路
	間斷傳送	■ 長途電話 ■ 戲院訂座 ■ 儲值票	■ 電影院 ■ 博物館	■ 汽車出租 ■ 郵寄服務 ■ 餐廳	■ 收費高速公路 ■ 保全服務 ■ 保險服務

資料來源：Lovelock (1983), p.74.

㈢服務傳送的顧客化與自行裁量

表1-3　服務傳送的顧客化與自行裁量

服務屬性顧客化程度

<table>
<tr><td rowspan="7">服務人員可自行裁量的程度</td><td></td><td colspan="2">高</td><td>低</td></tr>
<tr><td rowspan="3">高</td><td>■ 法律服務</td><td>■ 醫療服務</td><td rowspan="3">■ 教育（大班制）
■ 預防保健計畫</td></tr>
<tr><td>■ 建築設計
■ 房屋仲介</td><td>■ 管理顧問
■ 計程車</td></tr>
<tr><td>■ 美容沙龍</td><td>■ 水管裝修</td></tr>
<tr><td rowspan="2">低</td><td>■ 電話服務</td><td>■ 銀行貸款</td><td>■ 大衆運輸　　■ 運動視線員</td></tr>
<tr><td>■ 旅館服務</td><td>■ 高級餐廳</td><td>■ 速食餐廳　　■ 日常用品修理
■ 電影院</td></tr>
</table>

資料來源：Lovelock (1983), p.75.

㈣服務需求與供給的本質

表1-4　服務需求與供給的本質

需求隨著時間波動的程度

<table>
<tr><td rowspan="5">供給受到限制的程度</td><td></td><td>高</td><td>低</td></tr>
<tr><td>尖峰需求
通常能配
合無拖延</td><td>■ 電力公司
■ 電信公司
■ 天然瓦斯
■ 警察與消防隊</td><td>■ 銀行
■ 保險
■ 法律顧問
■ 洗衣店</td></tr>
<tr><td>尖峰需求
通常超出
產能</td><td>■ 乘客運輸
■ 餐廳
■ 戲院
■ 會計與稅務服務
■ 旅館與汽車賓館</td><td>與上述的象限相似但其產能未能達到企業的基本水準。</td></tr>
</table>

資料來源：Lovelock (1983), p.78.

㈤服務傳送的方法

表1-5　服務傳送的方法

服務輸出的地方

<table>
<tr><td rowspan="9">顧客與服務組織之間互動的本質</td><td></td><td>單點</td><td>多點</td></tr>
<tr><td>顧客抵達服務組織</td><td>■ 戲院
■ 理髮廳</td><td>■ 汽車服務
■ 連鎖速食店</td></tr>
<tr><td>服務組織抵達顧客</td><td>■ 草坪整修
■ 計程車
■ 蟲害防治</td><td>■ 郵遞傳送
■ AAA緊急維修</td></tr>
<tr><td>服務組織與顧客交易於咫尺之外</td><td>■ 信用卡
■ 地方電視台</td><td>■ 廣播網
■ 電話公司</td></tr>
</table>

資料來源：Lovelock (1983), p.79.

參考文獻

Kotler, P. (1980). *Principles of Marketing*. London, England: Prentice-Hall.

Lovelock, C. H. & Young, R. F. (1979). Look to consumer to increase productivity. *Harvard Business Review*, May-June, 19-31.

Lovelock, C. H. (1983). Classifying services to gain strategic marketing insights. *Journal of Marketing*, 47 (Summer), 9-20.

第二章

顧客滿意的定義與評量

一、顧客滿意的定義

二、顧客滿意的評量

在服務管理中，如何提升服務品質，以增加顧客滿意度，是非常重要的課題。但是，在服務管理文獻中，「服務品質」與「顧客滿意」是兩個非常近似的觀念，二者之間存在相當大的重疊性，導致二者在觀念上的混淆。因此，想要瞭解何謂「服務品質」與「顧客滿意」，就必須先瞭解何謂「期望—不一致（expectation-disconfirmation）」理論。

 問題思考

什麼是「顧客滿意」？顧客滿不滿意要怎麼看？

 問題提示

「顧客滿意」是一種抽象的概念，很難用肉眼看出來。「顧客滿意」是個人主觀的評量，很容易因個人特質的不同而有差異。

 問題解答

顧客在購買一項產品之前，會對這項產品所能產生的績效有所期望。顧客在購買一項產品之後，會比較這項產品所產生的績效與購買前的期望二者是否一致。如果產品的績效符合購買前的期望，顧客將會感到滿意；反之，如果產品的績效不符合購買前的期望，顧客將會感到不滿意。

管理現場

以為撿到便宜餐券，無法退費只好含淚

台灣經常舉辦許多大大小小的旅展促銷活動，各家旅行社、餐廳、飯店業者紛紛推出各種優惠券或商品組合，例如：住宿券、泡湯券或是下午茶券，

吸引不少消費者搶購，希望購買到物超所值的商品組合。不過經常於報章媒體或是網路上看到抱怨文，表示購買上萬元的優惠

券後，因商品內容與期望不符，感到不滿意想退費，卻被業者要求收取3成、超過2,000元的手續費，氣到捶胸頓足；甚至還有民眾花了2、3萬元的餐券，用不完又不得退費，只好認賠。

　　根據行政院消保處統計結果指出，全國餐券的消費爭議事件，自2013年到2016年3年來竟達96件，爭議內容包含特價商品買不到、訂不到，或是無法訂位、禮券損毀無法使用，以及無法或是退貨款方式困難等問題，其中又以餐券糾紛事件最多。購買上萬元餐券後，發現餐點內容與想像不同，使用幾次後，剩下的餐券要求退費，加上購買前無事先瞭解消費方式與內容，被業者要求付三成的手續費，憤而向消保會提出申訴。之前就發生過有消費者一口氣買了20幾張五星級飯店的自助餐券，原本想帶親朋好友一同消費，但拿到餐券後才得知不僅有消費時間的限制，以及在特定時間消費必須額外加價的條件，加上使用期限只有6個月，最後用不完想退費時，遭受業者百般刁難消費者只好自行吸收。

　　甚至有消費者買到沒有履約保證的優惠券，還沒使用到，業者就因經營不善而倒閉，消費者也只能認賠。根據消保處表示：「促銷是業者的行銷策略，不得轉移給消費者。」因此若消費者以1,000元購買的優惠券，而該商品實際售價為1,800元，中間的800元的差額就是業者的促銷方案。此外，有關禮券以及優惠券的使用方式，都必須向消費者說明清楚，禮券不得有使用期限的限制，但促銷券可以，若該券的促銷期限已過，消費者還是可持該券並以補差額方式使用。

一、顧客滿意的定義

在1960-1970年代，學者們進行一連串的實驗發現，當顧客耗費可觀的心力來獲得一項產品時，顧客對產品的滿意程度較高，但是當產品不能符合顧客的期望時，將會產生「期望－不一致」的現象，顧客對產品的滿意程度較低。此外，當面對同樣的產品品質時，有較高期望而且產生負向不一致的顧客，會比那些有較低期望的顧客產生較高的品質評估。

因此，消費者購買產品之前的「態度」，將會影響消費者的「期望」與「購買傾向」，而消費者購買產品之後，「產品的績效」與「期望」是否一致，將會影響購買後的「滿意度」，如果「產品的績效」與「期望」不一致，會產生「失驗」的現象。但是，「產品的績效」並不直接影響「滿意」，而是透過「不一致」間接影響「滿意」，將「滿意」視為「期望」與「不一致」的函數。

二、顧客滿意的評量

在經過多位學者的研究之後，以「期望－不一致」理論為基礎的顧客滿意評量架構逐漸確立，主要包含下列四個基本概念：

顧客的期望	產品的績效	不一致	顧客滿意
· 購買前的消費經驗與購買後實際知覺的產品績效比較。	· 評量與購買前的期望二者之間不一致的程度。	· 績效與期望一致。 · 產生負向不一致。 · 產生正向不一致。	· 當產品的績效大於或等於事前期望時，會感到滿意。 · 當產品的績效小於事前的期望時，將會感到不滿意。

圖2-1　顧客滿意評量之四個基本概念

(一)顧客的期望（customer expectation）

「顧客的期望」反映出消費者預期的產品績效，消費者在購買之前的所有消費經驗，將會建立一種比較的標準，在購買之後會以實際知覺的產品績效與上述的標準相比較，用以評量滿意的程度。然而，當消費者形成有關產品的預期績效時，可能使用「理想的（ideal）」、「預期的（expected）」、「最低容忍限度的（minimum tolerable）」以及「渴望的（desirable）」四種不同類型的期望。

㈡產品的績效（product performance）

「產品的績效」被視為一種比較的標準，用來評量與購買前的期望二者之間不一致的程度。

㈢不一致（disconfirmation）

「不一致」被視為一種主要的中介變數，一個人的期望將會：1.被確認，當一項產品的績效與他的預期一致；2.產生負向的不一致，當一項產品的績效比他預期的差；3.產生正向的不一致，當一項產品的績效比他預期的好。

㈣顧客滿意（customer satisfaction）

「顧客滿意」被視為一種購買後的產出，當產品的績效大於或等於事前的期望時，消費者將會感到滿意；當產品的績效小於事前的期望時，消費者將會感到不滿意。

問題思考

「顧客滿意」是由顧客比較「購買前的期望」與「購買後知覺的績效」二者之間的差距之後產生。因此，要如何有效提升「顧客滿意度」？

問題提示

顧客滿意＝知覺的績效（購買後）≧ 顧客的期望（購買前）。所以，降低顧客購買前的期望，或提高顧客購買後知覺的績效，都可以減少二者之間的差距，有效提升顧客滿意度。

問題解答

由於許多業者透過廣告行銷美化產品，誘使消費者對產品產生過高的期望，而實際產品未能符合購買前的期望，以致顧客感到不滿意。所以，有人主張降低顧客購買前的期望，以免顧客在購買後產生落差，期能提升顧客滿意度。但是，從實務面來看，此種做法並不可行，因為降低顧客購買前的期望，會降低顧客購買的欲望。所以，想要有效提升服務品質，必須提高廠商的服務水準，增加顧客

購買後知覺的績效，而且顧客在購買產品之後，會因為使用經驗而改變對產品的期望，一旦拉高了對產品的期望，顧客會排斥其他的產品，對廠商產生忠誠度，形成顧客專屬權。

Cardozo, R. N. (1965). An experimental study of customer effort, expectation, and satisfaction. *Journal of Marketing Research*, 24 (8), 244-249.

Miller, J.A. (1977). Studying satisfaction, modifying models, eliciting expectations, posing problems and making meaningful measurements. In H. K. Hunt (Ed.). *Conceptualization and Measurement of Consumer Satisfaction and Dissatisfaction* (pp. 72–91). Cambridge, MA: Marketing Science Institute.

Olson, J. C. & Dover, P. (1976). Effects of expectations, product performance, and disconfirmation on belief elements of cognitive structures. In B. B. Anderson (Ed.). *Advances in Consumer Research*, 3, (pp.168-175). Provo, Utah: Association for Consumer Research.

Oliver, R. L. (1977). A theoretical reinterpretation of expectation and disconfirmation effects on posterior product evaluation: Experiences in the field. In R. Day (Ed.). *Consumer Satisfaction, Dissatisfaction and Complaining Behavior* (pp.2-9). Bloomington: Indiana University.

Oliver, R. L. (1980). A cognitive model of the antecedents and consequences of satisfaction decisions. *Journal of Marketing Research,* 17 (November), 460-469.

第三章

服務品質的定義與評量

重點
大綱

問題思考

什麼是「服務品質」？如何評量服務品質？

問題提示

「服務」具有無形性，看不到、摸不著，很難加以客觀的評量。因此，Parasuraman、Zeithaml 與 Berry（1988）提出五個缺口的服務品質評量模式，由消費者主觀地來評量一個企業的「服務品質」，有效解決了服務具有無形性，廠商的服務績效不易評量的問題，被譽為現代服務業管理的里程碑。

問題解答

一般人所認知的服務品質，與學術界對於服務品質的定義有很大的不同。所謂「服務品質」，是指顧客在購買服務之後，對「廠商服務績效的知覺」與「購買前的期望」二者之間的落差。換言之，服務品質＝知覺的績效（購買後）－顧客的期望（購買前）。

管理現場

時尚百貨VIP服務：型男提重物、女廁享咖啡、有香味的百貨公司

微風信義位於台北百貨一級戰區的信義商圈，占據地利之便，是人潮匯集之地。以獨家品牌作為訴求，微風信義獨家品牌高達6成，精品占比高過5成，餐飲占比2成5，成功創造市場區隔，所以在2015年11月一開幕就造成轟動，立即成為熱門的逛街據點。

微風信義除了塑造時尚感、設計感、年輕化的整體風格特色，也將百貨服務提升得更為精緻化。除了提供雨天購物防雨袋、型男幫忙提重物、娃娃

車椅租借、行動電源租借、午後奉茶等服務之外，為了增加提袋率，微風信義於女性顧客需求設計上別出心裁，獨創「女廁補妝兼喝咖啡服務」，只要加入微風 APP 會員，即可使用點數兌換膠囊咖啡，並於2樓仕女休憩區邊補妝邊享用咖啡，購物之餘也可享受手作的樂趣。

於環境氣氛營造上，考量女性顧客對逛百貨時所注重的室內香氛舒適感，特別與 CYRANO+（席哈諾）品牌合作，調製出微風信義的專屬空間香氛，透過先進的擴散技術，讓顧客一進入館內就能感受到微風專屬的氣息，營造出第一個「有香味的百貨公司」，以廣闊的

森林香氣為主軸，交織著紫色優雅的薰衣草與清新柑橘的味道，讓顧客擁有更享受且放鬆的購物空間。此外，首創擁有8國語言的行動服務台，由配戴各國徽章的專職顧服人員手持平版電腦於館內移動，提供館內與品牌各項資訊服務，甚至包含百貨周遭的商圈、交通與住宿等相關資訊，均能即時替顧客進行解說。

微風信義整體設計上，除了結合視覺、聽覺、觸覺、味覺與嗅覺等五感概念外，也展現了藝術以及生活美學的深度魅力，透過各式擺設陳列、裝飾物等，讓購物空間更顯得輕鬆、愉快，就連大門口「愛神邱比特」的雕像設計也是具有特別意義，由日本雕刻家山田朝彥特別為微風信義所雕塑的吉祥

物，據說單身的人用手指輕輕觸邱比特背上的金箭，就能找到相愛一生的靈魂伴侶；相愛的戀人牽著手，一起站在箭所指的方向，輕輕碰觸他的箭，兩人的愛情將永恆不渝。

一、服務品質的定義

　　傳統的顧客滿意評量模式主要應用在有形產品上，由消費者比較購買前的期望與購買後的產品績效二者之間不一致的程度，來評量對產品的滿意度。但是，在服務業興起之後，由於服務業具有「無形性」、「生產與消費同時性」、「顧客與廠商互動性」等不同於有形產品的特性，廠商的服務績效不易客觀的評量。因此，Parasuraman、Zeithaml 與 Berry（1985）以「期望－不一致」理論為基礎加以修正，由消費者主觀地比較購買後實際知覺的廠商服務績效與購買前的期望二者之間的差距，提出服務品質「績效與期望差距模式」來評量服務業的顧客滿意度，以解決顧客滿意評量模式評量主體不一致的問題。

　　Parasuraman、Zeithaml 與 Berry（1985）認為顧客知覺的「服務品質」乃是由「事前的期望」與「知覺的服務」二者之間差距的方向與大小所決定，因此提出五個缺口的「服務品質差距模式」來說明服務品質的形成，並且將「服務品質」定義為：$SQ = P - E$。

$$\underset{\text{ervice Quality}}{\textbf{S}}^{\text{服務品質}} = \underset{\text{erformance}}{\textbf{P}}^{\text{知覺的績效}} - \underset{\text{xpectation}}{\textbf{E}}^{\text{顧客的期望}}$$

　　因此，當 $P - E = 0$ 時，服務品質是令人滿意的；當 $P - E < 0$ 時，服務品質低於令人滿意的水準，而隨著差距的加大，會趨向令人完全無法接受的品質；當 $P - E > 0$ 時，服務品質超過令人滿意的水準，而隨著差距的加大，會趨向理想的品質。

（一）缺口一（期望的服務 —— 管理者對顧客期望的認知缺口）：

　　服務業經營者通常不瞭解顧客心中真正想要的服務所造成的缺口。

（二）缺口二（管理者對顧客期望的認知 —— 服務品質規格缺口）：

　　管理者欲將對顧客期望的認知轉化為服務品質規格時，可能因為資源的限制、市場狀況的不確定性或管理者的疏忽所造成的缺口。

㈢缺口三（服務品質規格──服務的傳送缺口）：

服務品質的規格與實際傳送的服務之間的缺口，這是因爲在服務的過程中涉及服務人員的因素，使得服務品質難以量化所造成的缺口。

㈣缺口四（服務的傳送──與顧客的外部溝通缺口）：

媒體廣告或其他外部溝通會形成顧客的某種期待，而此種期待與實際的服務傳送之間所造成的缺口。

㈤缺口五（期望的服務──知覺的服務缺口）：

顧客期望的服務與實際知覺到的服務之間的差距所造成的缺口，此一缺口爲其他四項缺口所造成，視其爲其他四項缺口的函數。

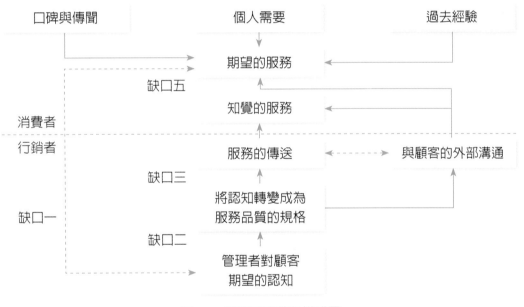

圖3-1　服務品質差距模式圖

資料來源：Parasuraman, Zeithaml, & Berry (1985), p.44.

問題思考

「服務品質」是誰的責任？加強第一線服務人員的教育訓練，就能提升企業的服務品質嗎？

👤 問題提示

服務品質（缺口五）＝缺口一＋缺口二＋缺口三＋缺口四。

👤 問題解答

由服務品質差距模式圖可知，服務品質（缺口五）是由缺口一＋缺口二＋缺口三＋缺口四所構成。因此，一家企業的服務品質水準，在老闆創設之初，於考量企業的市場定位與定價策略時就已經決定了。第一線服務人員只是依照企業設定的標準作業流程（SOP），提供服務給客人而已。所以，加強第一線服務人員的教育訓練，只能強化服務品質，減少服務失誤的發生，卻無法真正提升企業的服務品質。

👤 問題思考

如何有效提升「服務品質」？

👤 問題提示

服務品質＝知覺的績效（購買後）－顧客的期望（購買前）（SQ＝P－E）。

👤 問題解答

「服務品質」是由顧客比較「購買前的期望」與「購買後知覺的績效」二者之間的差距之後產生。因此，從理論上而言，降低顧客購買前的期望，或提高顧客購買後知覺的績效，都可以減少二者之間的差距，有效提升服務品質。但是，從實務面來看，降低顧客購買前的期望，會降低顧客購買的慾望，在實務上並不可行。所以，想要有效提升服務品質，必須提高廠商的服務水準，增加顧客購買後知覺的績效。

二、服務品質決定因素

 問題思考

服務具有無形性，消費者在購買之前，既看不到也摸不著。那麼，消費者是用什麼標準來評量一個企業的「服務品質」？

問題提示

由於「服務品質」具有無形性，所以消費者會用看得見的「有形線索」，來推論看不見的「無形服務」。

問題解答

Parasuraman、Zeithaml 與 Berry（1988）提出包含「實體性」、「可靠性」、「反應性」、「保障性」與「體貼性」五大構面22個問項的服務品質量表，為無形服務品質的評量，發展出一套具體的評量工具，也為後續的服務品質研究奠定了良好的基礎。

Parasuraman、Zeithaml 與 Berry（1985）以「零售銀行」、「信用卡公司」、「證券經紀商」與「產品維修」進行實證研究，詢問消費者認為一家優良的服務廠商應該具備什麼條件，並將影響服務品質的97個因素，歸納成下列10個構面：

(一)容易接近性：易於聯繫

1. 服務易於以電話聯繫（電話線不忙，顧客不必久候）
2. 接受服務的等候時間不長
3. 作業時間便利
4. 服務設備設立在很方便的地點

(二)溝通性：以顧客聽得懂的話來與顧客溝通，並且樂意傾聽顧客的意見

1. 解說服務本身

2. 解說服務的費用

3. 解說服務與費用之間的兌換（trade-off）

4. 保證處理消費者的問題

(三)勝任性：具有執行服務所需技能和知識

1. 接待人員的知識和技能

2. 作業支援人員的知識和技能

3. 組織的研究能力（例如：證券交易商）

(四)禮貌性：接待人員（包含接待員、電話接線生）有禮貌、尊重、體貼和友善

1. 關心消費者的財產（例如：不以髒鞋踏入消費者家中的地毯）

2. 接待人員清潔與整齊的儀表

(五)信用性：包括信賴感、可信度與誠實，將消費者的利益牢記在心中

1. 公司名稱

2. 公司信譽

3. 接待人員的個人特質

4. 與顧客互動時積極銷售的程度

(六)可靠性：包括績效的一致性和可依賴性，意指廠商會信守承諾並且在第一次就能正確的服務

1. 帳單正確

2. 正確地保持記錄

3. 在指定的時間執行服務

(七)反應性：包括員工提供服務的意願與敏捷度

1. 立即寄送交易單

2. 迅速回覆顧客

3. 提供快速服務

(八)安全性：免於危險、風險與懷疑

1. 設備安全（例如：我會被自動提款機騙了嗎？）

2. 財務安全（例如：公司知道我的股票放在哪裡嗎？）

3. 信賴感（例如：我的交易有隱私性嗎？）

(九)有形性：包括服務的實體設備

1. 實體設備

2. 員工的外表

3. 提供服務的工具或設備

4. 提供服務的實體象徵

5. 在服務設施中的其他顧客

(十)瞭解顧客：致力於瞭解顧客的需求

1. 探知顧客的特別需求

2. 提供個別的注意

3. 認識經常來往的顧客

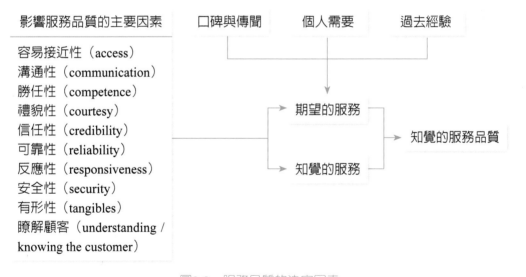

圖3-2　服務品質的決定因素

資料來源：Parasuraman, Zeithaml, & Berry (1985), p.48.

三、服務品質的評量

在服務品質相關模型中，以 Parasuraman、Zeithaml 與 Berry所提出的服務品質模式「SERVQUAL（service quality）量表」最具代表性且被廣泛使用，並且認為透過此方式可衡量服務提供者所提供服務品質之優劣。Parasuraman、Zeithaml 與 Berry（1988）使用上述10個構面97個問項，對最近三個月內曾使用過「零售銀行」、「信用卡公司」、「產品維修」、「長途電話」與「證券經紀商」五種服務的200位消費者進行調查，在刪除 Cronbach's α 較低的項目之後，總共獲得54個評量項目。然後，再使用因素分析將其簡化為7大構面34個項目。最後，以「零售銀行」、「信用卡公司」、「產品維修」與「長途電話」四種服務業進行實證研究，進一步將上述34個項目精簡為「有形性」、「可靠性」、「反應性」、「保障性」與「體貼性」5大構面22個問項，建立服務品質 SERVQUAL（service quality）量表。

表3-1　服務品質SERVQUAL量表

評量構面	評量項目
有形性	1.良好的XYZ應有現代化的設備 2.良好的XYZ應有可見且吸引人的設施 3.良好的XYZ員工應有整潔清爽的外表 4.良好的XYZ應有一些溝通或指導標示（小手冊）
可靠性	5.良好的XYZ應對顧客堅守承諾 6.良好的XYZ應在顧客遭遇問題時盡力協助解決 7.良好的XYZ應在第一次就把工作做對 8.良好的XYZ應在其答應的有效時內為顧客服務 9.良好的XYZ應保持正確的記錄
反應性	10.良好的XYZ服務人員應對顧客提供詳盡的業務介紹 11.良好的XYZ的員工應對顧客做立即性的服務 12.良好的XYZ的員工應有服務顧客的意願 13.良好的XYZ的員工絕不會因太忙而疏於回應顧客
保障性	14.良好的XYZ的員工行為會建立顧客的信心 15.顧客在好的XYZ進行交易應有安全的感覺 16.良好的XYZ的員工應保持對顧客的禮貌 17.良好的XYZ的員工應有足夠知識以回應顧客的問題
體貼性	18.良好的XYZ應給予顧客個別性的注意 19.良好的XYZ對顧客的購買行為應具有便利性 20.良好的XYZ應有能給予顧客個別照顧的員工 21.良好的XYZ應以顧客利益為先 22.良好的XYZ的員工應能瞭解顧客的個別性需要

資料來源：Parasuraman, Zeithaml, & Berry (1988)；蘇雲華（1996），P253。

問題思考

Parasuraman、Zeithaml 與 Berry（1988）所提出的服務品質 SERVQUAL 量表，真的可以應用至所有的服務業？

問題提示

由於服務業涵蓋的範圍非常廣泛，不同服務業之間的差異性很大，標準化的服務品質量表未必能夠適用所有的服務業。

問題解答

依循第一章所提到的服務業分類方式，將服務業依照其屬性予以分類，針對不同服務業，發展適合該行業的專用服務品質量表，是較為具體可行的方法。例如：Stevens、Knutson 與 Patton（1995）提出專為評量餐飲服務品質的 DINESERV 量表。

 問題思考

在服務品質量表中，並沒有包含任何有關「價格」的題項，是因為價格在服務品質的評量中並不重要？

 問題提示

在影響服務品質的10個主要因素97個題項中，在「溝通性」構面中，包含「解說服務的費用」與「解說服務與費用之間的兌換」，2 個與價格有關的題項。

問題解答

由於 Parasuraman、Zeithaml 與 Berry（1985）在發展服務品質量表時，使用一家優良的服務廠商「應該（should）」具備什麼條件來詢問消費者，消費者回答的是心中最高等級的渴望，並沒有考量必須付出多少代價，以致很少出現有關價格的題項。此外，僅有 2 個有關價格的題項，卻因為在使用統計分析方法來簡化構面題項時，未能達到量表信效度的要求而被刪掉了。由此可知，並非價格因素在服務品質的評量中不重要，而是研究者所使用的訪談方式與統計分析方法誤導了消費者。

參考文獻

蘇雲華（1996）。服務品質衡量方法之比較。國立中山大學企業管理研究所，高雄市。

Parasuraman, A., Zeithaml, V. A., & Berry, L. L. (1985). A conceptual model of service quality and its implications for future research. *Journal of Marketing*, 49 (Fall), 41-50.

Parasuraman, A., Zeithaml, V. A., & Berry, L. L. (1988). SERVQUAL: A multiple-item scale for measuring consumer perceptions of service. *Journal of Retailing,* 64 (Spring), 12-40.

Stevens, P., Knutson, B., & Patton, M. (1995). Dineserv: A tool for measuring service quality in restaurants. *Cornell Hotel and Restaurant Administration Quarterly,* 36, 56-60.

第四章
服務品質與顧客滿意的比較

重點
大綱

問題思考

什麼是「服務品質」？什麼是「顧客滿意」？二者有何不同？

問題提示

「產品」是有形的，看得到摸得著。「服務」是無形的，看不到摸不著。「顧客滿意」被用來評量有形產品的滿意度，「服務品質」則被用來評量無形服務的滿意度。

問題解答

雖然，「顧客滿意」與「服務品質」的基本概念，都源自「期望－不一致」理論，卻是二個觀念極為近似，但是定義不同的概念。「顧客滿意」被定義為顧客對某一次消費經驗的感受，是一種短期形成的經驗判斷。「服務品質」則被定義為消費者對某一家服務廠商有關服務優越性的整體判斷，是一種長期形成的態度。

管理現場

不愉快的用餐經驗：限時餐廳菜盤已空末補，餐點遲遲末上桌，沒吃飽卻氣飽

　　吃到飽餐廳菜色選擇豐富且多樣，不僅滿足視覺也滿足了口腹之慾，深受消費者喜愛。在一次的家庭聚會中，參考網路食記、愛評網選擇了某知名連鎖餐廳用餐，每人平均消費約800元左右，但是那次的用餐經驗與心情卻是「沒吃飽卻氣到飽」！

　　由於先前從未到該餐廳消費過，透過網路評價瞭解餐廳消費資訊與評價，多數為正向評價，因此滿懷期待去消費。該餐廳導入資訊科技來創造全新的用餐體驗，使用平板電腦讓顧客自行點餐，但是一開始就發生系統無法點選

數量、同一種類的餐點只能點選一次、點什麼沒什麼，最後只好直接請服務人員來協助比較快，由於用餐時段人力有限，所以在點餐過程中不斷被其他桌客人打斷，以致服務人員分批多次才完成點餐作業。餐點陸續上桌後，發現蝦子遲遲未上桌，多次向服務人員反映，但一貫答覆為：「好的，真的不好意思，我再幫您跟廚房確認看看，馬上幫您處理。」但又不知不覺又過了半小時，餐點還是沒有上桌。

　　雖然一開始入桌時，服務人員就有告知用餐時間只有兩個小時，但是時間到了1個半小時的時候，用餐一直被打擾，不斷被提醒只剩半小時的用餐時間，並將桌面上的盤子清空，使得用餐心情大受影響！

　　「服務品質」與「顧客滿意」的基本概念，都源自「期望－不一致（expectation-disconfirmation）」理論，二者之間存在相當大的重疊性，主要的差異在於：

一、評量主體的差異

　　早期的顧客滿意評量模式，主要應用在有形的產品上，係以「期望－不一致」理論為基礎，由消費者比較購買前對產品績效的預期與購買後實際的產品績效二者之間一致性的程度，來評量對廠商所提供產品的滿意度。但是，在服務業興起之後，由於服務具有無形性，廠商所提供的服務績效缺乏客觀的評量標準不易評估。因此，Parasuraman、Zeithaml 與 Berry（1985）主張由消費者主觀地比較購買前的期望與購買後實際知覺的績效來評量對廠商所提供服務的滿意度，另

圖4-1　顧客滿意與服務品質評量模式比較圖

外提出與顧客滿意評量模式觀念極為近似，但是定義不同的服務品質評量模式，以解決顧客滿意評量主體不一致的問題。

二、時間定位的差異

「顧客滿意」被定義為消費者對某一次特殊交易的評量，它反映出消費者的期望與廠商所實際提供績效的一致性程度。但是，「服務品質」被定義為有關服務優越性的整體判斷，是一種長期形成的態度。LaTour 與 Peat（1979）認為態度與滿意的主要差別在於時間定位的長短，「態度」被定位為一個事前決定的構念，而「滿意」被定位為一個事後決定的構念。消費者雖然可以在服務經驗之前、中、後或多次經驗之後，表達對該經驗的評量。但是，在消費者未經驗服務之前，其所表達的是對服務品質的評量，對於滿意之評量則難以表達。

三、期望定義的差異

在顧客滿意文獻中，顧客的期望被視為消費者對廠商「將會（would）」提供產品或服務的一種預測。但是，在服務品質文獻中，顧客的期望被視為消費者的「渴望（desires）」或「欲望（wants）」，是消費者認為廠商「應該（should）」提供的服務。然而，由於 Parasuraman、Zeithaml 與 Berry（1988）使用一家優良的公司應該提供何種服務來發展服務品質量表，被許多學者認為容易誤導消費者提出過度的期望而飽受批評。因此，Parasuraman、Zeithaml與Berry（1991）將描述消費者期望的字句由「應該」修改為「將會」，導致服務品質與顧客滿意之間定義的混淆。

> **問題思考**
> Parasuraman、Zeithaml 與 Berry（1991）將描述消費者期望的字句，由「應該（should）」修改為「將會（would）」，你認同這樣的觀點嗎？
>
> **問題提示**
> 「顧客滿意」與「服務品質」的主要差異，在於二者之間的定義。在顧客滿意文獻中，顧客的期望被視為消費者對廠商「將

會（would）」提供產品或服務的一種預測。在服務品質文獻中，顧客的期望被視為消費者的「渴望（desires）」或「欲望（wants）」，是消費者認為廠商「應該（should）」提供的服務。

問題解答

Parasuraman、Zeithaml與Berry（1991）為了解決「顧客滿意」與「服務品質」對於顧客期望定義的爭議，提議將顧客的期望視為一條連續帶，「應該」期望位於連續帶的最上方，「最低容忍限度」期望位於連續帶的最下方，「將會」期望則位於二者之間，共同構成一條期望的連續帶。

四、評量構面的差異

在行銷文獻中，「顧客滿意」是一個比「服務品質」更豐富的構念，它除了考慮消費者獲得的效益之外，還必須同時考慮消費者付出的犧牲。然而，目前大部分學者所提出的服務品質評量模式，大多未將價格因素納入考量。Zeithaml與Binter（1996）認為價格未被重視的主要原因，是因為消費者缺乏明確的參考價格所致，其主要的原因如下：

1. 由於服務的無形性，使廠商可以有較大的彈性來構成服務，例如：人壽保險，由於每一位顧客的保障條款不同，保險公司所提供的服務與價格也不相同。

2. 由於缺乏充分的資訊或明確的結果，使服務提供者無法在事前預估價格，例如：醫生或律師在沒有完成全部的服務之前，往往無法正確地告訴顧客全部的費用。

3. 由於顧客個別需要的差異性，例如：上美容院做頭髮，每人所要求的髮型不同，所需費用必須視處理的情況而有所不同。

4. 由於服務的無形性，使得顧客不易收集相關資訊，例如：消費者可以在零售出口看到各種不同形式的產品陳列，並且一一比較品質與價格，但服務卻不能。

5. 某些服務是以交易標的物價格的百分比來收取費用，使顧客往往不清楚實際付出的費用，例如：證券交易商是以實際成交價的百分比來收取服務費。

問題思考

Zeithaml 與 Binter（1996）認為價格未被重視的主要原因，是因為服務具有無形性，以致消費者缺乏明確的參考價格所致，你認同這樣的觀點嗎？

問題提示

Zeithaml 與 Binter（1996）列舉出導致消費者缺乏明確參考價格的5種主要原因，看似言之成理。

問題解答

在消費者缺乏資訊或經驗的情況下，上述5種原因或許成立。但是，在網路發達、資訊充足的時代，消費者即使缺乏實際消費經驗，也可從網路資料庫獲得足夠價格資訊，上述說法已經不具說服力。

根據行銷文獻中有許多研究證實，「價格」是消費者在評量品質時的主要決定因素之一，特別是當其他資訊無法獲得時。此外，Ostrom 與 Iacobucci（1995）研究消費者對於「顧客滿意」、「價值」與「購買傾向」三者之間的兌換，認為「顧客滿意」與「價值」分享許多共同的特質，並且獲得下列的結論：

1. 「價格」、「品質水準」、「服務人員的親切性」以及「服務顧客化的程度」等四項服務屬性，在特定的情況下對於消費者而言都是重要的。

2. 受試者對於服務屬性的偏好將會不同，取決於消費者決策時的「環境情境」。消費者在評估「經驗性服務」時，會把「價格」擺在較重要的地方；在評量「信任性服務」時，會把「品質」擺在較重要的地方。

3. 消費者對於服務屬性的偏好不同，取決於消費者決策時的重要性情境，在評量較不重要的服務時，會把「價格」擺在較重要的地方，而在評量較重要的服務時，會把「品質」擺在較重要的地方。

五、因果關係的推論

問題思考

「服務品質」與「顧客滿意」之間的因果關係爲何？是先有「服務品質」，才有「顧客滿意」呢？還是先有「顧客滿意」，才有「服務品質」呢？

問題提示

這個問題就好像是問，是先有「雞」才有「蛋」呢？還是先有「蛋」才有「雞」呢？

問題解答

有些學者視服務品質爲顧客滿意的前因變項，提出由服務品質到顧客滿意的因果關係。有些學者認爲顧客滿意發生於交易層次，而服務品質爲總體面態度，提出由顧客滿意到服務品質的因果關係。Parasuraman、Zeithaml 與 Berry（1994）整合不同學者的觀點，認爲對於某一項特殊的交易而言，消費者對服務品質、產品品質與價格的評量是影響交易滿意的前因變項。但是，累積多次的交易滿意，將會形成消費者對廠商的整體印象。

　　「服務品質」與「顧客滿意」之間的因果關係常因研究角度的不同而有所差異。Parasuraman 等人（1985）認爲顧客滿意發生於交易層次，而服務品質爲總體面態度，提出由顧客滿意到服務品質的因果關係。然而，Anderson 與 Sullivan（1993）視服務品質爲顧客滿意的前因變項，提出由服務品質到顧客滿意的因果關係。因此，Parasuraman、Zeithaml 與 Berry（1994）整合不同學者的觀點，認爲對於某一項特殊的交易而言，消費者對「服務品質」、「產品品質」與「價格」的評量，是影響交易滿意的前因變項；但是，累積多次的交易滿意，將會形成消費者對廠商的整體印象。

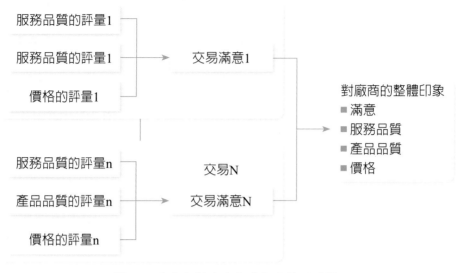

圖4-2　消費者對廠商整體印象的形成圖

資料來源：Parasuraman, Zeithaml, & Berry (1994), p.122.

六、服務品質與顧客滿意評量方法的比較

👤 問題思考

「顧客滿意」與「服務品質」學者，分別提出不同的評量方法，究竟哪一種評量方法比較好？

👤 問題提示

何種方法的評量效果最佳，可以分別從「信度」、「效度」、「模式解釋能力」來加以比較。

👤 問題解答

蘇雲華（1996）以使用與不使用重要性加權的「績效與期望差距模式」、「直接績效評量模式」與「直接差異評量模式」六種評量方法進行實證研究，證實「直接績效評量模式」不論在主要評斷指標（信度、效度）或輔助評斷指標（運用價值）上均優於其他二者，而未使用重要性加權者，要優於使用重要性加權者。但是，郭德賓、周泰華與黃俊英（2000）認為三者各有所長，評量效果難分軒輊。

在行銷文獻中，「服務品質」與「顧客滿意」被視為一種近似態度的概念。Cohen、Fishbein 與 Ahtola（1972）以 Fishbein（1963）所提出的多元屬性態度評量模式為基礎加以修正，提出重要性加權模式來評量人們對事物的態度：

$$A_0 = \sum_{i=1}^{n} W_i * V_i$$

A_0：消費者的態度　　　　　　　　n：屬性的數目
W_i：消費者認為屬性 i 的重要性　　V_i：消費者對屬性 i 的評價

由於消費者對屬性 i 的評價，是由購買後知覺的績效與購買前的期望相比較而得。因此，上述的公式可以修改為：

$$A_0 = \sum_{i=1}^{n} W_i * C_i = \sum_{i=1}^{n} W_i * [P_i - E_i]$$

A_0：消費者的態度　　　　　　　　W_i：消費者認為屬性 i 的重要性
C_i：消費者對屬性 i 的滿意度　　　n：評量屬性的數目
P_i：消費者對屬性 i 實際知覺的績效　E_i：消費者對屬性 i 的期望

因此，目前大部分學者所提出的服務品質與顧客滿意評量模式，大多是上述公式的衍生或變形，大致可以歸納為下列三類：
1. 績效與期望差距模式：SQ (CS) = (Performance) − (Expectations)
2. 直接績效評量模式：SQ (CS) = (Performance)
3. 直接差異評量模式：SQ (CS) = (Performance − Expectations)

然而，在上述三種評量模式中，何種方法的評量效果最佳，卻引起學者們的激烈爭論。Cronin 與 Taylor（1992）分別以使用與未使用重要性加權的「績效與期望差距模式」與「直接績效評量模式」四種方法進行實證研究，經比較信度、效度及解釋能力，證實未使用重要性加權的「直接績效評量模式」最佳。此外，蘇雲華（1996）以使用與不使用重要性加權的「績效與期望差距模式」、「直接績效評量模式」與「直接差異評量模式」六種評量方法進行實證研究，證實「直接績效評量模式」不論在主要評斷指標（信度、效度）或輔助評斷指標

（運用價值）上均優於其他二者，而未使用重要性加權者，要優於使用重要性加權者。但是，Parasuraman、Zeithaml 與 Berry（1994）認為廠商評量服務品質的主要目的，是要瞭解所提供的服務與顧客期望之間的差距，藉以找出問題並且加以改善，使用「績效與期望差距模式」將可獲得更多的資訊，以協助管理者改善經營績效。然而，郭德賓、周泰華與黃俊英（2000）在八種不同類型服務業的實證研究中發現，在三種評量方法中，就模式配適度而言，以「績效與期望差距模式」較佳；但是，就購買後行為的預測效果而言，以「直接績效評量模式」較佳，因此，「績效與期望差距模式」與「直接績效評量模式」各有所長，二者的評量效果難分軒輊。

 問題思考

使用服務品質的觀念與量表，來評量服務業的顧客滿意度是否適當？如果不適當，應該使用何種觀念與量表來評量呢？

 問題提示

服務品質只考慮消費者獲得的效益，並未考慮消費者付出的犧牲。所以，使用服務品質的觀念與量表，來評量服務業的顧客滿意度，容易誤導消費者提出過高的期望，誤導廠商盲目追求服務品質，其實消費者真正要的是「價值」，而非「品質」，因為要求品質是必須付出代價的。

 問題解答

在行銷文獻中，「顧客滿意」是一個比「服務品質」更豐富的構念，它除了考慮消費者獲得的效益之外，還必須同時考慮消費者付出的犧牲，此種觀點非常近似「價值」的定義。但是，服務品質只考慮消費者獲得的效益，並未同時評量消費者付出的犧牲。所以，使用服務品質的觀念與量表，來評量服務業的顧客滿意度是不適當的。

七、服務品質、知覺價值與顧客滿意的整合

在行銷文獻中，「品質」、「價格」與「價值」經常被視爲是影響消費者購買行爲與產品選擇的主要因素。Zeithaml（1988）認爲「價值」是一個比「品質」具有更高層次的抽象性概念，而且價值涉及「付出」與「獲得」之間的兌換，「價值」是因爲付出而有所獲得，而「品質」僅爲此獲得的一部分，因此提出價格、品質與價值的相關模式，來說明品質、價值與購買行爲之間的關係。

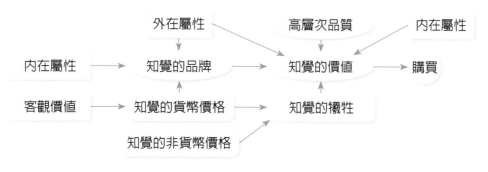

圖4-3　價格、品質與價值的相關模式圖

資料來源：Zeithaml (1988), p.4.

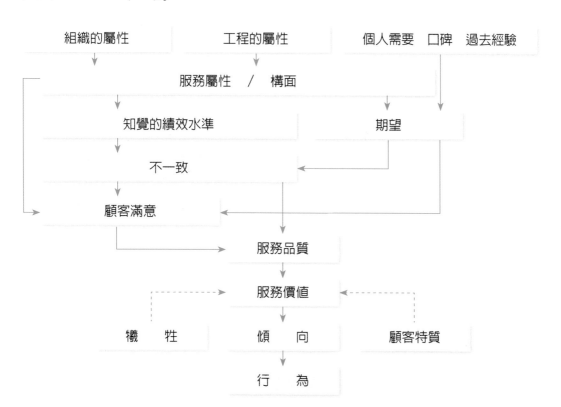

圖4-4　顧客評量品質與價值的多階段模式

資料來源：Bolton & Drew (1991), p.376.

Bolton 與 Drew（1991）認爲大部分學者提出的服務品質評量模式所使用的觀念太過簡化，往往只注意到消費者所獲得的服務品質，而忽略了消費者所付出的犧牲。因此，以 Zeithaml（1988）的模式爲基礎加以擴充，提出評量品質與價值的多階段模式，認爲「期望」與「知覺的績效水準」將會透過「不一致」，影響消費者對「顧客滿意」與「服務品質」的評量，將服務品質視爲顧客所獲得的「利益」，再結合顧客的「犧牲」與「特質」形成「服務價值」，影響顧客的傾向與行爲。

周泰華、黃俊英與郭德賓（1999）。服務品質與顧客滿意評量模式之比較研究。輔仁管理評論，6（1），37-68。

郭德賓、周泰華與黃俊英（2000）。服務業顧客滿意評量之重新檢測與驗證。中山管理評論，8（1），153-200。

蘇雲華（1996）。服務品質衡量方法之比較（未出版博士論文）。國立中山大學企業管理研究所，高雄市。

Anderson, E. W. & Sullivan, M. (1993). The antecedents and consequences of customer satisfaction for firm. *Marketing Science,* 12(pring) 25-43.

Bolton, R. N. & Drew, J. H. (1991). A longitudinal analysis of the impact of service changes on customer attitudes. *Journal of Marketing,* 55(January), 1-9.

Carman, J. M. (1990). Consumer perceptions of service quality：An assessment of the SERVQUAL dimensions. *Journal of Retailing,* 66(Spring), 33-55.

Cronin, J. J., Jr., & Taylor, S. A. (1992). Measuring service quality：A reexamination and extension. *Journal of marketing,* 56(July), 55-68.

LaTour, S. A., & Peat, N. C. (1979). Conceptual and methodological issues in consumer satisfaction research. In W. L. Wilkie (Ed.). *Advances in Consumer Research* (pp.432-437). Association for Consumer Research.

Olson, J. C. (1977). Price as an information cue：Effects in product evaluation. In A. G. Woodside, J. N. Sheth, & P. D. Bennet (Eds.). *Consumer and Industrial Buying Behavior* (pp. 267-286). New York, NY: North Holland.

Ostrom, A. & Iacobucci, D. (1995). Consumer trade-offs and the evaluation of services. *Journal of Marketing,* 59(January), 17-28.

Oliver, R. L. (1977). A theoretical reinterpretation of expectation and disconfirmation effects on posterior product evaluation: Experiences in the field. In R. Day (Ed.). *Consumer Satisfaction, Dissatisfaction and Complaining Behavior* (pp.2-9).

服務品質與顧客關係管理──理論與實務

Bloomington: Indiana University.

Oliver, R. L. (1981). Measurement and evaluation of satisfaction processes in retailing setting. *Journal of Retailing,* 57 (Fall), 25-48.

Oliver, R. L. (1993). A conceptual model of service quality and service satisfaction: Compatible goal, different concepts. In T. A. Swartz, D. A. Bowen, & S. W. Brown (Eds.). *Advances in Service Marketing and Management* (2nd ed.) (pp.65-86). Greenwich, CT: JAI Press.

Parasuraman, A., Zeithaml, V. A., & Berry, L. L. (1985). A conceptual model of service quality and its implications for future research. *Journal of Marketing,* 49(Fall), 41-50.

Parasuraman, A., Zeithaml,V. A., & Berry, L. L. (1988). SERVQUAL: A multiple-item scale for measuring consumer perceptions of service. *Journal of Retailing , 64* (Spring), 12-40.

Parasuraman, A., Zeithaml,V. A., & Berry, L. L. (1988). Refinement and reassessment of the SERVQUAL scale. *Journal of Retailing,* 69 (Spring), 140-147.

Parasuraman, A., Zeithaml, V. A., & Berry, L. L. (1994). Reassessment of expectations as a comparison standard in measuring service quality : Implications for future research. *Journal of Marketing,* 58 (January), 111-124.

Zeithaml, V. A. & Bitner, M. J. (1996). *Service Marketing.* New York, NY: McGraw-Hill.

Zeithaml, V. A. (1988). Consumer perceptions of price, quality, and value: A means-end model and synthesis of evidence. *Journal of Marketing,* 52 (July), 2-21.

第五章

服務品質屬性與顧客滿意度關係[1]

重點
大綱

---

[1] 郭德賓（2013）。餐飲業服務品質屬性與顧客滿意度關係之探討：完全服務西餐廳之實証研究。顧客滿意學刊，9（1），23-50。

問題思考

爲什麼在服務的過程中，有時候服務人員雖然很努力，但是顧客卻無法滿意，有時候服務人員只是一個不經意的小動作，卻讓顧客深深感動？

 問題提示

服務品質屬性對顧客滿意的影響效果可能是不一樣的，某些服務品質屬性似乎具有關鍵性影響力，某些服務品質屬性似乎沒有什麼作用。就像茲柏格所提出的「二因子理論」，某些服務品質屬性屬於「保健因子」，不論服務人員做得再好，顧客都覺得應該的，不會感到滿意，如果沒有做好，顧客馬上會感到不滿意。然而，某些服務品質屬性屬於「激勵因子」，只要服務人員有做到，顧客就會感到滿意，但是即使服務人員沒有做到，顧客也不會不滿意。

 問題解答

以往我們假設各項服務品質屬性對顧客滿意度的影響效果，會是「線性」而且「對稱」的，如果服務提供愈多顧客會愈滿意，反之，顧客會愈不滿意。但是，顧客對服務品質的敏感度可能會呈遞減的現象，以致服務品質屬性對顧客滿意度的影響效果可能是「非線性」，而且「不對稱」的。

在服務接觸的過程中，有時候服務人員雖然很努力，顧客卻無法滿意，有時候只是一個不經意的小動作，卻讓顧客深深感動。由此可見，服務品質屬性對顧客滿意的影響效果可能是不一樣的，某些服務品質屬性似乎具有關鍵性影響力，某些服務品質屬性似乎沒有什麼作用。以往在服務接觸顧客滿意的相關研究中，大多引用 Parasuraman、Zeithaml 與 Berry（1994）所提出的服務品質績效與期望差距模式來評量服務業的服務品質與顧客滿意度，以迴歸分析的線性組合來探討各項服務品質屬性對顧客滿意度的影響效果，基本上假設各項服務品質屬性對顧客滿意度的影響效果是「線性」且「對稱」的。但是，顧客對服務品質的

敏感度可能會呈遞減的現象，以致服務品質屬性對顧客滿意度的影響效果可能是「非線性」且「不對稱」的。所以，本研究以高度服務接觸的「完全服務西餐廳（Full Service Western Restaurant）」進行研究，探討服務品質屬性與顧客滿意度之間的關係。所謂「完全服務西餐廳」是指提供歐美餐食與飲料，正餐內容包含開胃菜（appetizer）、湯（soup）、主菜（entréc）、副菜（main course）、甜點（dessert）等項目，並且由服務人員提供完整的點餐、送餐與到菜服務之西式餐廳。由顧客滿意相關文獻的回顧可知，在服務接觸的過程中，學者們對於服務品質屬性與顧客滿意度之間的關係有不同的看法。

一、一維品質觀點

Aiello 與 Rosenberg（1976）認為消費者的滿意程度，可被視為是一種整體性的反映，代表消費者對產品不同屬性主觀評量之總和。因此，Day（1977）認為「滿意」是一個整體的概念，只要評量單一的整體滿意度即可。但是，Handy 與 Pfaff（1975）認為顧客滿意涉及許多不同的構面與因素，不同意單一整體滿意度評量的方法，認為此種方法將強迫消費者在面臨一個複雜的情況下，做一種立即而且粗糙的反映，最好由消費者先對產品的各個屬性做評量，然後再予以加總、組合，而消費者對產品各項屬性的滿意度與整體滿意度之間的關係，可以產品整體滿意度為應變數，以消費者對產品各項屬性的滿意度為自變數建立線性迴歸模式，以瞭解各產品屬性的相對重要性，以及對整體滿意度的邊際貢獻，基本上假設所有的品質屬性對顧客滿意度影響效果都是線性（一維）的，而且正績效與負績效影響效果是相等（對稱）的。

二、二維品質觀點

Kano、Seraku、Takahashi 與 Tsuji（1984）提出「二維品質模式」，以補一維品質模式之不足，透過品質要素觀點與顧客滿意度之概念結合成為兩個維度，藉此獲得顧客需求與滿意度的相關訊息。從品質觀點獲得客觀的產品機能或功能，從顧客滿意程度獲得顧客主觀感受，並予以圖形化的方式呈現。將影響顧客滿意度的品質要素分為五大類：

1. 一維品質要素（one-dimensional quality element）：此品質要素如果具備，會讓顧客滿意。但是，如果未具備，會讓顧客不滿意。
2. 魅力品質要素（attractive quality element）：此品質要素如果具備，會讓顧客滿意。但是，如果未具備，也不會讓顧客不滿意。

3. 當然品質要素（must-be quality element）：此品質要素如果具備，並不會讓顧客滿意。但是，如果未具備，會讓顧客不滿意。

4. 反轉品質要素（reverse quality element）：此品質要素如果具備，會讓顧客不滿意。但是，如果未具備，反而會讓顧客滿意。

5. 無差異品質要素（indifferent quality element）：此品質要素不論是否具備，都不會引起顧客滿意或不滿意。

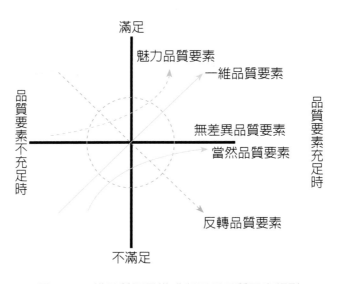

圖5-1　二維品質評量模式與五種品質要素類型

資料來源：Kano, Seraku, Takahashi , & Tsuji (1984), p.41.

　　Kano 等人（1984）以某項品質要素「充足」與「不充足」構成二維行列表，使用「滿意」、「理所當然」、「沒感覺」、「無可奈何」、「不滿意」五點評量尺度，建構「品質評價二元表」，用以進行品質要素類型的判定。

　　在實際應用案例上，Tan 與 Pawitra（2001）使用「品質評價二元表」進行品質要素的判定，發現觀光目的地的7項品質屬性，可區分為「一維」、「魅力」、「無差異」三種品質要素類型。Yang（2003）研究發現企業的15項品質屬性，可區分為「一維」、「魅力」、「當然」三種品質要素類型。陳彥名（2008）研究自行車騎士對於台南市自行車騎乘環境的重視程度，發現5項一維品質要素，1項當然品質要素，8項無差異品質要素。鄭軒文（2008）研究墾丁遊客對海灘標章認證之接受程度，發現在15項品質要素中，有10項為一維品質要素，4項為無差異品質要素，1項當然品質要素。賴惠君（2009）研究發現在20個高雄捷運系統服務品質項目中，有9項為一維品質要素，10項為當然品質要素，僅有1項為魅力品質要素。

表5-1　品質評價二元表

		品質不充足				
		滿意	理所當然	沒感覺	無可奈何	不滿意
品質充足	滿意	無效	魅力品質要素	魅力品質要素	魅力品質要素	一維品質要素
	理所當然	反轉品質要素	無差異品質要素	無差異品質要素	無差異品質要素	當然品質要素
	沒感覺	反轉品質要素	無差異品質要素	無差異品質要素	無差異品質要素	當然品質要素
	無可奈何	反轉品質要素	無差異品質要素	無差異品質要素	無差異品質要素	當然品質要素
	不滿意	反轉品質要素	反轉品質要素	反轉品質要素	反轉品質要素	無效

資料來源：Kano, Seraku, Takahashi, & Tsuji (1984), p.42.

三、品質屬性與顧客滿意度之間非線性與不對稱關係

　　雖然，Kano 等人（1984）提出二維品質模式來說明品質屬性對顧客滿意度的非線性與不對稱影響效果，但只是以檢視某項品質屬性在「品質評價二元表」中的位置，就主觀地判定所屬的品質要素類型，而未能客觀地加以具體驗證。因此，Mittal、Ross 與 Baldasare（1998）使用「對數迴歸」來驗證品質屬性績效與顧客滿意度之間的關係，在「健康醫療」與「汽車」的研究中發現，品質屬性績效對整體顧客滿意度的影響效果是非線性的，而且健康醫療的10項品質屬性負績效對整體顧客滿意度的影響效果均大於正績效，汽車的6項品質屬性有5項負績效的影響效果大於正績效。Ting 與 Chen（2002）引用 Mittal 等人（1998）的方法，以「量販店」進行研究發現，品質屬性績效與整體顧客滿意度之間的關係為非線性且不對稱的，43項服務品質屬性可區分為「魅力（17項）」、「一維（22項）」、「當然（1項）」、「無差異（3項）」四種品質要素類型，但是未發現「反轉」品質要素，而且在43項服務品質屬性中，有23項服務品質屬性正績效對整體顧客滿意度的影響效果大於負績效。然而，由於 Ting 與 Chen（2002）使用正負各4點的李克特尺度（–4：極不同意，+4：極同意）來評量消費者對服務品質屬性正績效與負績效表現的評價，在進行迴歸分析時，可能因為數值太小，不易顯現出影響效果，連帶影響模式的解釋力（對數迴歸 R^2 = 0.014～0.125；線性迴歸R^2 = 0.014～0.121）。

四、目前面臨問題

經由前述的文獻回顧可知，目前在品質屬性與顧客滿意度之間關係的研究上，還存在下列問題：

1. Kano 等人（1984）雖然提出二維品質模式來說明品質屬性與顧客滿意度之間非線性與不對稱的關係，但只檢視某項品質屬性在「品質評價二元表」中的位置，就主觀地判定所屬的品質要素類型，未能客觀地加以驗證。

2. 以往學者使用「品質評價二元表」進行品質要素類型的判定，分別發現「一維」、「魅力」、「當然」、「無差異」等四種類型的品質要素，卻一直未能發現「反轉」品質要素，以致無法完全驗證 Kano 所提出的五種品質要素類型。

3. 以往學者使用「線性迴歸」來分析品質屬性對顧客滿意度的影響效果，基本上假設服務品質屬性對顧客滿意度的影響效果是「線性」而且「對稱」的，雖然方法簡單易懂，卻不符合常理。Mittal 等人（1998）使用「對數迴歸」進行分析，雖然可以驗證品質屬性與顧客滿意度之間的非線性與不對稱關係，但是數學函數深奧難懂，在實務上不易理解運用。

4. Mittal 等人（1998）研究發現服務屬性負績效對整體顧客滿意度的影響效果大於正績效，但是 Ting 與 Chen（2002）的研究發現正績效對整體顧客滿意度的影響效果大於負績效的品質屬性居多，二者的研究結論並不一致。

5. Mittal 等人（1998）首創使用「對數迴歸」，以量化分析的方法來驗證品質屬性績效與顧客滿意度之間的二維非線性關係，但是後來除了 Ting 與 Chen（2002）之外，很少有學者引用此種分析方法，主要原因除了數學模式深澀難懂不易理解之外，模式解釋力 R^2 偏低，容易招致學者的批評，認為模式缺乏解釋能力。例如：Ting 與 Chen（2002）使用正負各4點的李克特尺度（-4：極不同意，+4：極同意），來評量消費者對服務品質屬性正績效與負績效表現的評價，可能因為數值太小，在取對數之後不易顯現出影響效果，對數迴歸模式 R^2 只有0.014～0.125，線性迴歸模式 R^2 只有0.014～0.121。

有鑒於此，引用 Kano 等人（1984）的二維品質觀念，（1）使用Mittal等人（1998）所提出的「對數迴歸分析」來探討服務品質屬性與顧客滿意度之間的不對稱與非線性關係，以改善「品質評價二元表」無法客觀量化驗證的問題；（2）重新設計服務品質量表，除了一般學者常用的「正向」品質屬性題項之外，增加「負向」品質屬性題項來發展問卷，嘗試找出「反轉」品質要素，期

能完全驗證 Kano 所提出的五種品質要素類型；（3）分別使用「線性迴歸」與「對數迴歸」進行分析，比較二種方法的優劣性，並且利用簡易圖示法進行品質要素類型判定，以改善對數迴歸模式數學函數深奧難懂的問題；（4）比較服務屬性負績效與正績效對整體顧客滿意度的影響效果何者較大，以釐清學者研究結論不一致之處；（5）加大評量尺度，使用正負各10點的李克特尺度（1：非常不滿意，10：非常滿意），來評量消費者對服務品質屬性正績效與負績效表現的評價，改善因為數值太小，在取對數之後不易顯現出影響效果，造成模式解釋力偏低的問題。

五、實證研究方法

（一）研究假設

經由上述的文獻回顧可知，Mittal 等人（1998）研究發現，品質屬性負績效對整體顧客滿意度的影響效果大於正績效；Ting 與 Chen（2002）研究發現，品質屬性正績效對整體顧客滿意度的影響效果大於負績效。所以，提出研究假設1：
H1：服務品質屬性績效對整體顧客滿意度的影響效果是不對稱的。

此外，Kano等人（1984）將品質屬性分為「魅力」、「一維」、「當然」、「無差異」、「反轉」五種品質要素類型，而且不同的品質要素類型對整體顧客滿意度有不同的影響效果。所以，提出研究假設2：
H2：服務品質屬性績效與整體顧客滿意度之間的關係為非線性。

（二）問卷設計

由於以往並沒有學者針對完全服務西餐廳進行二維服務品質的研究，所以先使用「關鍵事例技術法（Critical Incident Technique, CIT）」，找出影響完全服務西餐廳顧客滿意度的服務品質屬性，以作為發展顧客滿意量表的基礎。所謂「關鍵事例技術法」，係由 Flanagan（1954）所提出，以開放式的問卷紀錄特定事件發生的過程。Nyquist、Bitner 與 Booms（1985）認為關鍵事例技術法對於服務接觸互動過程中，顧客滿意／不滿意的形成能夠提供更多的資訊，是最適合使用於服務接觸顧客滿意的研究方式。

首先，由訪員以立意抽樣法，訪問最近半年內曾到過完全服務西餐廳的100位顧客，調查受訪者至餐廳用餐時讓其感到「滿意」或「不滿意」的事件，以便找出影響顧客滿意度的服務品質屬性。其次，將訪談內容予以編碼，由二位具

有基本分類知識，且有餐飲實務經驗之研究人員，獨立作業進行分類。十天之後，再由二位研究人員就原問卷再重新分類一次，將二人歸類不同的項目提出討論，由二人重新審視並且加以調整，得到30個導致顧客滿意的服務品質屬性，以及10個導致顧客不滿意的服務品質屬性。然後，依據前述訪談結果設計問卷初稿，邀請三位資深的餐飲業專家學者，就問卷內容進行檢視與修正，建立正式問卷。

由於 Ting 與 Chen（2002）使用正負各4點的李克特尺度（-4：極不同意，+4：極同意）來評量消費者對服務品質屬性正績效與負績效表現的評價，在進行迴歸分析時，可能因為數值太小，不易顯現出影響效果，連帶影響模式的解釋力。所以，改用正負各10點的李克特尺度（1：非常不滿意，10：非常滿意），以改善模式解釋力偏低的問題。問卷內容分為下列三大部分：

1.服務品質屬性

依據關鍵事例技術法所獲得的訪談結果，以30個讓顧客感到滿意的優良服務品質屬性（1～30題），以及10個讓顧客感到不滿意的不良服務品質屬性（31～40題），請受訪者評量餐廳在這40項服務品質屬性具備或不具備時的績效表現。例如：-10、-9、-8、……-3、-2、-1，代表這家餐廳在這一項服務品質屬性不具備時的負績效表現。+1、+2、+3、……+8、+9、+10，代表這家餐廳在這一項服務品質屬性具備時的正績效表現。

表5-2　服務品質屬性題項範例表

	服務品質屬性	負績效表現（負值）		正績效表現（正值）	
		該屬性「不具備」時您會覺得 非常不滿意 ← → 非常滿意		該屬性「具備」時您會覺得 非常不滿意 ← → 非常滿意	
優良服務	服務人員的態度親切	❿ 9 8 7 6 5 4 3 2 1		1 2 3 4 5 6 7 8 ❾ 10	
不良服務	沒保留已訂位的位子	10 9 8 7 ❻ 5 4 3 2 1		1 ❷ 3 4 5 6 7 8 9 10	

2.整體顧客滿意度

使用「10點評價尺度（1：非常不滿意，10：非常滿意）」，調查受訪者對

餐廳的「整體顧客滿意度」。

3. 個人基本資料

使用「名目尺度」，調查受訪者「性別」、「年齡」、「職業」、「所得」、「學歷」等基本資料。

(三)分析方法

1. 成對樣本 T 檢定

使用「成對樣本 T 檢定」，比較服務品質屬性「正績效」與「負績效」的顧客滿意度平均數大小，以驗證服務品質屬性正績效與負績效在顧客滿意度上的差異性。

2. 線性迴歸分析

將受訪者對各項服務品質屬性績效表現的評價，以「整體顧客滿意度」為依變數，以各項服務品質屬性的「負績效」與「正績效」為自變數，進行線性迴歸，以驗證服務品質屬性對整體顧客滿意度的線性影響效果。

$$整體顧客滿意度 = 截距（Intercept）+ \beta_1 \times N\_PER + \beta_2 \times P\_PER$$

β_1：服務品質屬性負績效的標準化迴歸係數
β_2：服務品質屬性正績效的標準化迴歸係數
N_PER：服務品質屬性負績效
P_PER：服務品質屬性正績效

3. 對數迴歸分析

先將受訪者對各項服務品質屬性績效表現的評價轉換成自然對數，然後以「整體顧客滿意度」為依變數，以各項服務品質屬性的「負績效」與「正績效」的自然對數值為自變數，進行對數迴歸，以驗證服務品質屬性對整體顧客滿意度的非線性影響效果。

$$整體顧客滿意度 = 截距（Intercept）+ \beta_1 \times LN\_PER + \beta_2 \times LP\_PER$$

β_1：服務品質屬性負績效的標準化迴歸係數

β_2：服務品質屬性正績效的標準化迴歸係數

LN_PER：服務品質屬性負績效的自然對數

LP_PER：服務品質屬性正績效的自然對數

4. 研究假設檢定

以「整體顧客滿意度」為依變數，以各項服務品質屬性的「負績效」與「正績效」為自變數，分別進行「對數迴歸」與「線性迴歸」分析，每一項服務品質屬性將會得到二個標準化的迴歸係數（β_1 與 β_2）。經由此一標準化迴歸係數分析的結果可知：

（1）係數絕對值愈大，代表此服務品質屬性對整體顧客滿意度的影響效果愈大。

（2）由係數的正負值可以判斷服務品質屬性與整體顧客滿意度之間的關係（正相關或負相關）。LN_PER 的係數值應為負，而 LP_PER 的係數值應為正。

（3）如果服務品質屬性正績效與負績效的係數不相等，則正績效與負績效對整體顧客滿意度影響效果的不對稱性即可獲得支持，以驗證研究假設 H1。

（4）服務品質屬性的績效經過自然對數的轉換，如果標準化迴歸係數不等於 0，表示整體顧客滿意度對服務品質屬性增加的敏感性呈現遞減的現象，服務品質屬性與整體顧客滿意度之間的非線性關係即可獲得支持，以驗證研究假設 H2。

（5）分析各項服務品質屬性的 LN_PER 係數與 LP_PER 係數，依據下列評量標準與圖示，即可判斷屬於何種品質要素。

　　a.一維品質要素：LN_PER 係數為負且不等於0，LP_PER 係數為正且不等於0。

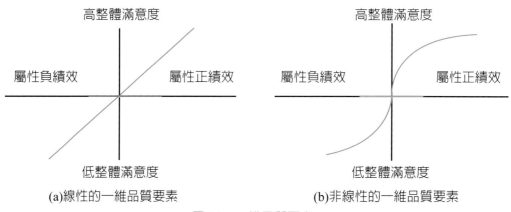

(a)線性的一維品質要素　　　　　(b)非線性的一維品質要素

圖5-2　一維品質要素

b.魅力品質要素：LN_PER係數等於0，LP_PER係數為正且不等於0。

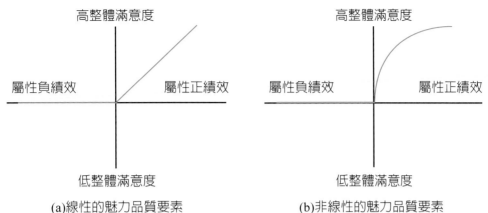

(a)線性的魅力品質要素　　　(b)非線性的魅力品質要素

圖5-3　魅力品質要素

c.當然品質要素：LN_PER係數為負且不等於0，LP_PER係數等於0。

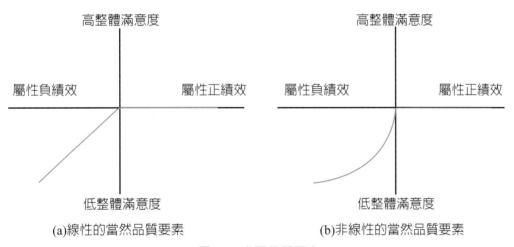

(a)線性的當然品質要素　　　(b)非線性的當然品質要素

圖5-4　必要品質要素

d.反轉品質要素：LN_PER係數為正且不等於0，LP_PER係數為負且不等於0。

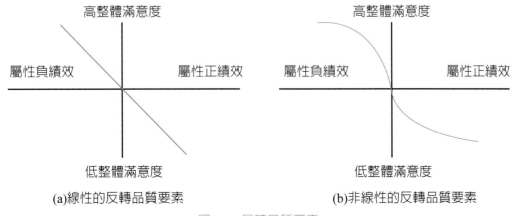

(a)線性的反轉品質要素　　　(b)非線性的反轉品質要素

圖5-5　反轉品質要素

e.無差異品質要素：LN_ PER係數等於0，LP_ PER係數等於0。

圖5-6　無差異品質要素

㈣資料收集

　　由於研究對象必須具有完全服務西餐廳的消費經驗，因此由訪員使用立意抽樣法，對最近三個月內曾經到過完全服務西餐廳用餐的消費者進行問卷調查，共發出500份問卷，經剔除無效問卷後，回收有效問卷384份，問卷回收率76.8%。

表5-3　樣本結構分析表

樣本特徵	項目	個數	百分比	樣本特徵	項目	人數	百分比
性別	男性	156	40.7%	年齡	19歲以下	42	10.9%
	女性	228	59.4%		20～29歲	109	28.4%
所得	20,000元以下	133	34.6%		30～39歲	88	22.9%
	20,001～50,000元	194	50.5%		40～49歲	91	23.7%
	50,001～100,000元	43	11.2%		50歲以上	54	14.1%
	100,001元以上	23	3.6%	職業	服務業	93	24.2%
學歷	國中以下	29	7.6%		製造業	65	19.0%
	高中／職	149	38.8%		軍公教	53	13.8%
	大專／學	191	49.7%		學生	81	21.1%
	研究所	11	2.9%		家管	37	7.6%
	遺漏值	4	1.0%		其他	55	14.3%

六、資料處理分析

㈠服務品質屬性負績效與正績效的顧客滿意度平均數差異分析

　　為了比較服務品質屬性負績效與正績效在顧客滿意度上的差異性，使用「成對樣本 T 檢定」進行二個平均數差的檢定，發現在讓顧客感到滿意的30個優良服務品質屬性題項中，服務品質屬性之負績效（此一服務品質屬性不具備時之顧客滿意度）之平均值介於–5.73～–7.83之間，正績效（此一服務品質屬性具備時之顧客滿意度）之平均值介於7.98～9.16之間，而且正績效之絕對值均大於負績效，達0.01的顯著水準。但是，在讓顧客感到不滿意的10個不良服務品質屬性題項中，服務品質屬性負績效之平均值介於–2.36～–3.37之間，正績效之平均值介於1.73～2.78之間，而且負績效之絕對值均大於正績效，達0.00的顯著水準。由此可見，當服務品質屬性是優良時，正績效的顧客滿意度平均值要大於負績效。但是，當服務品質屬性是不良時，負績效的顧客滿意度平均值要大於正績效。

㈡服務品質屬性負績效與正績效對顧客滿意度的影響效果分析

　　為了瞭解服務品質屬性負績效與正績效對顧客滿意度的影響效果，以「整體顧客滿意度」為依變數，以服務品質屬性「負績效」與「正績效」為自變數，分別進行「對數迴歸」與「線性迴歸」分析，發現使用「對數迴歸」時，30個優良服務品質屬性中，除了5個（3、11、18、21、30）題項服務品質屬性正績效的標準化迴歸係數（β_2）小於負績效（β_1）之外，其餘25個題項服務品質屬性正績效的標準化迴歸係數均大於負績效；在10個不良服務品質屬性中，除了1個（31）題項服務品質屬性正績效的標準化迴歸係數小於負績效之外，其餘9個題項服務品質屬性正績效的標準化迴歸係數均大於負績效。此外，使用「線性迴歸」時，也得到相同的結論。因此，研究假設 H1：服務品質屬性績效與整體顧客滿意度之間的關係是不對稱的，獲得支持。

表5-4　服務品質屬性「負績效」與「正績效」的顧客滿意度平均數差異分析表

屬性		負績效		正績效		平均數差檢定	
		平均數	標準差	平均數	標準差	t 值	p 值
1.	餐廳有免費停車場，且有管理員及泊車人員	−6.26	2.82	8.51	1.60	13.25	0.00
2.	餐廳裝潢精緻、氣氛優雅	−6.35	2.49	8.64	1.35	9.57	0.00
3.	等候座位時，提供茶水及桌椅	−6.29	2.50	8.53	1.42	17.20	0.00
4.	餐廳用餐區及座位舒適	−6.90	2.51	8.71	1.36	14.30	0.00
5.	餐廳有清楚的逃生路線及完善的消防設備	−7.26	2.81	8.84	1.33	11.38	0.00
6.	洗手間乾淨，且設有自動沖水設備	−6.52	2.65	8.66	1.45	15.85	0.00
7.	菜單質感與設計高雅	−6.08	2.30	8.07	1.46	16.36	0.00
8.	菜單經常配合時令推出創新菜色	−6.38	2.29	8.33	1.44	6.40	0.00
9.	餐點實際內容與菜單敘述或圖片相符	−6.93	2.66	8.66	1.49	12.51	0.00
10.	食材新鮮且擁有產地證明	−6.65	2.51	8.50	1.46	15.29	0.00
11.	餐點訂價合理	−7.35	2.78	8.80	1.57	10.28	0.00
12.	員工服裝儀表整潔、相貌出眾	−6.40	2.39	8.34	1.48	8.46	0.00
13.	員工服務態度親切友善	−7.68	2.66	9.08	1.25	10.86	0.00
14.	員工熟記您的稱謂、基本資料及用餐習慣	−5.73	2.29	8.08	1.68	18.83	0.00
15.	每桌都有專屬的服務人員為您服務	−5.80	2.30	7.98	1.67	17.46	0.00
16.	員工受過專業訓練足以勝任工作	−6.71	2.30	8.50	1.48	15.16	0.00
17.	員工主動提供每日促銷特價餐點	−6.29	2.31	8.34	1.54	16.79	0.00
18.	依顧客預算、喜好搭配餐點，給予適當建議	−6.45	2.31	8.43	1.45	16.88	0.00
19.	依顧客需求提供特殊餐點	−6.39	2.26	8.43	1.48	17.41	0.00
20.	員工不會強迫推銷酒或飲料	−7.08	2.72	8.48	1.90	9.54	0.00
21.	不會讓顧客久等或有被催促感	−7.31	2.54	8.81	1.49	11.20	0.00
22.	主管會主動且親切詢問用餐狀況及意見	−6.03	2.21	8.10	1.47	3.28	0.01

（續接下表）

屬性		負績效		正績效		平均數差檢定	
		平均數	標準差	平均數	標準差	t 值	p 值
23.	員工會主動幫您過生日或慶祝特殊節慶	−5.73	2.28	8.11	1.64	18.81	0.00
24.	員工預先考量您的需求，並主動提供服務	−6.52	2.39	8.55	1.42	17.14	0.00
25.	員工樂於解答顧客問題	−7.16	2.60	8.89	1.29	12.92	0.00
26.	員工具備高度的愛心與耐心	−6.92	2.49	8.76	1.31	7.63	0.00
27.	員工會主動站在顧客立場，處理顧客的抱怨	−7.07	2.50	8.69	1.43	12.81	0.00
28.	服務出錯時，主管會出面致歉並給予實質補償	−7.03	2.63	8.80	1.32	13.86	0.00
29.	餐廳主動提供優惠訊息、折價券、貴賓卡等	−6.45	2.59	8.62	1.43	16.22	0.00
30.	餐廳帳單帳目清楚且金額正確	−7.83	2.77	9.16	1.44	9.16	0.00
31.	餐廳沒保留已訂位的位子	−2.37	1.82	1.85	1.78	−4.71	0.00
32.	員工沒有依照客人的先來後到順序服務	−2.40	1.76	1.87	1.55	−5.36	0.00
33.	餐具破損不乾淨	−2.52	1.74	1.90	1.42	−6.55	0.00
34.	點錯或漏掉顧客點的餐食	−2.62	1.66	2.15	1.45	−5.30	0.00
35.	過度關心顧客用餐狀況	−3.37	2.04	2.78	1.75	−5.83	0.00
36.	員工會打量客人的穿著，給予差別待遇	−2.46	1.77	1.78	1.39	−7.16	0.00
37.	員工會因情緒好壞，給予客人不一樣的待遇	−2.36	1.51	1.73	1.22	−7.08	0.00
38.	服務出錯時，員工沒有迅速更正錯誤	−2.60	1.66	2.03	1.36	−5.78	0.00
39.	員工疏於注意您的需求，未能及時提供服務	−2.70	1.59	2.24	1.44	−5.18	0.00
40.	員工嚴守公司規定，不通情理	−3.16	1.90	2.67	1.80	−6.48	0.00
整體滿意度				7.79	1.40		

(三)服務品質屬性與顧客滿意度關係分析

由服務品質屬性負績效與正績效對整體滿意度對數迴歸分析所獲得的結果可知，除了第20、21、29、31、32、33、35、36、38等9題，β_1 與 β_2 均不顯著，

「服務品質屬性」與「整體顧客滿意度」之間呈線性關係之外，其餘31個題項的 β_1 與 β_2，至少有一個顯著不等於0，「服務品質屬性」與「整體顧客滿意度」之間呈曲線關係。因此，研究假設 H2：服務品質屬性績效與整體顧客滿意度之間的關係爲非線性，獲得部分支持。

(四)對數模式與線性模式的比較

由服務品質屬性負績效與正績效對整體滿意度迴歸分析所獲得的結果可知，在40個服務品質屬性迴歸分析模型中，除了3個（6、12、17）題項模式解釋力（R^2）相等之外，有22個「對數迴歸」的模式解釋力優於「線性迴歸」，只有5個（11、15、21、23、24）題項「線性迴歸」的模式解釋力優於「對數模式」。此外，從係數的合理性來看，對數迴歸模式的標準化迴歸係數要比線性迴歸模式更能反映出實際的狀況，例如：「3.等候座位時，提供茶水及桌椅」，在線性模式中，$-\beta_1$ 與 $+\beta_2$ 均顯著，表示在等候座位時，如果不提供茶水及桌椅，顧客將會感到不滿意；如果提供茶水及桌椅，顧客將會感到滿意，屬於線性一維品質要素。在對數模式中，$-\beta_1$ 顯著 $+\beta_2$ 不顯著，表示在等候座位時，如果不提供茶水及桌椅，顧客將會感到不滿意；如果提供茶水及桌椅，顧客認爲是應該的，並不會感到滿意，屬於當然品質要素，比較符合常理。例如：「9.餐點實際內容與菜單敘述或圖片相符」，在對數模式中，$-\beta_1$ 與 $+\beta_2$ 均顯著，表示如果餐點實際內容與菜單敘述或圖片不相符，顧客將會感到不滿意；如果餐點實際內容與菜單敘述或圖片相符，顧客將會感到滿意，屬於非線性的一維品質要素。在線性模式中，$-\beta_1$ 不顯著、$+\beta_2$ 顯著，表示如果餐點實際內容與菜單敘述或圖片不相符，顧客不會感到不滿意；如果餐點實際內容與菜單敘述或圖片相符，顧客將會感到滿意，屬於魅力品質要素，並不符合常理。此外，「14.員工熟記您的稱謂、基本資料及用餐習慣」與「17.員工主動提供每日促銷特價餐點」，也有類似問題。由此可見，「對數迴歸」的模式解釋力要略優於「線性迴歸」。

表5-5　服務品質屬性「負績效」與「正績效」對整體滿意度迴歸分析表

服務品質屬性	對數迴歸		線性迴歸		判定係數	
	負績效 β_1	正績效 β_2	負績效 β_1	正績效 β_2	對數 R^2	線性 R^2
1. 餐廳有免費停車場，且有管理員及泊車人員	−0.067	0.102**	−0.051	0.094*	0.017	0.014
2. 餐廳裝潢精緻、氣氛優雅	−0.115**	0.176***	−0.093*	0.156***	0.048	0.038

（續接下表）

服務品質屬性		對數迴歸		線性迴歸		判定係數	
		負績效 β_1	正績效 β_2	負績效 β_1	正績效 β_2	對數 R^2	線性 R^2
3.	等候座位時，提供茶水及桌椅	−0.072	0.131**	−0.069	0.073	0.027	0.012
4.	餐廳用餐區及座位舒適	−0.088*	0.156***	−0.050	0.151***	0.040	0.030
5.	餐廳有清楚的逃生路線及完善的消防設備	−0.090*	0.165***	−0.056	0.168***	0.042	0.037
6.	洗手間乾淨，且設有自動沖水設備	−0.052	0.169***	−0.063	0.155***	0.036	0.033
7.	菜單質感與設計高雅	0.002	0.111**	0.008	0.101*	0.012	0.010
8.	菜單經常配合時令推出創新菜色	0.016	0.131**	0.031	0.121**	0.017	0.013
9.	餐點實際內容與菜單敘述或圖片相符	−0.084	0.101*	−0.068	0.088	0.020	0.015
10.	食材新鮮且擁有產地證明	−0.056	0.091*	−0.022	0.088	0.015	0.010
11.	餐點訂價合理	−0.053	0.078	−0.061	0.056	0.005	0.008
12.	員工服裝儀表整潔、相貌出眾	−0.020	0.062	−0.003	0.067	0.007	0.005
13.	員工服務態度親切友善	−0.057	0.123**	−0.050	0.117**	0.021	0.020
14.	員工熟記您的稱謂、基本資料及用餐習慣	−0.083	0.225***	−0.093*	0.206***	0.068	0.062
15.	每桌都有專屬的服務人員為您服務	−0.057	0.026	−0.046	0.036	0.005	0.004
16.	員工受過專業訓練足以勝任工作	−0.128**	0.153***	−0.148***	0.132**	0.049	0.052
17.	員工主動提供每日促銷特價餐點	−0.051	0.153***	−0.026	0.162***	0.029	0.029
18.	依顧客預算、喜好搭配餐點，給予適當建議	−0.112**	0.100**	−0.085	0.096*	0.028	0.022
19.	依顧客需求提供特殊餐點	−0.085	0.156***	−0.080	0.135**	0.038	0.031
20.	員工不會強迫推銷酒或飲料	0.006	0.054	0.032	0.072	0.003	0.005
21.	不會讓顧客久等或有被催促感	0.008	0.120**	0.038	0.090*	0.014	0.008
22.	主管會主動且親切詢問用餐狀況及意見	0.072	0.080	−0.043	0.076	0.014	0.010
23.	員工會主動幫您過生日或慶祝特殊節慶	0.014	0.087	0.021	0.091*	0.007	0.008

（續接下表）

服務品質屬性		對數迴歸		線性迴歸		判定係數	
		負績效 β_1	正績效 β_2	負績效 β_1	正績效 β_2	對數 R^2	線性 R^2
24.	員工預先考量您的需求，並主動提供服務	−0.004	0.093*	0.000	0.082	0.009	0.007
25.	員工樂於解答顧客問題	0.005	0.090*	0.011	0.083	0.008	0.007
26.	員工具備高度的愛心與耐心	0.015	0.100*	0.037	0.102*	0.009	0.009
27.	員工會主動站在顧客立場，處理顧客的抱怨	−0.050	0.068	−0.032	0.051	0.008	0.005
28.	服務出錯時，主管會出面致歉並給予實質補償	−0.034	0.084	−0.006	0.076	0.010	0.006
29.	餐廳主動提供優惠訊息、折價券、貴賓卡等	−0.014	0.022	0.008	0.028	0.001	0.001
30.	餐廳帳單帳目清楚且金額正確	−0.088*	0.065	−0.070	0.055	0.013	0.010
31.	餐廳沒保留已訂位的位子	0.118**	−0.039	0.080	−0.049	0.013	0.007
32.	員工沒有依照客人的先來後到順序服務	0.106*	−0.057	0.068	−0.067	0.009	0.006
33.	餐具破損不乾淨	0.065	−0.049	0.064	−0.010	0.004	0.004
34.	點錯或漏掉顧客點的餐食	0.095*	−0.112**	0.058	−0.140**	0.013	0.017
35.	過度關心顧客用餐狀況	0.010	−0.035	0.014	−0.035	0.001	0.002
36.	員工會打量客人的穿著，給予差別待遇	0.038	−0.084	0.002	−0.063	0.006	0.004
37.	員工會因情緒好壞，給予客人不一樣的待遇	0.123**	−0.136**	0.082	−0.126**	0.018	0.014
38.	服務出錯時，員工沒有迅速更正錯誤	0.016	0.024	0.033	−0.053	0.001	0.003
39.	員工疏於注意您的需求，未能及時提供服務	0.070	−0.086	0.020	−0.080	0.006	0.005
40.	員工嚴守公司規定，不通情理	0.038	−0.080	0.009	−0.099*	0.005	0.009

***：p < .01；**：p < .05；*：p < .10

(五)服務品質屬性的品質要素類型分析

　　由服務品質屬性類型分析所獲得的結果可知，在40個服務品質屬性中，第6、7、8、10、12、14、15、22、23、24、25、26、27、28等14題（−β_1 不顯著 +β_2 顯著），表示此項品質屬性如果不具備顧客並不會感到不滿，如果具備顧客

服務品質與顧客關係管理──理論與實務

會感到滿意，屬於「魅力品質要素」；第1、2、4、5、9、13、16、17、18、19等10題（$-\beta_1$ 與 $+\beta_2$ 均顯著），表示此項品質屬性如果不具備顧客會感到不滿，如果具備顧客會感到滿意，屬於「一維品質要素」；第20、21、29、31、32、33、35、36、38等9題（β_1 與 β_2 均不顯著），表示此項品質屬性不論是否具備都不會影響顧客滿意，屬於「無差異品質要素」；第3、11、30等3題（$-\beta_1$ 顯著 $+\beta_2$ 不顯著），表示此項品質屬性如果不具備顧客會感到不滿，如果具備顧客並不會感到滿意，屬於「當然品質要素」；第34、37、39、40等4題（$+\beta_1$ 不顯著 $-\beta_2$ 顯著），表示此項品質屬性如果不具備顧客並不會感到不滿，如果具備顧客會感到不滿意，同時具有「當然品質要素」與「反轉品質要素」的特質，屬於反向的當然品質要素，將其命名為「當然／反轉品質要素」。

表5-6　服務品質屬性的品質要素類型判定表

服務品質屬性		對數迴歸		品質要素類型
		負績效 β_1	正績效 β_2	
1.	餐廳有免費停車場，且有管理員及泊車人員	−0.067	0.102**	魅力品質要素
2.	餐廳裝潢精緻、氣氛優雅	−0.115**	0.176***	一維品質要素
3.	等候座位時，提供茶水及桌椅	−0.072	0.131**	魅力品質要素
4.	餐廳用餐區及座位舒適	−0.088*	0.156***	一維品質要素
5.	餐廳有清楚的逃生路線及完善的消防設備	−0.090*	0.165***	一維品質要素
6.	洗手間乾淨，且設有自動沖水設備	−0.052	0.169***	魅力品質要素
7.	菜單質感與設計高雅	0.002	0.111**	魅力品質要素
8.	菜單經常配合時令推出創新菜色	0.016	0.131**	魅力品質要素
9.	餐點實際內容與菜單敘述或圖片相符	−0.084	0.101*	魅力品質要素
10.	食材新鮮且擁有產地證明	−0.056	0.091*	魅力品質要素
11.	餐點訂價合理	−0.053	0.078	無差異品質要素
12.	員工服裝儀表整潔、相貌出眾	−0.020	0.062	無差異品質要素
13.	員工服務態度親切友善	−0.057	0.123**	魅力品質要素
14.	員工熟記您的稱謂、基本資料及用餐習慣	−0.083	0.225***	魅力品質要素
15.	每桌都有專屬的服務人員為您服務	−0.057	0.026	無差異品質要素
16.	員工受過專業訓練足以勝任工作	−0.128**	0.153***	一維品質要素
17.	員工主動提供每日促銷特價餐點	−0.051	0.153***	魅力品質要素
18.	依顧客預算、喜好搭配餐點，給予適當建議	−0.112**	0.100**	一維品質要素

（續接下表）

服務品質屬性		對數迴歸		品質要素類型
		負績效 β_1	正績效 β_2	
19.	依顧客需求提供特殊餐點	−0.085	0.156***	魅力品質要素
20.	員工不會強迫推銷酒或飲料	0.006	0.054	無差異品質要素
21.	不會讓顧客久等或有被催促感	0.008	0.120**	魅力品質要素
22.	主管會主動且親切詢問用餐狀況及意見	0.072	0.080	無差異品質要素
23.	員工會主動幫您過生日或慶祝特殊節慶	0.014	0.087	無差異品質要素
24.	員工預先考量您的需求，並主動提供服務	−0.004	0.093*	魅力品質要素
25.	員工樂於解答顧客問題	0.005	0.090*	魅力品質要素
26.	員工具備高度的愛心與耐心	0.015	0.100*	魅力品質要素
27.	員工會主動站在顧客立場，處理顧客的抱怨	−0.050	0.068	無差異品質要素
28.	服務出錯時，主管會出面致歉並給予實質補償	−0.034	0.084	無差異品質要素
29.	餐廳主動提供優惠訊息、折價券、貴賓卡等	−0.014	0.022	無差異品質要素
30.	餐廳帳單帳目清楚且金額正確	−0.088*	0.065	當然品質要素
31.	餐廳沒保留已訂位的位子	0.118**	−0.039	當然／反轉品質要素
32.	員工沒有依照客人的先來後到做服務	0.106*	−0.057	當然／反轉品質要素
33.	餐具破損不乾淨	0.065	−0.049	無差異品質要素
34.	點錯或漏掉顧客點的餐食	0.095*	−0.112**	反轉品質要素
35.	過度關心顧客用餐狀況	0.010	−0.035	無差異品質要素
36.	員工會打量客人的穿著，給予差別待遇	0.038	−0.084	無差異品質要素
37.	員工會因情緒好壞，給予客人不一樣的待遇	0.123**	−0.136**	反轉品質要素
38.	服務出錯時，員工沒有迅速更正錯誤	0.016	0.024	無差異品質要素
39.	員工疏於注意您的需求，未能及時提供服務	0.070	−0.086	無差異品質要素
40.	員工嚴守公司規定，不通情理	0.038	−0.080	無差異品質要素

*** : $p < .01$；** : $p < .05$；* : $p < .10$

七、管理實務意涵

㈠當服務品質屬性是優良時，正績效的顧客滿意度平均值要大於負績效，但是當服務品質屬性是不良時，負績效的顧客滿意度平均值要大於正績效，而且服務品質屬性負績效與正績效對整體顧客滿意度的影響效果是不對稱的

　　經由前述服務品質屬性負績效與正績效的顧客滿意度平均數差異分析，以及服務品質屬性負績效與正績效對顧客滿意度的影響效果分析所獲得的結論可知，當服務品質屬性是優良時，正績效的顧客滿意度平均值要大於負績效，但是當服務品質屬性是不良時，負績效的顧客滿意度平均值要大於正績效，而且服務品質屬性負績效與正績效對整體顧客滿意度的影響效果是不對稱的。此一研究結果與 Mittal 等人（1998），Ting 和 Chen（2002）的研究結論是一致的。但是，負績效與正績效對顧客滿意度的影響效果何者較大，三者的研究結論並不一致。Mittal 等人（1998）在「健康醫療」與「汽車」的研究中發現，健康醫療的8項品質屬性負績效對整體顧客滿意度的影響效果均大於正績效，而汽車的6項品質屬性，除了有1項正績效大於負績效之外，其餘5項負績效的影響效果大於正績效。但是，Ting 與 Chen（2002）量販店的43項服務品質屬性，23項正績效對整體顧客滿意度的影響效果大於負績效。本研究西餐廳的40項服務品質屬性，34項正績效對整體顧客滿意度的影響效果大於負績效。為什麼三者的研究結果會不一致？經深入比對之後發現，Mittal 等人（1998）健康醫療的題項為「醫生會花足夠的時間對待病人」、「傾聽病人詳述病情」、「便利的看診時間」、「便利的醫院地點」、「隨時可以找到醫生」、「不必等候看診」；汽車的題項為「容易駕駛」、「座位舒適」、「引擎寧靜」、「馬力充足」、「方向盤容易操作」，大多偏向「當然」品質要素，如果具備是應該的，顧客並不會感到滿意，如果不具備顧客會認為是廠商的錯，而感到不滿意，所以品質屬性負績效對整體顧客滿意度的影響效果大於正績效。然而，Ting 與 Chen（2002）的對象是「量販店」，在43項服務品質屬性中，魅力品質要素占17項，當然品質要素只占1項；本研究的的對象是「西餐廳」，40項服務品質屬性中，魅力品質要素占14項，當然品質要素只占3項，所以品質屬性正績效對整體顧客滿意度的影響效果大於負績效。

（二）服務品質屬性對整體顧客滿意度的影響效果不全然是線性的，使用一維線性的服務品質觀點來評量顧客滿意度，容易誤導廠商過度投入資源去追求邊際效率遞減的顧客滿意度

經由前述服務品質屬性負績效與正績效對顧客滿意度的影響效果分析所獲得的結論可知，40項西餐廳服務品質屬性，有31項的標準化迴歸係數 β_1 與 β_2，至少有一個顯著不等於0，顯示「服務品質屬性」與「整體顧客滿意度」之間呈曲線關係，此一研究結論與 Mittal 等人（1998），Ting 與 Chen（2002）的研究結論相同，可見服務品質屬性對整體顧客滿意度的影響效果不全然是線性的，即使 β_1 與 β_2 均顯著，也可能是非線性的一維品質要素。因此，使用一維線性的服務品質觀點來評量服務業的顧客滿意度並不恰當，容易誤導廠商以為做得愈多顧客會愈滿意，過度投入資源去追求邊際效率遞減的顧客滿意度。

 問題思考

Kano 提出「二維品質模式」，並將服務品質屬性分為「魅力」、「一維」、「當然」、「無差異」、「反轉」五種品質要素類型。但是，為什麼在實證研究上卻沒有學者同時驗證出五種品質要素類型？

 問題提示

因為他們都只使用「正向（優良品質屬性）」的題項，而未使用「反向（不良品質屬性）」的題項，以致無法驗證出反轉品質要素。

 問題解答

在問卷設計時，必須加入「反向（不良品質屬性）」的題項，才能驗證出 Kano 二維品質模式的五種品質要素類型。

㈢Kano 的五大品質要素類型均存在，而且可以透過「對數迴歸模型」加以具體驗證，但是唯有使用「反向（不良品質屬性）」題項，才能驗證出「反轉」品質要素

　　雖然，Kano 等人（1984）提出二維品質模式，並將服務品質屬性分爲五種品質要素類型。但是，在實證研究上卻很少有學者能夠同時驗證出五種品質要素類型，例如：Tan 與 Pawitra（2001）只找到「一維」、「魅力」、「無差異」三種品質要素；Yang（2003）只找到「一維」、「魅力」、「當然」三種品質要素；Ting 與 Chen（2002）只找到「魅力」、「一維」、「當然」、「無差異」四種品質要素，均未能發現「反轉」品質要素。爲什麼學者們的研究均無法找到反轉品質要素？主要原因在於他們都只使用「正向（優良品質屬性）」的題項，而未使用「反向（不良品質屬性）」的題項，例如：「餐廳沒保留已訂位的位子」，以致無法驗證出反轉品質要素，而非研究對象無反轉品質要素。經由前述服務品質屬性類型分析所獲得結果可知，Kano 的五大品質要素類型均存在，而且可以透過「對數迴歸模型」加以具體驗證。因此，建議在問卷設計時，須加入「反向（不良品質屬性）」的題項，才能驗證出 Kano 二維品質模式的五種品質要素類型。

㈣將服務品質屬性正績效與負績效表現分別評量，再個別探討每個服務品質屬性對顧客滿意度的影響效果，是導致迴歸模式解釋力偏低的主要原因，即使加大問卷的評量尺度，並無法改善模式解釋力偏低的現象

　　雖然，Mittal 等人（1998）首創使用「對數迴歸」，以量化分析的方法來驗證品質屬性績效與顧客滿意度之間的二維非線性關係，但是後來除了 Ting 與 Chen（2002）之外，很少有學者引用此種分析方法，主要原因在於模式解釋力 R^2 偏低，學者批評，認爲模式解釋力太低缺乏解釋能力。雖然，本研究加大問卷的評量尺度，改用正負各10點的評價尺度（1：非常不滿意，10：非常滿意），期能改善模式解釋力偏低的問題。但是，經實證後發現不論是對數模式（$R^2 = 0.001 \sim 0.090$）或線性模式（$R^2 = 0.002 \sim 0.079$）的模式解釋力依然偏低。由此可見，先將服務品質屬性正績效與負績效表現分別評量，再「逐一」探討每個服務品質屬性對顧客滿意度的影響效果，而非將所有服務品質屬性納入，再探討「全部」服務品質屬性對顧客滿意度影響效果的方法，是導致迴歸模式解釋力偏低的主要原因，即使加大問卷的評量尺度，依然無法解決模式解釋力偏低

的問題。然而，從統計分析的學理來看，在迴歸分析中只要自變數的標準化迴歸係數達到顯著水準，即可證明此一自變數對依變數有顯著的影響效果，R^2的大小並不是主要的考量因素，更何況此種研究模式的主要目的，是想要驗證品質屬性對顧客滿意度的非線性影響效果，而非自變數對依變數有多少解釋能力，只是強調模式解釋力，反而誤導了本研究的研究目的。

(五)管理實務應用

以往在服務接觸顧客滿意的研究上，大多假設服務品質屬性對顧客滿意度呈線性的影響效果，而且服務品質屬性的負績效與正績效是對稱地影響顧客滿意度。但是，顧客對服務品質的敏感度可能會呈遞減的現象，以致服務品質屬性對顧客滿意度的影響效果可能是「非線性」且「不對稱」的，某些服務品質屬性似乎具有關鍵性影響力，某些服務品質屬性似乎沒有什麼作用。所以，業者應該瞭解各項服務品質屬性的特性，以及負績效與正績效對顧客滿意度不同的影響效果。對於那些「線性」的服務品質屬性而言，增加此類服務品質屬性的提供，可以提高整體顧客滿意度。但是，對於那些「非線性」的服務品質屬性而言，此類服務品質屬性對整體顧客滿意度的影響效果，在供應不足時，具有很大的殺傷力應該盡速補足，以避免造成顧客不滿；在供應充足時，滿意度具有遞減性，對於顧客滿意度的提升邊際效益並不大，應該將有限的資源移轉至供應不足的項目，以提升資源的使用效益。

參考文獻

陳彥名（2008）。都市綠色交通設施之二維品質模式—以臺南市自行車道為例（未出版碩士論文）。國立台南大學生態旅遊研究所，台南市。

鄭軒文（2008）。墾丁遊客對海灘標章認證之接受程度—二維品質模式與條件評估法（未出版碩士論文）。國立台南大學生態旅遊研究所碩士班，台南市。

賴惠君（2009）。應用 Kano 與 Refined Kano 二維品質模式檢視高雄捷運系統之服務品質（未出版碩士論文）。國立彰化師範大學企業管理學研究所，彰化縣。

Aiello, C., & Rosenberg, L. J. (1976). Consumer satisfaction: Toward an integrative framework. *Proceedings of the Southern Marketing Association*, 12(3), 169-171.

Day, R. L. (1977). Alternative definitions and designs for measuring consumer satisfaction. In H. K. Kieth (Ed.). *The Conceptualization for Consumer Satisfaction and Dissatisfaction.* Cambridge, MA: Marketing Science Institute.

Flanagan, J. C. (1954). The critical incident technique. *Psychological Bulletin*, 51(4), 327-358.

Handy, C. R., & Pfaff, M. (1975). *Consumer satisfaction with food products and marketing services* (Agricultural Report No. 281). Washington, DC: United States Department of Agriculture, Economic Research Service.

Kano, N., Seraku, N., Takahashi, F., & Tsuji, S. (1984). Attractive quality and must-be quality. *Quality: The Journal of the Japanese Society for Quality Control*, 14(April), 39-48.

Mittal, V., Ross, W. T., Jr., & Baldasare, P. M. (1998). The asymmetric impact of negative and positive attribute-level performance on overall satisfaction and repurchase intentions. *Journal of Marketing*, 62(January), 33-47.

Parasuraman, A., Zeithaml, V. A., & Berry, L. L. (1985). A conceptual model of service quality and its implications for future research. *Journal of Marketing*, 49(Fall), 41-50.

Parasuraman, A., Zeithaml, V. A., & Berry, L. L. (1988). SERVQUAL: A multiple-item scale for measuring consumer perceptions of service. *Journal of Retailing*, 64(Spring), 12-40.

Nyquist, J. D., Bitner, M. J., & Booms, B. H. (1985). Identifying communication difficulties in the service encounter - A critical incidents approach. In J. Czepiel, M. Solomon, & C. Surprenant (Eds.). *The Service Encounter* (pp.195-212). Lexington, MA: Lexington Books.

Tan, K. C., & Pawitra, T. A. (2001). Integrating SERVQUAL and Kano's model into QFD for service excellence development. *Managing Service Quality*, 11(6), 418-430.

Ting, S. C., & Chen, C. N. (2002). The asymmetrical and non-linear effects of store quality attributes on customer satisfaction. *Total Quality Management*, 13(4), 547-569.

Yang, C. C. (2003). Establishment and applications of the integrated model of service quality measurement. *Managing Service Quality*, 13(4), 310-324.

第貳篇

實務應用篇

　　如何將第壹篇所學的理論基礎加以實際應用，以提升服務品質，增加顧客滿意度，是本篇的重點。所以，第貳篇〈實務應用篇〉，是讀者在學習服務管理的基本功之後，如何加以實際應用的策略與案例，內容包含：「第六章　服務管理應用策略」、「第七章　便利商店與顧客滿意應用實例」、「第八章　醫療服務顧客滿意競爭策略應用實例」、「第九章　服務業顧客滿意度評量指標應用實例」，學會本篇的實務應用，將可以讓你對於服務品質與顧客滿意理論的應用，更加得心應手。

第六章　服務管理應用策略

第七章　便利商店顧客滿意應用實例

第八章　醫療服務顧客滿意競爭策略應用實例

第九章　服務業顧客滿意度評量指標應用實例

第六章

服務管理應用策略

重點
大綱

問題思考

我們所學到的「服務品質」與「顧客滿意」理論，能不能加以實際應用？

問題提示

理論是用來解釋真實世界的各種現象，當然可以拿來加以實際應用。

問題解答

「理論」乃是科學領域對於特定現象，發展出一組有組織、架構、邏輯關係的知識系統，用來描述、解釋、預測、控制現象，最終的目的是能夠對於社會產生貢獻，來改善人類的生活品質，當然可以拿來加以實際應用。

一、顧客滿意競爭策略

由於「顧客滿意」是由消費者比較購買前的期望與購買後知覺的績效而來。因此，如果我們以「顧客的期望」為橫軸，以「知覺的績效」為縱軸，以「產業平均值」為中心點，將可畫出四個象限的「顧客滿意策略分析矩陣」。廠商可以依據此一策略分析矩陣，將各項顧客滿意評量項目逐一加以比較，以瞭解與競爭者之間的相對優劣勢，作為研擬競爭策略之參考。

(一)競爭優勢，繼續維持

在此一象限中，顧客的期望高，知覺的績效也高，表示顧客很重視此一項目，而廠商的績效也高於產業平均水準。因此，位於此一象限中的項目，屬於「競爭上的優勢」，代表廠商的資源配置適當，應採取「繼續維持」策略。

(二)不必要優勢，資源移轉

在此一象限中，顧客的期望低，但是知覺的績效高，表示顧客並不重視此一項目，而廠商的績效卻高於產業平均水準。因此，位於此一象限中的項目，屬於

「不必要的競爭優勢」，代表廠商的資源配置不當，應採取「資源移轉」策略，將有限的資源移轉到第四象限使用，以改善競爭劣勢。

㈢不重要項目，保持觀察

在此一象限中，顧客的期望低，知覺的績效也低，表示顧客並不重視此一項目，而廠商的績效也低於產業平均水準。因此，位於此一象限中的項目，屬於「不重要的項目」，代表廠商不必投入過多的資源，應採取「保持觀察」策略。

㈣競爭劣勢，優先改善

在此一象限中，顧客的期望高，但是知覺的績效低，表示顧客非常重視此一項目，而廠商的績效卻低於產業平均水準。因此，位於此一象限中的項目，屬於「競爭上的劣勢」，代表廠商的資源投入不足，應採取「優先改善」策略，將多餘的資源投入，以改善競爭劣勢。

知覺的績效 ＼ 顧客的期望	低	高
高	不必要優勢 資源移轉	競爭優勢 繼續維持
低	不重要項目 保持觀察	競爭劣勢 優先改善

圖6-1 顧客滿意策略分析矩陣圖

二、顧客滿意競爭定位分析

如果我們將廠商和競爭者納入顧客滿意策略分析矩陣中，將可比較不同廠商在消費者心目中的相對地位，繪出「顧客滿意競爭定位分析圖」。此外，如果能夠取得二期以上的資料，將可瞭解廠商在消費者心目中定位的移動情形。

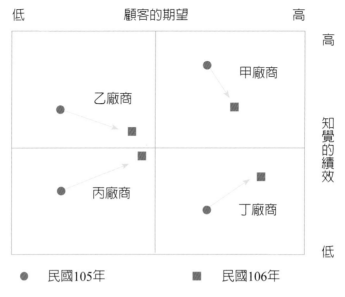

低　　　顧客的期望　　　高

高

知覺的績效

低

甲廠商

乙廠商

丙廠商

丁廠商

● 民國105年　　■ 民國106年

圖6-2　顧客滿意競爭定位分析圖

三、顧客滿意績效評估

如果能夠取得影響顧客滿意相關因素的量化資料，可以使用「雷達圖」來評估顧客滿意績效改善情形。例如：使用「產品」、「價格」、「通路」、「促銷」、「實體設備」、「服務人員」、「服務過程」7個 P 的服務行銷組合，來評量廠商的服務滿意度。

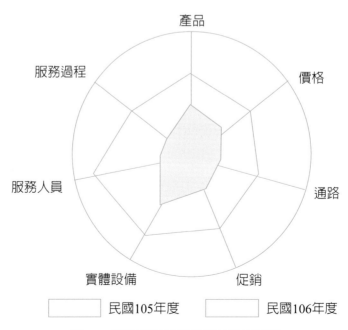

產品

服務過程　　　　　　　　　價格

服務人員　　　　　　　　　通路

實體設備　　　　　　促銷

□ 民國105年度　　□ 民國106年度

圖6-3　顧客滿意績效改善前後雷達圖

第七章

便利商店顧客滿意應用實例[1]

重點大綱

---

[1] 郭德賓（2000）。便利商店顧客滿意與競爭策略——南台技術學院周邊商圈之實證研究。商管科技季刊，1（2），165-183。

問題思考

學了那麼多的「服務品質」與「顧客滿意」理論，究竟要怎樣才能夠加以實際應用？

問題提示

你可以應用前面第六章服務管理應用策略所學到的「顧客滿意策略分析矩陣」，進行顧客滿意定位分析，並且為不同廠商研擬競爭策略。

問題解答

「顧客滿意」是由消費者比較購買前的期望與購買後知覺的績效而來。因此，如果我們以「顧客的期望」為橫軸，以「知覺的績效」為縱軸，以「產業平均值」為中心點，將可畫出四個象限的「顧客滿意策略分析矩陣」。廠商可以依據此一策略分析矩陣，將各項顧客滿意評量項目逐一加以比較，以瞭解與競爭者之間的相對優劣勢，作為研擬競爭策略之參考。

一、研究背景動機

　　近年來隨著國民所得的提升與生活型態的轉變，使得零售業發生重大的變革，強調服務與便利性的便利商店，如雨後春筍般地紛紛設立。原南台工商專校位於永康市六甲頂，毗鄰工業區而且周邊道路狹小曲折，原本只有一、二家小型的傳統雜貨店，但是在改制成為技術學院之後，學校規模不斷擴大，師生人數逐年增加，學校周邊地區成為學生住宿與外食的主要地點，日常生活大多仰賴商圈內業者供應，吸引許多大型便利商店進駐，形成競爭激烈的市場。

　　傳統的行銷通路是由獨立的製造商、批發商與零售商所組成，通路中的成員都是獨立的個體，為了追求本身利潤的極大化，甚至不惜犧牲整體的利益。然而，在通路革命之後，新的垂直行銷系統將三者整合成為一體，並且以連鎖店的方式來經營，使得傳統的零售業面臨重大的衝擊。因此，廠商如何改善服務品質，以提升顧客滿意度，將是影響廠商經營績效的主要關鍵因素。所以，本研究的主要目的在於：

1.瞭解影響消費者選擇便利商店的相關因素，以及滿意與不滿意的事件。

2.找出影響便利商店顧客滿意的主要評量構面，發展顧客滿意評量模式。

3.比較不同便利商店之間的競手優劣勢，提出改善建議與策略供業者參考。

　　本研究以南台技術學院周邊地區，「7-11便利商店」、「全家便利商店」、「界揚便利商店」、「南台福利站」、「東江商號」等五家不同型態的便利商店，進行實證研究，其地理位置分布如下：

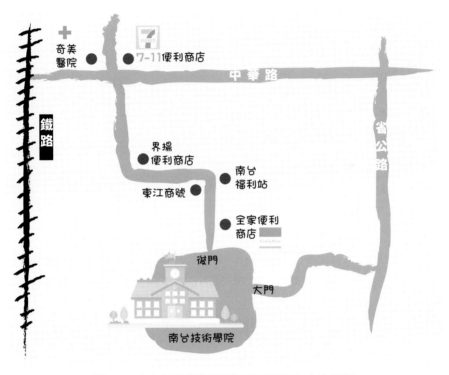

圖7-1　南台技術學院周邊地區便利商店位置圖

　　將上述的五家便利商店，依其營業型態與規模區分如下，以比較不同類型便利商店之間在顧客滿意度上的差異性。

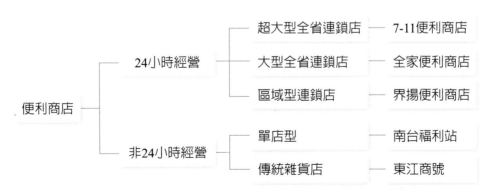

圖7-2　南台技術學院周邊地區便利商店分類

二、相關文獻回顧

(一)便利商店的定義與特性

何謂「便利商店」，日本便利商店開發會議的定義爲：由少數人管理的小型店鋪，以鄰近的顧客爲對象，採取自助服務的方式，銷售食品、日用品、雜貨爲主，以提供消費者親切服務爲特色的零售店（廖勝三，1978）。此外，台灣便利商店市場調查報告將便利商店定義如下（鍾嘉琪，1998）：

表7-1　台灣便利商店定義表

項目	說明
賣場面積	15至70坪。
商品結構	以廣義的食品爲主，且食品營業額占一半以上。
產品品項	至少1,500種。
營業時間	每天14小時以上，每年340天以上。
服務設備	具有收銀機、防盜設備及追求效率化的基本設備。

資料來源：鍾嘉琪（1998），頁53。

日本中小企業廳認爲便利商店必需具備下列條件（宋平生，1989）：

1. 立地條件：必須選擇由顧客之住宅至商店徒步5～10分鐘的地點，並且集中在住宅區第一商圈500公尺範圍內。
2. 店鋪面積：最適宜面積以300平方公尺（100坪）以下之店鋪最適宜。
3. 貨品之種類：要備有使對象顧客感覺最方便之貨色，以及以符合顧客之需求的生活必需品作爲主體。
4. 營業時間：要比同一地區內之超級市場以及其他一般零售店營業時間長，並且以全年無休爲原則。
5. 工作人員數：以自助式爲中心，設1位店長外，可增加店員2～3人。
6. 商店組織型體：往往爲求經營的效率化，必須採用連鎖型商店。
7. 接待客人：因採用自助方式經營，與顧客間應採取親密感之人際關係。

此外，蔡明燁（1994）認爲便利商店能被消費者接受的主要原因有三：

1. 教育水準與所得水準愈來愈高的消費大衆，其例行性採購中所含的食品與非食品項目將愈來愈多。
2. 便利商店將爲這些採購需求提供一次購足的滿足，使消費者能以有限的時間作

最有效率的運用。

3. 便利商店內的商品政策與商品陳列甚有系統，消費者很容易找到所要的例行性採購項目。

(二)顧客滿意的定義與評量

由顧客滿意相關文獻的回顧可知，消費者在購買某項產品之前，會對產品有所期望，在購買產品之後，會比較實際的績效與購買前的期望二者之間一致性的程度，對產品產生滿意或不滿意的整體性態度。因此，Hempel（1977）認為顧客滿意取決於顧客所期望的產品利益之實現程度，它反映出預期與實際結果的一致性程度；Churchill 與 Surenant（1982）認為顧客滿意是一種購買與使用產品的結果，是由購買者比較預期結果的報酬與投入成本所產生。雖然，曾經有許多學者提出不同的顧客評量模式，但是主要的理論基礎都是建立在「期望一不一致」的典範下。因此，綜合不同學者的研究結論，將影響顧客滿意的主要因素歸納如下：

1. 顧客的期望

「顧客的期望」反映出預期的績效，當消費者形成有關產品的預期績效時，可能使用理想的、預期的、最低限度的、渴望的四種不同類型期望。

2. 知覺的績效

「知覺的績效」被視為一種比較的標準，消費者購買前的消費經驗，將會建立一種比較的標準，在購買後會以實際知覺的績效與上述標準相比較來評量滿意的程度。

3. 期望一不一致

「期望一不一致」被視為是一種主要的中介變數，一個人的期望：（1）被確認，當產品的績效與他的期望一致；（2）產生負向的不一致，當產品的績效比他預期的差；（3）產生正向的不一致，當產品的績效比他預期的好。

4. 顧客滿意

「顧客滿意」被視為一種購買後的產品，當消費者知覺的績效大於或等於事前的期望，消費者將會感到滿意；當知覺的績效小於事前的期望，消費者將會感到不滿意。

傳統的顧客滿意評量模式，主要應用在有形的產品上，在服務業興起之

後，由於服務業具有無形性，廠商的服務績效缺乏具體的評量標準，不易客觀的評估。因此，Parasuraman、Zeithaml 與 Berry（1988）以「期望—不一致」理論為基礎加以修正，提出服務品質績效與期望差距模式，來評量服務業的顧客滿意度。

Heskett、Jones、Loveman、Sasser 與 Leonard（1990）認為滿意的顧客會有3R，分別是「顧客留存率（retention）」、「重複購買率（repeat）」與「介紹生意（referral）」。Rust、Zahorik 與 Keiningham（1995）認為如果廠商致力於服務品質的改善，將有助於顧客滿意度的提升，降低顧客對價格的需求彈性與交易成本，增加顧客忠誠度與顧客保留率，並且透過現有顧客的口碑宣傳吸引新顧客，增加市場占有率與獲利能力。

(三)零售業顧客滿意的影響因素

由相關文獻的回顧可知，「商店印象」、「商店氣氛」、「商品價格」、「廣告與促銷」、「服務態度」等因素，都會影響顧客滿意，茲將不同學者的研究結論彙整如下：

表7-2　商店屬性與構面分析表

學者	說明
萬以寧 （1984）	1.商品的硬體價值──品質／功能／性能／效率／價格 2.商品的軟體價值──設計／命名／顏色／感覺／味道／使用便利／說明書等 3.店內硬體設計、店內的氣氛──燈光照明／室內布置 4.服務員接待客人的品質──服務人員的態度語言／商品知識／迅速反應等 5.售後服務資訊的提供──商品售後服務、生活樣式的提供 6.回饋社會活動──企業文化、社會福利等 7.環境保護活動──環境保護、地球綠化運動
郭榮芳 （1985）	1.商品品質　2.內部環境清潔　3.店員服務　4.地點便利　5.商品種類齊全 6.營業時間便利性
唐富藏、李柯勳 （1988）	1.商品品質新鮮度　2.店員服務　3.自助服務　4.商品價格　5.商店氣氛
張俊 （1992）	1.商品品質　2.價格標示　3.內外部環境　4.商譽信用　5.商品價格　6.店員服務　7.商品陳列　8.營業時間

資料來源：張雲洋（1995），頁16。

三、實證研究方法

(一)研究架構

　　使用 Parasuraman、Zeithaml 與 Berry（1985）的服務品質績效與期望差距模式，來評量便利商店的顧客滿意度，經由消費者訪談，找出影響顧客滿意的相關因素，建立主要的評量構面。然後，將影響顧客滿意的前因與後果加以連結，以探討顧客滿意對購買後行為的影響效果。最後，再將廠商類型與消費者特質納入考量，以探討不同廠商類型與消費者個人特質對顧客滿意的影響效果。

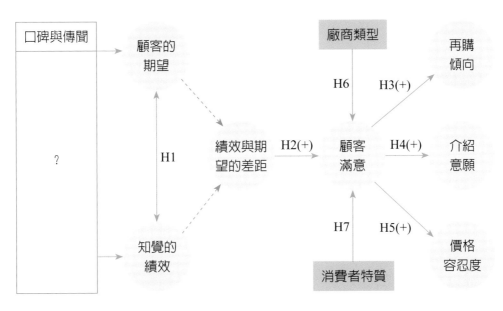

圖7-2　研究架構圖

(二)變數定義

1. 顧客的期望：消費者在購買之前，預期此家便利商店將會提供的服務。
2. 知覺的績效：消費者在購買之後，實際感受到此家便利商店的服務水準。
3. 績效與期望的差距：消費者在購買之後，實際知覺的績效與顧客的期望二者之間的差距，以「知覺的績效」減「顧客的期望」而得。
4. 顧客滿意：消費者比較購買後知覺的績效與購買前的期望二者之間的差距，對此家便利商店的整體性評價。
5. 再購傾向：消費者再度到此家便利商店購物的意願。
6. 介紹意願：消費者推薦介紹親朋好友到此家便利商店購物的意願。
7. 價格容忍度：消費者支付較高的價格到此家便利商店購物的意願。

　　由顧客滿意相關文獻可知，消費者在購買之前，會從以往的經驗、廣告或口碑與傳聞，對廠商所將提供的產品或服務有所期望。在購買之後，實際「知覺的績效」與「顧客的期望」之間會有所差距。如果消費者知覺的績效大於購買前的期望，績效與期望的差距為正，顧客滿意度較高；反之，如果消費者知覺的績效小於購買前的期望，績效與期望的差距為負，顧客滿意度較低。因此，「績效與期望的差距」與「顧客滿意」之間會成正相關（Parasuraman, Zeithaml & Berry, 1988）。此外，Heskett 等人（1994）認為滿意的顧客會有3R，分別是「顧客留存率」、「重複購買率」與「介紹生意」，而 Rust 等人（1995）的研究顯示，滿意的顧客會有較高的價格容忍度。因此，建立下列研究假設：

H1：「顧客的期望」與「知覺的績效」之間有顯著的差異。

H2：「績效與期望的差距」對「顧客滿意」有顯著的正向影響。

H3：「顧客滿意」對「再購傾向」有顯著的正向影響。

H4：「顧客滿意」對「介紹意願」有顯著的正向影響。

H5：「顧客滿意」對「價格容忍度」有顯著的正向影響。

H6：不同類型便利商店的消費者在「顧客滿意」上有顯著的差異。

H7：不同人口統計變數的消費者在「顧客滿意」上有顯著的差異。

（四）消費者訪談

　　為了找出影響便利商店顧客滿意的相關因素，由訪員使用開放式問卷，在每家便利商店門口各訪問10位顧客，總共訪問50位顧客，調查消費者認為：（1）一家優良便利商店所應該具備的條件；（2）在購物時讓他感到滿意的事件；（3）在購物時讓他感到不滿意的事件。訪談結果彙總如表7-3：

 問題思考

當進行實證研究發展問卷題項時，如果缺乏相關的文獻資料可以參考，或是從文獻回顧所得到的資料不一致時，要如何處理？

 問題提示

在從事實證研究時，如果缺乏次級資料可供參考，或是次級資料結果不一致時，可以使用質性訪談法，自行蒐集所需初級資料。

問題解答

由訪員使用開放式問卷訪問顧客，調查消費者認為：（1）一家優良商店所應該具備的條件；（2）讓他感到滿意的事件；（3）讓他感到不滿意的事件，並且將訪談結果列表彙總，找出主要的影響因素，即可得到所需的題項資料。

表7-3　消費者訪談彙總表

排序	應該具備的條件	人數	滿意事件	人數	不滿意事件	人數
1	服務態度良好	50	服務態度良好	38	服務態度不好	37
2	貨品齊全	38	貨品齊全	24	價格昂貴	24
3	擺設整齊	29	環境乾淨整潔	16	找不到要買的商品	22
4	環境乾淨	22	擺設整齊	14	店面不乾淨	16
5	價格合理	18	有冷氣設備	14	東西排列雜亂	15
6	燈光明亮	12	會喊歡迎謝謝光臨	9	產品不新鮮	10
7	冷氣設備	9	燈光明亮	7	結帳速度慢	7
8	食品新鮮度高	9	可免費閱讀	7	沒冷氣設備	5
9	24小時營業	7	店員儀容整齊	9	找不到店員	4
10	停車方便	7	結帳速度快	6	空間狹小	4
11	標示價格明確	4	價格合理	6	燈光不明亮	3
12	店員儀表	4	便利的服務	4	店員聊天不理人	3
13	產品品質高	4	開立發票	4	沒有折扣	2
14	賣場寬敞	3	供應熱水	2	補貨速度慢	2
15	地點便利	3	可中發票	2	沒喊歡迎謝謝光臨	2
16	有動聽的音樂	2	東西好吃	2	店員儀容差	2
17	開統一發票	2	動聽音樂	2	東西難吃	1
18	會喊歡迎謝謝光臨	2	賣場寬大	2	雜誌過期	1
19	結帳速度快	2	有熱食供應	2	發票沒中獎	1
20	提供傳真、影印	2	有溫暖的感覺	1	產品沒標價	1
21	周邊設有公共電話	1	有賣大哥大	1	停車不便	1
22	提供多種熱食	1	有試用品	1	笑容職業化	1
23	提供刷卡服務	1	有專人服務	1	刺耳的音樂	1
24	定期舉辦活動	1	提供廁所	1	沒有專人服務	1

依據消費者訪談所獲得的資料，並且參考其他學者類似研究所使用之問卷加以修正，經過多次試訪與修正之後，完成正式問卷。問卷內容依研究目的分為下列四大部分：

1.基本資料

使用名目尺度，以「性別」、「年齡」、「職業」、「學歷」、「家庭所得」與「零用金額」六個問項，調查消費者的個人特質。

2.顧客滿意評量項目

使用10點評價尺度（1：非常不同意，10：非常同意），以21個顧客滿意評量項目，採「顧客的期望」與「知覺的績效」二者並列方式，調查消費者對便利商店的期望與知覺的績效。

3.整體評價

使用10點評價尺度（1：非常不同意，10：非常同意），以「顧客的期望」、「知覺的績效」、「服務品質」、「服務價值」與「整體滿意度」五個問項，調查消費者對便利商店的整體評價。

4.行為傾向

使用10點評價尺度（1：非常不同意，10：非常同意），以「再購傾向」、「介紹意願」與「價格容忍度」三個問項，調查消費者的行為傾向。

（六）問卷調查

問題思考

在進行實證研究時，許多研究者基於取樣方便，常使用「便利抽樣法」進行研究，這樣的做法是否適當？如果不適當，應該如何加以改善？

問題提示

抽樣的目的在推論母體，所以樣本必須具有代表性，所得之研究結論才能推論母體。「便利抽樣法」乃是基於研究者本身的便利性進

行抽樣，樣本缺乏代表性，所得研究結論無法推論母體，必須設法加以改善，使抽樣誤差降到最低。

 問題解答

在決定樣本數之後，可以依據研究對象的實際營運情況，將調查對象依照比率，均勻分配於各個營業時段中，使抽樣誤差降到最低，以確保樣本具有代表性，此種方式近似「配額抽樣法」的概念。

　　為了使抽取的樣本具有代表性，將便利商店一週的營業時間（星期一至星期日），依照顧客來店的主要時段，分為清晨（早上6～8時）、上午（上午9～11時）、中午（中午12～2時）、下午（下午3～5時）、晚上（晚上6～8時）、夜間（晚上9～11時）、午夜（午夜12時～清晨5時）七個時段。然後，由訪員使用配額抽樣法，在五家便利商店門口進行問卷調查，每個時段每家便利商店各訪問1位顧客（南台福利站與東江商號午夜時段不營業），總共發出231份問卷，扣除無顧客上門及無效問卷後，回收有效問卷188份，有效問卷回收率81.4%。

表7-4　問卷調查統計表

便利商店	7-11	全家	界揚	南台	東江	合計
配額抽樣數	49	49	49	42	42	231
問卷回收數	40	41	40	39	40	200
有效問卷數	37	38	37	38	38	188
有效回收率	75.5%	77.6%	75.5%	90.5%	90.5%	81.4%

四、資料處理分析

(一)樣本結構分析

　　將回收的問卷依顧客特質加以分析，其中男性占54.3%，年齡以16～20歲（53.2%）與21～25歲（28.7%）居多，職業以學生居多（80.3%），學歷以大專居多（81.4%），家庭所得以3萬元以下（25.5%）與4～6萬元（34.0%）居多，每月零用金額以2,001～4,000元（26.6%）與4,001～6,000元（25.0%）居多。由此可見，五家便利商店主要以南台技術學院的學生為目標顧客群。

㈡顧客滿意評量項目平均數分析

　　首先，將21個顧客滿意評量項目，以「知覺的績效」減去「顧客的期望」，計算出「績效與期望的差距」。然後，使用成對母體平均數差檢定法進行檢定，發現除了在「提供種類齊全商品」、「提供流行生活資訊」、「經常舉辦促銷活動」、「提供便利停車場所」四個項目上，消費者「知覺的績效」與「顧客的期望」之間有顯著的落差之外，其餘項目均無顯著落差，其中甚至有部分項目「知覺的績效」大於「顧客的期望」。由此可見，便利商店在市場競爭激烈的情況下，所提供的服務除了少數項目之外，均能符合消費者的期望，甚至超出消費者的期望。因此，研究假設 H1，只獲得部分支持。

表7-5　個別評量項目平均數分析表

評量項目	顧客的期望	知覺的績效	績效與期望的差距	T 值	P 值
1.擺設整齊環境乾淨	7.27	7.42	0.15	1.41	0.16
2.賣場寬敞燈光明亮	7.26	7.27	0.01	0.05	0.96
3.賣場安裝冷氣設備	7.77	7.75	−0.02	−0.13	0.90
4.服務人員態度親切	7.51	7.69	0.18	1.43	0.16
5.服務人員儀表整齊	7.53	7.76	0.23	2.54	0.01
6.結帳迅速不必久候	7.74	7.90	0.16	1.41	0.16
7.具備良好專業知識	6.87	6.89	0.02	0.16	0.87
8.會喊歡迎謝謝光臨	6.89	6.67	−0.22	−1.53	0.13
9.食品新鮮度高	7.30	7.18	−0.12	−1.20	0.23
10.提供簡便冷飲及熱食	7.38	7.28	−0.10	−0.95	0.35
11.提供種類齊全商品	7.35	7.14	−0.21	−1.98	0.05
12.提供迅速便捷服務	7.24	7.15	−0.09	−0.92	0.36
13.提供流行生活資訊	6.58	6.27	−0.32	−2.59	0.01
14.開立統一發票	8.55	8.69	0.14	1.16	0.25
15.商品定價公道合理	7.77	7.70	−0.07	−0.63	0.53
16.價格標示明確	8.10	8.26	0.16	1.57	0.12
17.經常舉辦促銷活動	6.24	5.89	−0.35	−2.65	0.01
18.設立在便利的地點	8.55	8.65	0.10	0.80	0.42
19.提供24小時營業時間	7.80	7.73	−0.07	−0.67	0.51
20.提供便利停車場所	5.89	5.51	−0.38	−2.71	0.01
21.周邊設有公共電話	8.27	8.30	0.03	0.24	0.81

㈢顧客滿意評量構面的建立

問題思考

在進行實證研究時，如何檢驗量表的效度與信度？

問題提示

在進行實證研究時，必須先檢驗量表的效度與信度之後，才能進行資料分析。這就好像測量體重時，必須先讓體重計歸零，所測得的體重才是正確的。

問題解答

先將所有的顧客滿意評量項目，進行探索性因素分析，確認每個題項的因素負荷量只在單一構面大於0.5以上，以驗證量表的構念效度，再將每個構面的題項，使用Cronbach's α進行信度分析，確認信度值大於0.7以上，檢驗量表是否具有良好的效度與信度。

　　將21個顧客滿意評量項目，以主成份分析法進行探索性因素分析，並且使用直交轉軸之最大變異數法進行因素轉軸，選取特徵值大於1的因素構面，總共得到與服務親切性有關的「服務態度」，與所提供服務項目有關的「服務內容」，與賣場環境與設備有關的「服務設備」，與商品價格和標示有關的「服務價格」，與服務取得的方便性有關的「便利性」等五大因素構面。其中，「服務態度」構面的 Cronbach's α 值為0.71，變異解釋量為31.1%，「服務內容」構面的 Cronbach's α 值為0.76，變異解釋量為8.1%，「服務設備」構面的 Cronbach's α 值為0.82，變異解釋量為7.3%，「服務價格」構面的 Cronbach's α 值為0.68，變異解釋量為6.9%，「便利性」構面的 Cronbach's α 值為0.60，變異解釋量為5.4%，五個構面的累積變異解釋量為58.8%。由此可見，本研究所建立的便利商店顧客滿意量表，具有相當不錯的信度與效度。

表7-6　個別評量項目探索性因素分析表

評量構面	評量項目	因素負荷量	Alpha	特徵值	百分比(%)	累積%
服務態度	4.服務人員態度親切	0.70				
	5.服務人員儀表整齊	0.69				
	6.結帳迅速不必久候	0.77				
	7.具備良好專業知識	0.44	0.71	6.52	31.1	31.1
	8.會喊歡迎謝謝光臨	0.47				
	9.食品新鮮度高	0.64				
	10.提供簡便冷飲及熱食	0.51				
服務內容	11.提供種類齊全商品	0.66				
	12.提供迅速便捷服務	0.61				
	13.提供流行生活資訊	0.64	0.76	1.69	8.1	39.1
	17.經常舉辦促銷活動	0.72				
	20.提供便利停車場所	0.69				
服務設備	1.擺設整齊環境乾淨	0.76				
	2.賣場寬敞燈光明亮	0.67	0.82	1.54	7.3	46.5
	3.賣場安裝冷氣設備	0.73				
服務價格	14.開立統一發票	0.69				
	15.商品定價公道合理	0.45	0.68	1.45	6.9	53.4
	16.價格標示明確	0.70				
便利性	18.設立在便利的地點	0.70				
	19.提供24小時營業時間	0.70	0.60	1.13	5.4	58.8
	21.周邊設有公共電話	0.74				

(四)徑路分析

　　為了驗證研究假設 H2～H5，以「服務態度」、「服務內容」、「服務設備」、「服務價格」與「便利性」五個評量構面的平均值，作為「績效與期望的差距」的評量指標，以「服務品質」、「服務價值」與「整體滿意度」作為「顧客滿意」的評量指標，以「再度購買意願」作為「再購傾向」的評量指標，以「推薦介紹意願」作為「介紹意願」的評量指標，以「支付較高價格」作為「價格容忍度」的評量指標，建立線性結構關係模型進行分析。

由線性結構關係模型分析表可知，五個顧客滿意評量構面的因素負荷量介於0.22～0.77之間，三個顧客滿意評量指標的因素負荷量介於0.64～0.83之間，模式整體配適度為0.90，模式配適情況良好。標準化迴歸係數 γ_{11} 為0.30，可見「績效與期望的差距」對「顧客滿意」有顯著的正向影響；β_{21} 為0.78，可見「顧客滿意」對「再購傾向」有顯著的正向影響；β_{31} 為0.71，可見「顧客滿意」對「介紹意願」有顯著的正向影響；β_{41} 為0.65，可見「顧客滿意」對「價格容忍度」有顯著的正向影響。由此可知，消費者會比較購買前的期望與購買後知覺的績效二者之間的差距，來評量對便利商店的滿意度，而滿意的顧客會有高度的「再購傾向」、「介紹意願」與「價格容忍度」。因此，研究假設 H2～H5，全部獲得支持。

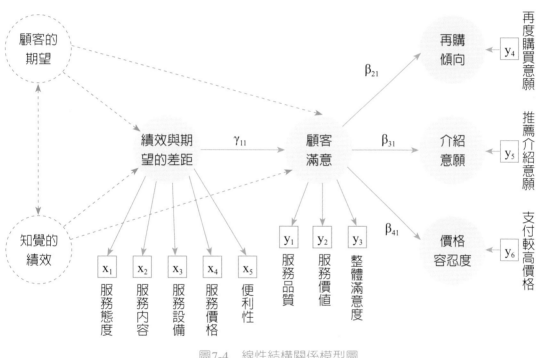

圖7-4　線性結構關係模型圖

表7-7　線性結構關係模型分析表（＊＊：$p < .01$）

評量項目	服務態度	服務內容	服務設備	服務價格	便利性
因素負荷量	0.77	0.70	0.61	0.52	0.22

評量項目	服務品質	服務價值	整體滿意度	再購傾向	介紹意願	價格容忍度
因素負荷量	0.64	0.79	0.83	0.85	0.82	0.80

評量項目	γ_{11}	β_{21}	β_{31}	β_{41}	模式配適度	調整後模式配適度
標準化迴歸係數	0.30**	0.78**	0.71**	0.65**	0.90	0.84

(五)廠商差異分析

　　為了瞭解五家便利商店在顧客滿意上是否有所差異，進行單因子變異數分析，發現五家便利商店在「服務品質」與「整體滿意度」上有顯著的差異，但是在「服務價值」上的差異並不顯著。例如：「7-11」雖然服務品質最高，但是因為價格較貴，以致服務價值與整體滿意度居次；「界揚」雖然服務品質居中，但是因為價格較低，以致服務價值居中，整體滿意度最高；「東江」雖然服務品質最差，但是因為價格最低，服務價值與其他便利商店的差異未達顯著水準。由此可見，消費者並不只是單純的追求「服務品質」，而是將所獲得的「服務品質」與付出的「服務價格」相比較，形成「服務價值」來評量整體滿意度。因此，研究假設 H6，只獲得部分支持。

表7-8　顧客滿意單因子變異數分析表

商店別	7-11	全家	界揚	南台	東江	F值	P值
服務品質	7.72	7.51	7.49	7.29	5.74	7.78	0.00
服務價值	7.11	7.29	7.08	6.89	6.29	1.35	0.25
整體滿意度	7.81	7.70	8.08	7.74	6.87	2.24	0.07

(六)消費者差異分析

　　為了瞭解消費者特質對顧客滿意的影響效果，進行單因子變異數分析，發現不同「性別」的消費者，在整體滿意上有顯著的差異，其中男性的滿意度要明顯高於女性。但是，不同「年齡」、「職業」、「學歷」、「家庭所得」與「零用金額」的消費者，在整體滿意度上的差異並不顯著。因此，假設 H7，除了「性別」之外，其餘未獲支持。

表7-9　整體滿意度單因子變異數分析表

樣本特徵	項目	平均值	顯著性	樣本特徵	項目	平均值	顯著性
性別	男	7.99	0.01	學歷	國小	9.00	0.31
	女	7.22			國中	7.57	
年齡	15歲以下	7.63	0.23		高中／職	8.21	
	16～20歲	7.38			大專／學	7.52	
	21～25歲	7.74			研究所	9.00	
	26～30歲	8.67		家庭所得	3萬元以下	7.67	0.99
	31～40歲	8.17			4～6萬元	7.59	
	41～50歲	10.00			7～10萬元	7.66	
	51～60歲	7.00			11～15萬元	7.50	
零用金額	2,000元以下	7.42	0.17		16萬元以上	8.00	
	2,001～4,000元	8.16		職業	學生	7.44	0.18
	4,001～6,000元	7.13			家管	8.50	
	6,001～8,000元	7.70			商業	7.56	
	8,001～10,000元	7.80			工業	9.00	
	10,001元以上	7.73			軍公教	8.00	

五、顧客滿意定位與競爭策略

(一)顧客滿意定位分析

　　由相關文獻的回顧可知，「顧客滿意」乃是由消費者比較購買前的期望與購買後知覺的績效而來。因此，如果我們以「顧客的期望」為縱軸，以「知覺的績效」為橫軸，以「產業平均值」為中心點，可將此一產業中的所有廠商予以定位，以比較不同廠商在消費者心目中的相對地位。由五家便利商店的顧客滿意定位圖可知，「界揚」、「7-11」、「全家」位於高期望、高績效的第一象限，而「南台」、「東江」則位於低期望、低績效的第三象限。但是，令人奇怪的是，「7-11」為全國最大之便利商店連鎖店，向來位居產業的龍頭地位，為何在顧客滿意定位上不如「界揚」呢？然而，我們從五家便利商店的位置圖可知，「界揚」雖然位於南台技術學院後門的小巷中，卻是學生上下學必經的要道，「7-11」雖然位於30公尺的中華路上，卻在馬路的另外一邊，加上中華路交通流量相當大，對學生而言反而相當不便。此外，「7-11」主要以奇美醫院的病患與

附近的民眾為目標顧客群，購物人潮較多，相對價格也較高。反觀「界揚」主要以南台技術學院的學生為目標顧客群，較能符合學生的需求，相對價格也較低。因此，對於南台技術學院的學生而言，三家連鎖型的便利商店，「界揚」不論在地點、價格、便利性以及服務上，都要優於「7-11」，「全家」則因為位於學校後門上，具有地理位置的優越性，而與「7-11」不相上下。二家單店型的便利商店，「南台」雖然地理位置不錯，但因非24小時經營且店面較小，無法與連鎖型便利商店相抗衡，「東江」則因以傳統雜貨店方式經營，不論在顧客的期望與知覺的績效上，均遠落於其他便利商店之後。

表7-10　顧客滿意定位分析表

商店別	7-11	全家	界揚	南台	東江	產業平均值
顧客的期望	7.73	7.66	8.00	7.18	6.76	7.46
知覺的績效	7.84	7.82	8.22	7.66	7.00	7.70

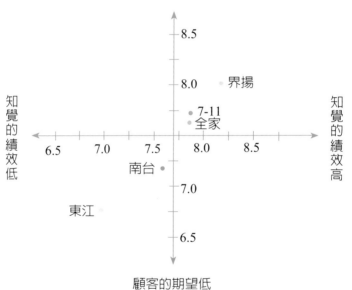

圖7-5　顧客滿意定位圖

㈡競爭策略分析

　　由於顧客滿意定位分析只能協助廠商瞭解其在消費者心目中的相對定位，而無法提供更具體的改善建議。因此，如果我們以「顧客的期望」為橫軸，以「知覺的績效」為縱軸，以「產業平均值」為中心點，將可劃分出四個顧客滿意競爭策略象限。

第一象限：位於此一象限中的項目，顧客的期望高，知覺的績效也高，表示顧客很重視此一項目，而廠商的績效也高於產業平均水準，屬於競爭上的優勢，代表廠商的資源配置適當，應採取繼續維持策略。

　　第二象限：位於此一象限中的項目，顧客的期望低，但是知覺的績效高，表示顧客並不重視此一項目，而廠商的績效卻高於產業平均水準，屬於不必要的競爭優勢，代表廠商的資源配置不當，應採取資源移轉策略，將有限的資源移轉到第四象限使用，以改善競爭劣勢。

　　第三象限：位於此一象限中的項目，顧客的期望低，知覺的績效也低，表示顧客並不重視此一項目，而廠商的績效也低於產業平均水準，屬於不重要項目，代表廠商不必投入過多的資源，應採取保持觀察策略。

　　第四象限：位於此一象限中的項目，顧客的期望高，但是知覺的績效低，表示顧客非常重視此一項目，而廠商的績效卻低於產業平均水準，屬於競爭上的劣勢，代表廠商的資源投入不足，應採取優先改善策略，將多餘的資源投入，以改善競爭劣勢。

　　因此，廠商可以依據上述的策略分析矩陣，將各項顧客滿意評量項目逐一加以比較，以瞭解與競爭者之間的相對優劣勢，作為研擬競爭策略之參考。茲將五家便利商店的競爭策略分述如下：

1. 7-11便利商店

顧客的期望 知覺的績效	低 （低於產業平均值）	高 （高於產業平均值）
	資源移轉項目	繼續維持項目
高 （高於產業平均值）		(1) (2) (3) (5) (7) (8) (9) (10) (11) (12) (13) (14) (16) (17) (18) (19) (21)
	保持觀察項目	優先改善項目
低 （低於產業平均值）	(4) (15)	(6) (20)

圖7-6　7-11便利商店競爭策略分析矩陣圖

2. 全家便利商店

知覺的績效 ＼ 顧客的期望	低 （低於產業平均值）	高 （高於產業平均值）
高 （高於產業平均值）	資源移轉項目	繼續維持項目 (1) (2) (3) (5) (7) (8) (9) (10) (12) (13) (14) (15) (16) (17) (18) (19) (20) (21)
低 （低於產業平均值）	保持觀察項目	優先改善項目 (4) (6) (11)

圖7-7 全家便利商店競爭策略分析矩陣圖

3. 界揚便利商店

知覺的績效 ＼ 顧客的期望	低 （低於產業平均值）	高 （高於產業平均值）
高 （高於產業平均值）	資源移轉項目	繼續維持項目 (1) (2) (3) (4) (5) (6) (7) (8) (9) (10) (12) (13) (14) (15) (16) (17) (18) (19) (20)
低 （低於產業平均值）	保持觀察項目 (21)	優先改善項目 (11)

圖7-8 界揚便利商店競爭策略分析矩陣圖

4. 南台福利站

知覺的績效 ＼ 顧客的期望	低 （低於產業平均值）	高 （高於產業平均值）
高 （高於產業平均值）	資源移轉項目 (6) (7) (9) (11) (13) (14) (17)	繼續維持項目 (3) (4) (5) (8) (15)
低 （低於產業平均值）	保持觀察項目 (1) (2) (10) (12) (16) (18) (19) (20) (21)	優先改善項目

圖7-9 南台福利站競爭策略分析矩陣圖

5.東江商行

知覺的績效 ＼ 顧客的期望	低 （低於產業平均值）	高 （高於產業平均值）
高 （高於產業平均值）	資源移轉項目	繼續維持項目
低 （低於產業平均值）	保持觀察項目 (1)　(2)　(3)　(4)　(5)　(6) (7)　(8)　(9)　(10)　(11) (12)　(13)　(14)　(15)　(16) (17)　(18)　(19)　(20)　(21)	優先改善項目

圖7-10　東江商行競爭策略分析矩陣圖

六、管理實務意涵

　　隨著生活型態的轉變與物流革命的興起，大型的量販店取代了批發商，現代化的便利商店取代了雜貨店，使得傳統商業面臨重大的衝擊。然而，就經營策略而言，傳統雜貨店主要以家庭主婦為目標顧客群，強調長期人際關係的建立；量販店主要以對價格敏感的消費者為目標顧客群，強調一次購足的量販服務；便利商店則是以對便利性敏感，但是對價格不敏感的消費者為目標顧客群，強調的是服務而非價格。由本研究的實證研究發現可知，學校周邊地區不同於一般的商業區，主要以學生為目標顧客群。因此，想要在學校周邊地區經營便利商店，選擇良好的立地條件、提供便利服務，只是成功的必要條件，唯有服務態度親切、商品種類齊全、價格公道合理，才是成功的充分條件，二者相輔相成，缺一不可。所以，提出下列研究結論與建議，作為廠商研擬行銷策略之參考。

表7-11　結論與建議彙總表

研究發現	研究建議
16～25歲的大專學生是南台技術學院周邊地區便利商店的主要顧客群。	便利商店的經營策略，是以對便利性敏感，對價格不敏感的消費者為主要的目標顧客群。然而，隨著社會風氣與價值觀的轉變，現在的大專學生兼職打工的情形非常普遍，具有相當高的購買能力，在學業與打工的雙重壓力下，成為對便利性敏感，但是對價格不敏感的新興消費群。

（續接下表）

研究發現	研究建議
消費者在便利商店顧客滿意評量項目上，以「擺設整齊」、「態度親切」、「儀表整齊」、「結帳迅速」、「開立發票」、「價格標示」、「地點便利」等項目，知覺的績效大於期望，顧客滿意度較高；以「歡迎光臨」、「食品新鮮」、「簡便餐飲」、「商品齊全」、「流行資訊」、「促銷活動」、「便利停車」等項目，知覺的績效小於期望，顧客滿意度較低。	國內的便利商店在市場競爭激烈的情況下，在「賣場擺設」、「服務態度」、「人員儀表」、「結帳迅速」、「開立發票」、「價格標示」、「地點便利」等基本項目上，已經能夠符合顧客的期望，但是在「商場禮儀」、「食品鮮度」、「簡便餐飲」、「商品種類」、「生活資訊」、「促銷活動」、「停車便利」等較高層次的項目上，還未能達到顧客的期望。因此，在市場日趨飽和的情況下，廠商不應以現狀為滿足，而應該更深入去瞭解消費者的潛在需求，以提供更便利、更精緻的服務，來開發新的市場利基。
影響便利商店顧客滿意相關因素，可歸納為「服務態度」、「服務內容」、「服務設備」、「服務價格」與「便利性」五大構面，其中以「服務態度」對顧客滿意的變異解釋力最大，然後依序是「服務內容」、「服務設備」、「服務價格」、「便利性」。	由於便利商店強調的是服務，而非價格。因此，「服務態度」與「貨品齊全」是消費者認為一家優良的便利商店應該具備的首要條件，也是影響便利商店顧客滿意或不滿意的最主要因素。因此，廠商應該建立明確的市場定位，以提供態度親切、商品齊全的服務來滿足消費者的需求，並且以此和其他商店形成明顯的市場區隔。
在便利商店顧客滿意評量模式中，「績效與期望的差距」對「顧客滿意」有顯著的正向影響，「顧客滿意」對「再購傾向」、「介紹意願」與「價格容忍度」均有顯著的正向影響。	「顧客滿意」乃是由消費者比較購買前的期望與購買後知覺的績效之間的差距所產生。因此，廠商應該深入瞭解顧客的期望，提升服務績效以增加顧客滿意度，不但可以降低顧客對價格的敏感度，有效留住現有的舊顧客，而且可以透過滿意顧客的口碑宣傳，吸引更多的新顧客。
不同類型便利商店，在顧客滿意上有顯著差異。在五家便利商店中，三家24小時經營的連鎖便利商店，均位於高期望、高績效的第一象限，而二家非24小時經營的非連鎖便利商店，均位於低期望、低績效的第三象限。	傳統雜貨店限於人力與財力，在面對市場激烈競爭的情況下，不論在經營成本、服務時間、顧客滿意度上，均無法與大規模連鎖經營的24小時便利商店相抗衡。因此，廠商應該重新思考經營使命與市場定位，確立所欲追求的目標市場為何，並且調整行銷策略。
不同「性別」的消費者，在顧客滿意上有顯著的差異，其中男性的滿意度要明顯高於女性。但是，不同「職業」、「年齡」、「學歷」、「家庭所得」與「零用金額」的消費者，在顧客滿意上的差異並不顯著。	現代年輕人大多離鄉背井，獨自租屋在外求學或就業。因此，對於年輕的單身貴族而言，便利商店是解決所有民生問題的方便好鄰居，此點尤以懶得自己動手的男性最為明顯。所以，廠商應由消費者的觀點來逆向思考，提供更便利、更貼心的服務，方能打動新世代新新人類的心。

參考文獻

宋平生（1989）。新設簡易超級市場與超級市場設立。冷凍空調技術雜誌，4，18。

張雲洋（1995）。零售業顧客滿意與顧客忠誠度相關性之研究（未出版碩士論文）。淡江大學管理科學研究所，台北市。

蔡明燁（1994）。商店、連鎖店經營之規劃。台北：學英文化。

廖勝三（1978）。台灣地區超級商店經營之研究（未出版碩士論文）。國立成功大學工業管理研究所，台南市。

鍾嘉琪（1998）。台灣便利商店連鎖力調查。統一流通世界雜誌，2，53。

Churchill, G. A., Jr., & Surprenont, C. (1982). An investigation into the determinant of customer satisfaction. *Journal of Marketing Research,* 9(11), 491-504.

Hempel, D. J. (1977). Consumer satisfaction with the baying process: Conceptualization and measurement. In H. K. Hunt (Ed.). *The Conceptualization of Consumer Satisfaction and Dissatisfaction.* Cambridge, MA: Marketing Science Institute.

Heskett, J. L., Jones, T. O., Loveman, G. W., Sasser, W. E., Jr., & Schlesinger, L. A. (1990). Putting the service-profit chain to work. *Harvard Business Review,* 72(March-April), 166.

Parasuraman, A., Zeithaml, V. A., & Berry, L. L. (1988). SERVQUAL: A multiple-item scale for measuring consumer perceptions of service. *Journal of Rtailing,* 64 (Spring), 12-40.

Rust, R. T., Zahorik, A. J., & Keiningham, T. L. (1995). Return on quality: Making service quality financially accountable. *Journal of Marketing,* 58 (April), 58-70.

第八章

醫療服務顧客滿意競爭策略應用實例[1]

[1] 郭德賓（2000）。醫療服務業顧客滿意與競爭策略之研究。產業管理學報，1（2），231-256。

問題思考

顧客滿意策略分析矩陣，除了作為分析廠商的競爭策略之外，是否還有其他更深入的應用？

 問題提示

顧客滿意策略分析矩陣，屬於靜態的橫切面分析，如果有連續性的資料，還可以進行不同時間點的比較動態分析。

問題解答

使用顧客滿意策略分析矩陣，先將第一期所獲得的資料，進行靜態的橫切面分析。接著，再將第二期所獲得的資料，進行靜態的橫切面分析。然後，追蹤二者移動的軌跡，即可瞭解此段期間顧客滿意改變的情況，進行不同時間點之間的比較動態分析。

一、研究背景動機

　　醫療服務業是服務業中極為重要的一環，但是由於醫療服務具有高度的專業性，向來較為行銷學者所忽視。近年來隨著全民健保的實施與醫療糾紛頻傳，使得此一領域的研究格外受到重視。在全民健保實施之後，民眾只需支付極少的醫療費用，就能獲得完整的醫療服務，不但減輕了民眾就醫時的負擔，也使醫療服務業的生態發生重大的改變。在市場激烈競爭的情況下，如何提升醫療品質增加病患滿意度，以便有效留住舊病患並且吸引更多的新病患，就成為各家醫院競爭的首要目標。

　　由於早期的行銷理論主要應用在有形的產品上，但是服務業具有無形性，不同於一般的有形產品，於是有學者另外提出服務品質評量模式來評量服務業的顧客滿意度（Parasuraman, Zeithaml & Berry, 1985; 1988）。因此，目前大部分的學者大多引用服務品質的觀念，來進行醫療服務業顧客滿意度的研究。然而，服務品質評量模式只注意到病患獲得的效益，並未將醫療費用納入考量，忽略了病患付出的犧牲，在評量構面上並不夠完整。此外，以往的研究大多注重影響病患

滿意前因的探討，而忽略了病患滿意與否對就醫後行為影響的研究。因此，如何將影響病患滿意的前因與後果加以連結，發展出更具實用性與運用價值的醫療服務業病患滿意因果關係模式，不論在學術理論上或實務運用上均有其必要性。

衛生署於民國76年依據《醫療法》之規定，頒定「醫院評鑑及教學醫院評鑑標準暨有關作業程序」，辦理台灣地區醫院評鑑，針對醫院之人員素質、設施及社區服務、內外科醫療服務品質、放射線診斷品質、病例管理、護理作業、藥事作業、急診醫療品質及精神科醫療品質實地評估，評鑑結果達85分以上的醫院為醫學中心，80分以上的醫院為區域醫院，70分以上的醫院為教學醫院，60分以上的醫院為地區醫院。本研究以台南地區的五家大型醫院為對象進行實證研究，依據上述標準，五家醫院中，成大醫院為醫學中心，奇美醫院與新樓醫院為區域醫院，省立南醫與市立南醫為地區醫院。

二、相關文獻探討

(一)顧客滿意的定義

由顧客滿意相關文獻的回顧可知，消費者在購買某項產品之前，會對產品的利益有所期望，在購買之後，會比較實際的產品績效與購買前的期望二者之間一致性的程度，產生滿意或不滿意的整體性態度。因此，Hempel（1977）認為「顧客滿意」取決於顧客所期望的產品利益之實現程度，它反映出預期與實際結果的一致性程度；Churchill 與 Surprenant（1982）認為「顧客滿意」是一種購買與使用產品的結果，是由消費者比較預期結果的報酬與投入成本所產生。

(二)顧客滿意的評量

雖然，曾經有許多學者提出不同的顧客滿意評量模式，但是主要的理論基礎都是建立在「期望─不一致（expectation-disconfirmation）」理論的典範下。因此，本研究綜合不同學者的研究結論，將影響顧客滿意的主要因素歸納如下：

1.顧客的期望

「顧客的期望」反映出消費者預期的績效，當消費者形成有關產品的預期績效時，可能使用「理想的」、「預期的」、「最低容忍限度的」以及「渴望的」四種不同類型的期望。

2.產品的績效

「產品的績效」被視為一種比較的標準,消費者在購買產品之後,會以產品的績效與購買之前的期望相比較,用以形成不一致。

3.不一致

「不一致」被視為是一種主要的中介變數,一個人的期望:(1)被確認,當一項產品的績效與他的期望一致;(2)產生負向的差距,當一項產品的績效比他預期的差;(3)產生正向的差距,當一項產品的績效比他預期的好。

4.顧客滿意

「顧客滿意」被視為一種購買後的產出,當產品的績效大於或等於事前的期望,消費者將會感到滿意;當產品的績效小於事前的期望,消費者將會感到不滿意。

(三)顧客滿意/不滿意的行為反應

Fornell、Johnson、Anderson、Cha 與 Bryant(1996)以美國產業進行實證研究發現,「顧客滿意」與「顧客的抱怨」之間成負相關,「顧客滿意」與「顧客忠誠度」之間成正相關。然而,「顧客的抱怨」與「顧客忠誠度」之間的關係不一,視廠商對顧客抱怨的處理結果而定。此外,賴其勛(1997)的研究發現,當消費者對廠商所提供的產品或服務不滿意時將會有所抱怨,此時消費者「對抱怨的態度」、「不滿的程度」與「期望利益」將會影響抱怨的方式,而廠商對於消費者抱怨的處理,將會影響消費者的滿意度與抱怨後的行為。

(四)醫療服務業病患滿意的定義與評量

Charska(1980)將「病患滿意」定義為病人對醫療服務和照顧之期望與實際感受到的服務和照護之間一致性的程度。Linder-Pelz(1982)則將「病患滿意」定義為病人對不同層面醫療保健的正向評估。茲將不同學者對影響醫療服務業病患滿意相關因素之研究結論彙整如下:

表8-1　醫療服務業病患滿意相關文獻彙總表

學者	研究主題	評量構面
Linder-Pelz (1982)	病患滿意的社會心理決定因素	可近性與方便性、照顧的連續性、照顧的效果與結果、醫療費用、醫療人員態度、環境的舒適與品質

（續接下表）

學者	研究主題	評量構面
Ware, Avery & Stewart (1987)	病患滿意的評量與意義	照顧的藝術、技術品質、方便性、財務、實體環境、服務的可用性、照顧的延續性、醫療照顧績效
Handelsman (1991)	影響醫療保健病患滿意的決定因素	是否注重病患需求、醫療人員態度、醫療人員能力、有效溝通
曹天芳 (1984)	機動車意外傷害住院病人對急診醫療服務之滿意度	急診政策、就診手續、環境設施、等待時間、醫師特質、護士特質、醫療輔助人員特質、醫療費用
曾淑貞 (1986)	中醫門診初診病人滿意度與相關因素之研究	掛號時間、掛號人員態度、候診領藥時間、醫師服務態度、醫療費用、藥局人員態度
陳金記 (1989)	醫院住院病人醫療保健服務滿意度相關因素之研究	醫院環境、醫療行政、教育活動、醫事人員的行為、診療的結果
朱永華 (1995)	醫院服務知覺品質與病患滿意度之關係研究	實體環境、等待時間、醫療費用、醫師態度、護士態度、醫師足夠性、醫院服務結果、紅包收受
曾倫崇、陳正男 (1998)	台南地區醫院門診服務品質之評估	醫療服務結構、醫療服務過程和結果

三、實證研究方法

(一)研究流程

在確立研究主題之後，首先進行相關文獻探討，找出影響醫療服務業病患滿意的前因與後果，並且將二者加以連結，建立醫療服務業病患滿意因果關係模式的觀念性架構。其次，進行病患訪談以瞭解影響病患滿意或不滿意的相關因素，發展問卷初稿，並且進行必要的修正。然後，由訪員進行問卷調查，使用 SPSS 與 LISREL 統計軟體進行資料分析，以驗證各項研究假設。最後，比較不同醫院之間的競爭優劣勢，並且提出改善建議與競爭策略供醫院參考。

相關文獻探討 ← 建立醫療服務業病患滿意因果關係模式

進行病患訪談 ← 找出影響病患滿意或不滿意的相關因素

研擬問卷初稿 ← 發展醫療服務業病患滿意度問卷初稿

問卷預試與修正 ← 進行問卷試訪與必要的修正

問卷調查與回收 ← 由訪員使用便利抽樣進行問卷調查

資料處理與分析 ← 使用 SPSS 與 LISERL 統計軟體分析

研究結論與建議 ← 提出研究結論與建議

圖8-1　研究流程圖

(二)研究架構

首先，由相關文獻的回顧，找出影響顧客滿意的前因變數，以及滿意或不滿意之後的行為反應。然後，將影響顧客滿意的前因與後果加以連結，建立顧客滿意評量的基本架構。然而，由於服務業具有無形性，廠商的服務績效不易評估。因此，採用 Parasuraman 等人（1988）的觀點，由消費者主觀地評量購買前的期望與購買後實際知覺的績效，以「知覺的績效」取代「產品的績效」，以「績效與期望的差距」取代「不一致」，建立醫療服務業病患滿意評量模式。

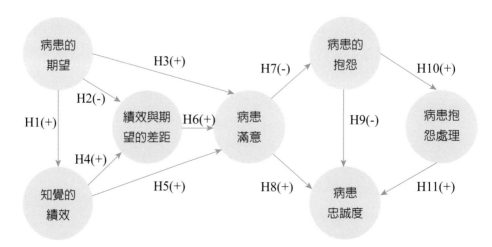

圖8-2　研究架構圖

(三)研究假設

1.病患的期望、知覺的績效、績效與期望的差距與病患滿意之間關係的假設

消費者在購買某項服務之前，會從以往的經驗、廣告或口碑與傳聞，對廠商所將提供的服務有所期望（Parasuraman, et al., 1985）。當消費者面對同樣的產品品質，有較高期望而且產生負向不一致的消費者，會比那些有較低期望的消費者產生較高的品質評估，「顧客的期望」與「知覺的績效」之間會成正相關（Olson & Dover, 1976）。但是，如果消費者的期望愈高，績效與期望之間的差距會愈大，「顧客的期望」與「績效與期望的差距」之間會成負相關（Churchill & Surprenant, 1982; Yi, 1993）。然而，如果消費者耗費可觀的心力來獲得一項產品，消費者對產品的滿意程度較高，當產品不能符合顧客的期望時，將會產生期望不一致的現象，消費者對產品的滿意程度較低，「顧客的期望」與「顧客滿意」之間會成正相關（Oliver, 1980）。

如果消費者知覺的績效愈高，績效與期望的差距會愈小，「知覺的績效」與「績效與期望的差距」之間會成正相關（Churchill & Surprenant, 1982; Yi, 1993）。如果消費者知覺的績效愈高，消費者會因為期望獲得確認而感到滿意，「知覺的績效」與「顧客滿意」之間會成正相關（Churchill & Surprenant, 1982）。此外，如果消費者知覺的績效大於購買前的期望，績效與期望的差距為正，顧客滿意度較高。反之，如果消費者知覺的績效小於購買前的期望，績效與期望的差距為負，顧客滿意度較低。因此，「績效與期望的差距」與「顧客滿意」之間會成正相關（Parasuraman, et al., 1988）。所以，建立下列研究假設：

H1：「病患的期望」對「知覺的績效」有顯著的正向影響。

H2：「病患的期望」對「績效與期望的差距」有顯著的負向影響。

H3：「病患的期望」對「病患滿意」有顯著的正向影響。

H4：「知覺的績效」對「績效與期望的差距」有顯著的正向影響。

H5：「知覺的績效」對「病患滿意」有顯著的正向影響。

H6：「績效與期望的差距」對「病患滿意」有顯著的正向影響。

2.病患滿意、病患的抱怨、病患抱怨處理與病患忠誠度之間關係的假設

Rust、Zahorik 與 Keiningham（1995）認為如果廠商致力於於服務品質的改

善，將有助於顧客滿意度的提升，降低顧客對價格的需求彈性與交易成本，增加顧客忠誠度與顧客保留率。Fornell 等人（1996）的研究發現，「顧客滿意」與「顧客的抱怨」之間成負相關，「顧客滿意」與「顧客忠誠度」之間成正相關。但是，「顧客的抱怨」與「顧客忠誠度」之間的關係不一，視廠商對顧客抱怨的處理結果而定，如果廠商未能妥善處理顧客的抱怨，二者之間的關係為負，反之為正。所以，建立下列研究假設：

> H7：「病患滿意」對「病患的抱怨」有顯著的負向影響。
> H8：「病患滿意」對「病患忠誠度」有顯著的正向影響。
> H9：「病患的抱怨」對「病患忠誠度」有顯著的負向影響。
> H10：「病患的抱怨」對「病患抱怨處理」有顯著的正向影響。
> H11：「病患抱怨處理」對「病患忠誠度」有顯著的正向影響。

㈣變數定義

1. 病患的期望：病患在就醫之前，預期這家醫院將會提供的服務。
2. 知覺的績效：病患在就醫之後，實際知覺的醫院服務水準。
3. 績效與期望的差距：病患在就醫之後實際知覺的績效與就醫之前的期望二者之間的差距，以「知覺的績效」減「病患的期望」而得。
4. 病患滿意：病患比較就醫後實際知覺的績效與就醫前的期望二者之間的差距，對醫院的整體評價。
5. 病患的抱怨：病患因為對醫院的服務不滿意，而向醫院提出的抱怨。
6. 病患抱怨處理：醫院對病患提出的抱怨，所採取的改善措施。
7. 病患忠誠度：病患願意繼續到此家醫院看病的意願。

㈤病患訪談

由訪員使用便利抽樣法，以開放式問卷在五家醫院的候診大廳進行訪談，每家醫院訪問20位病患，總共訪問100位病患（男性36人，女性64人），調查病患認為一家優良醫院所應該具備的條件，以及在就醫的過程中，讓他感到滿意或不滿意的事件，以找出影響病患滿意的相關因素：

表8-2　病患訪談彙總表

排序	優良醫院應該具備條件	人數	病患滿意事件	人數	病患不滿意事件	人數
1	良好的服務態度	21	醫護人員服務態度不錯	63	等待時間長	19
2	不必等很久	15	環境整潔	23	停車不便	18
3	地點近，交通方便	11	不必等很久	22	醫生不準時看診	11
4	有先進的醫療設備	6	地點近，交通方便	17	看診時間到，加掛也不替病人看病	10
5	環境整潔	5	停車方便	17	候診室環境不佳	9
6	有高知名度的醫生	2	掛號費較便宜	15	停車收費太貴	9
7	能為病患設想	2	醫生願意詳細說明病情	12	預約掛號不便	9
8	提供方便的看診時間	1	醫生的知名度高，技術高明	9	服務態度不佳	9
9	看診準時	1	可以指定醫生	8	醫生不願為病患詳細說明病情	8
10	停車方便	1	與醫生熟識	7	設備較差	5
11	藥的成份好	1	醫生的專業技能	7	看診草率	3
12	病房內有廁所或洗手台	1	給藥的期間較長	7	醫生沒耐心聽病患詳細說明病情	3
13	空氣流通環境舒適	1	櫃檯人員服務態度親切	6	需要本人親自拿藥，非常不方便	2
14	樂意解決病患的問題	1	藥的成份好	6	手續繁雜	2
15	明確的指示標誌	1	醫生的醫德讓人有信心	6	指示標誌不清	1

(六)問卷設計

依據病患訪談所獲得的資料，並且參考其他學者類似研究所使用的問卷加以修正，發展結構式問卷，問卷內容依研究需要分為下列三大部分：

1.基本資料

使用名目尺度，調查病患的「性別」、「年齡」、「職業」、「教育程度」與「家庭每月平均所得」，選擇醫院的主要原因，以及不滿意的行為反應。

2. 病患滿意評量項目

使用10點評價尺度（1：非常不同意，10：非常同意），採「病患的期望」與「知覺的績效」二者並列方式，以20個問項調查病患在就醫之前對醫院的期望，以及就醫之後實際知覺的績效。

3. 整體評量項目

使用10點評價尺度（1：非常不同意，10：非常同意），調查「病患的期望」、「知覺的績效」、「整體滿意度」、「病患的抱怨」、「病患抱怨處理」與「病患忠誠度」。

(七)問卷調查

分別於民國86年與87年12月，由訪員以便利抽樣法，在五家醫院進行問卷調查，每家醫院訪問60位病患（門診與住院各30位），總共訪問300位病患。民國87年度問卷回收情形如下：

表8-3　問卷調查與回收統計表

醫院	成大醫院		奇美醫院		新樓醫院		省立南醫		市立南醫		合計		總計
	門診	住院	門診	住院	門診	住院	門診	住院	門診	住院	門診	住院	
問卷發出數	30	30	30	30	30	30	30	30	30	30	150	150	300
問卷回收數	30	30	30	30	29	29	29	30	26	30	144	149	293
問卷回收率	100%	100%	100%	100%	97%	97%	97%	100%	87%	100%	96%	99%	97.7%

四、資料處理分析

(一)樣本結構分析

將問卷調查所獲得的資料，依樣本特徵予以分類，樣本分布情形如下：

表8-4　樣本結構分析表

樣本特徵	項目	人數	百分比	樣本特徵	項目	人數	百分比
性別	男	113	38.6%	職業	工業	55	8.5%
	女	180	61.4%		商業	50	17.1%
年齡	20歲以下	43	14.7%		家管	57	19.5%
	21～30歲	85	29.0%		軍公教	40	13.7%
	31～40歲	97	33.1%		農漁牧	2	0.7%
	41～50歲	42	14.3%		學生	51	17.4%
	51～60歲	11	3.8%		其他	66	22.5%
	60歲以上	15	5.1%		遺漏值	2	0.7%
教育程度	國小	16	5.5%	家庭所得	5萬元以下	153	52.2%
	國中	33	11.3%		6～10萬元	91	31.1%
	高中／職	124	42.3%		11～15萬元	10	3.4%
	大專／學	103	35.2%		16～20萬元	4	1.4%
	研究所	10	3.4%		20萬元以上	7	2.4%
	遺漏值	7	2.4%		遺漏值	28	9.6%

(二)病患選擇醫院主要原因分析

由病患選擇醫院主要原因分析的結果可知，當病患在選擇醫院時，以「地點較近」為最主要的考慮因素，其次是「設備較好」，然後依序是「醫術高明」、「服務較好」、「親友介紹」、「習慣醫生」、「價格較低」。

表8-5 病患選擇醫院主要原因分析表

地點較近	設備較好	醫術高明	服務較好	親友介紹	習慣醫生	價格較低	其他
人數（百分比）	人數（百分比）	人數（百分比）	人數（百分比）	人數（百分比）	人數（百分比）	人數（百分比）	人數（百分比）
94（32.1）	55（18.8）	39（13.3）	32（10.9）	30（10.2）	18（6.1）	5（1.7）	17（5.8）

(三)病患不滿意行為反應分析

由病患不滿意行為反應分析的結果可知，當病患對醫院所提供的服務不滿意時，以「轉到其他醫院」最多，其次是「向醫院抱怨」，然後依序是「向親友抱怨」、「自認倒楣」、「向主管機關抱怨」、「向媒體抱怨」。

表8-6　病患不滿意行為分析反應表

轉到其他醫院	向醫院抱怨	向親友抱怨	自認倒楣	向主管機關抱怨	向媒體抱怨	其他
人數 （百分比）	人數 （百分比）	人數 （百分比）	人數 （百分比）	人數 （百分比）	人數 （百分比）	人數 （百分比）
112 （38.2）	61 （20.8）	52 （17.7）	44 （15.0）	5 （1.7）	4 （1.4）	8 （2.7）

四病患滿意評量項目平均數分析

　　由「病患滿意評量項目平均數分析表」可知，在20個病患滿意評量項目中，「知覺的績效」普遍低於「病患的期望」，顯示醫院的服務績效未能符合病患的期望，以致「績效與期望的差距」為負，其中差距較小的項目為「有簡便的電話預約掛號系統」、「有清楚明確的指示標誌」、「設立在交通便利的地點」、「醫護人員具備良好專業知識與技能」與「醫護人員看診仔細親切，易於溝通」，而差距較大的項目為「不必花很長的時間排隊等候」、「掛號批價人員服務態度親切有禮貌」、「醫術非常高明，能夠迅速對症下藥」、「醫護人員不會因為太忙而疏忽病患」、「有完善先進的醫療設備」與「有種類齊全的醫療藥品」。

表8-7　病患滿意評量項目平均數分析表

評量項目	病患的期望		知覺的績效		績效與期望的差距	
	平均值	標準差	平均值	標準差	平均值	標準差
1.有良好的醫院形象	8.10	1.61	7.72	1.71	−0.38	1.78
2.有崇高的醫療道德	8.08	1.56	7.72	1.73	−0.36	1.73
3.有溫馨的醫院氣氛	7.84	1.73	7.44	1.93	−0.40	1.87
4.有清楚明確的指示標誌	8.31	1.60	8.18	1.85	−0.13	1.67
5.有隱密舒適的診療病房	8.14	1.68	7.50	2.20	−0.36	1.79
6.有完善先進的醫療設備	8.35	1.55	7.89	1.87	−0.54	1.53
7.有種類齊全的醫療藥品	8.45	1.45	7.97	1.73	−0.52	1.52
8.能站在病患立場，主動為病患設想	8.10	1.66	7.56	1.89	−0.44	1.75
9.醫術非常高明，能夠迅速對症下藥	8.11	1.62	7.53	1.89	−0.58	1.92
10.醫護人員具備良好專業知識與技能	8.39	1.51	8.14	1.63	−0.25	1.63
11.醫護人員看診仔細親切，易於溝通	8.29	1.56	8.03	1.83	−0.26	1.88
12.醫護人員不會因為太忙而疏忽病患	8.08	1.63	7.64	1.96	−0.56	1.95

（續接下表）

服務品質與顧客關係管理——理論與實務

評量項目	病患的期望		知覺的績效		績效與期望的差距	
	平均值	標準差	平均值	標準差	平均值	標準差
13.掛號批價人員服務態度親切有禮貌	7.92	1.82	7.32	2.21	−0.60	2.05
14.提供完整醫療項目與方便看診時間	8.12	1.67	7.68	1.88	−0.44	1.81
15.設立在交通便利的地點	8.18	1.81	7.95	2.14	−0.23	1.63
16.有簡便的電話預約掛號系統	8.47	1.61	8.35	1.78	−0.12	1.54
17.不必花很長的時間排隊等候	7.89	1.96	6.98	2.38	−0.91	2.25
18.收取合理的掛號費	8.61	1.90	8.24	2.06	−0.37	1.65
19.收取合理的醫療費	8.57	1.58	8.21	2.01	−0.36	1.51
20.不會巧立名目收費	8.64	1.56	8.34	2.01	−0.30	1.55

(五)量表效度與信度分析

　　將20個影響病患滿意的相關因素，使用 SPSS 統計軟體進行探索性因素分析，以「最大變異數法」進行直交轉軸，建立主要的評量構面。由因素分析的結果可知，影響醫療服務業病患滿意的相關因素，可以歸納為與醫院整體形象有關的「醫院形象」，與硬體醫療設施有關的「醫療設備」，與醫護人員專業技能和服務態度有關的「醫護人員」，與醫療服務的方便性有關的「便利性」，以及與醫療費用有關的「醫療費用」等五大構面。在病患的期望分量表中，五個評量構面的 Cronbach's α 值介於0.84～0.97之間，整體變異解釋力為69.6%；在知覺的績效分量表中，五個評量構面的 Cronbach's α 值介於0.81～0.93之間，整體變異解釋力為71.3%；在績效與期望的差距分量表中，五個評量構面的 Cronbach's α 值介於0.75～0.97之間，整體變異解釋力為69.8%。由此可知，本研究所建立的醫療服務業病患滿意度量表，具有相當高的信度與效度。

表8-8　病患的期望分量表效度與信度分析表

評量構面	評量項目	因素負荷量	Cronbach's Alpha	特徵值	百分比（%）	累積百分比
醫護人員	8.能站在病患立場，主動為病患設想	0.77	0.93	12.17	46.8	46.8
	9.醫術非常高明，能夠迅速對症下藥	0.81				
	10.醫護人員具備良好專業知識與技能	0.82				
	11.醫護人員看診仔細親切，易於溝通	0.86				
	12.醫護人員不會因為太忙而疏忽病患	0.75				
	13.掛號批價人員服務態度親切有禮貌	0.82				

（續接下表）

評量 構面	評量項目	因素 負荷量	Cronbach's Alpha	特徵值	百分比 （%）	累積 百分比
醫療費用	18.收取合理的掛號費 19.收取合理的醫療費 20.不會巧立名目收費	0.95 0.96 0.96	0.97	1.94	7.5	54.3
便利性	14.提供完整醫療項目與方便看診時間 15.設立在交通便利的地點 16.有簡便的電話預約掛號系統 17.不必花很長的時間排隊等候	−0.71 −0.74 −0.86 −0.82	0.84	1.55	6.0	60.3
醫院形象	1.有良好的醫院形象 2.有崇高的醫療道德 3.有溫馨的醫院氣氛	0.72 0.54 0.70	0.88	1.28	5.0	65.3
醫療設備	4.有清楚明確的指示標誌 5.有隱密舒適的診療病房 6.有完善先進的醫療設備 7.有種類齊全的醫療藥品	−0.66 −0.68 −0.86 −0.86	0.93	1.13	4.4	69.6

表8-9　知覺的績效分量表效度與信度分析表

評量 構面	評量項目	因素 負荷量	Cronbach's Alpha	特徵值	百分比 （%）	累積 百分比
醫護人員	8.能站在病患立場，主動為病患設想 9.醫術非常高明，能夠迅速對症下藥 10.醫護人員具備良好專業知識與技能 11.醫護人員看診仔細親切，易於溝通 12.醫護人員不會因為太忙而疏忽病患 13.掛號批價人員服務態度親切有禮貌	0.84 0.80 0.81 0.84 0.80 0.79	0.91	12.17	46.8	46.8
醫療費用	18.收取合理的掛號費 19.收取合理的醫療費 20.不會巧立名目收費	0.96 0.96 0.96	0.93	2.44	9.4	56.2
醫療設備	4.有清楚明確的指示標誌 5.有隱密舒適的診療病房 6.有完善先進的醫療設備 7.有種類齊全的醫療藥品	0.67 0.73 0.86 0.88	0.91	1.62	6.3	62.5
便利性	14.提供完整醫療項目與方便看診時間 15.設立在交通便利的地點 16.有簡便的電話預約掛號系統 17.不必花很長的時間排隊等候	0.64 0.83 0.86 0.79	0.81	1.24	4.8	67.3
醫院形象	1.有良好的醫院形象 2.有崇高的醫療道德 3.有溫馨的醫院氣氛	−0.74 −0.75 −0.79	0.89	1.03	4.0	71.3

表8-10　績效與期望的差距分量表效度與信度分析表

評量構面	評量項目	因素負荷量	Cronbach's Alpha	特徵值	百分比（%）	累積百分比
醫護人員	8.能站在病患立場，主動為病患設想	0.82	0.92	11.06	42.6	42.6
	9.醫術非常高明，能夠迅速對症下藥	0.81				
	10.醫護人員具備良好專業知識與技能	0.81				
	11.醫護人員看診仔細親切，易於溝通	0.79				
	12.醫護人員不會因為太忙而疏忽病患	0.79				
	13.掛號批價人員服務態度親切有禮貌	0.78				
醫療費用	18.收取合理的掛號費	0.96	0.97	2.59	10.0	52.5
	19.收取合理的醫療費	0.96				
	20.不會巧立名目收費	0.97				
醫療設備	4.有清楚明確的指示標誌	0.68	0.88	1.67	6.4	59.0
	5.有隱密舒適的診療病房	0.79				
	6.有完善先進的醫療設備	0.87				
	7.有種類齊全的醫療藥品	0.88				
便利性	14.提供完整醫療項目與方便看診時間	0.64	0.83	1.48	5.7	64.7
	15.設立在交通便利的地點	0.49				
	16.有簡便的電話預約掛號系統	0.85				
	17.不必花很長的時間排隊等候	0.86				
醫院形象	1.有良好的醫院形象	0.96	0.75	1.34	5.2	69.8
	2.有崇高的醫療道德	0.96				
	3.有溫馨的醫院氣氛	0.97				

(六)病患滿意評量構面影響效果分析

問題思考

影響「顧客滿意」與「服務品質」的主要因素，包含「顧客的期望」、「知覺的績效」、「績效與期望的差距」，哪一種因素對顧客滿意的影響效果較大？

問題提示

Parasuraman、Zeithaml 與 Berry（1994）認為廠商評量服務品質的主要目的，是要瞭解所提供的服務與顧客期望之間的差距，藉以找出問題並且加以改善，使用「績效與期望差距評量模式」將可獲得

更多的資訊，以協助管理者改善經營績效。然而，郭德賓、周泰華與黃俊英（2000）研究發現，就模式配適度而言，以「績效與期望差距模式」較佳。但是，就購買後行為的預測效果而言，以「直接績效評量模式」較佳。由此可見，學者們的觀點並不一致。

問題解答

由下列病患滿意評量構面對整體滿意度迴歸分析所獲得的結果可知，在三個影響因素中，以「知覺的績效」對病患滿意度的變異解釋能力最高，「績效與期望的差距」次之，「病患的期望」較低。由此可知，在醫療服務業中，病患滿意度主要是受到「知覺的績效」的影響，其次是「績效與期望的差距」，「病患的期望」影響效果並不大。

為了瞭解各個評量構面對病患滿意度的影響效果，將每個評量構面內的評量項目予以加權平均，算出五個評量構面的平均值。然後，以整體滿意度為因變數，各個評量構面平均值為自變數進行迴歸分析，發現五個評量構面對病患滿意度均有顯著的影響效果，其中以「知覺的績效」對病患滿意度的變異解釋能力最高，「績效與期望的差距」次之，「病患的期望」較低。此外，在五個評量構面中，以「醫護人員」對病患滿意度的變異解釋能力最高，「醫院形象」次之，然後依序是「醫療設備」、「便利性」與「醫療費用」。

表8-11　病患滿意評量構面平均數分析表

評量構面	醫院形象		醫療設備		醫護人員		便利性		醫療費用	
	平均數	標準差	平均數	標準差	平均數	標準差	平均數	標準差	平均數	標準差
病患的期望	8.00	1.46	8.10	1.47	8.19	1.36	8.16	1.42	8.52	1.35
知覺的績效	7.63	1.63	7.58	1.66	7.71	1.60	7.71	1.63	8.25	1.69
績效與期望差距	−0.40	1.62	−0.56	1.60	−0.50	1.54	−0.44	1.44	−0.27	1.33

表8-12　病患滿意評量構面對整體滿意度迴歸分析表

評量構面	醫院形象		醫療設備		醫護人員		便利性		醫療費用	
	β	R^2	β	R^2	β	R^2	β	R^2	β	R^2
病患的期望	0.24**	0.06	0.26**	0.06	0.25**	0.06	0.28**	0.08	0.33**	0.13
知覺的績效	0.70**	0.50	0.66**	0.43	0.74**	0.54	0.59**	0.35	0.56**	0.31
績效與期望差距	0.48**	0.23	0.44**	0.19	0.52**	0.27	0.39**	0.15	0.37**	0.14

** : $P < 0.05$

㈦整體評量項目平均數分析

　　由整體評量項目平均數分析的結果可知，五家醫院在「病患的期望」上，以奇美醫院最高，成大醫院最低；在「知覺的績效」上，以省立南醫最高，市立南醫最低；在「績效與期望的差距」上，以市立南醫最高，成大醫院與省立南醫最低；在「整體滿意度」上，以省立南醫最高，市立南醫最低；在「病患的抱怨」上，以市立南醫最高，新樓醫院最低；在「病患抱怨處理」上，以奇美醫院最高，新樓醫院最低；在「病患忠誠度」上，以省立南醫最高，市立南醫最低。

表8-13　整體評量項目平均數分析表

醫院	病患的期望	知覺的績效	績效與期望的差距	整體滿意度	病患的抱怨	病患抱怨處理	病患忠誠度
成大醫院	8.56	7.83	−0.73	7.36	6.19	6.95	7.74
奇美醫院	8.85	7.97	−0.88	7.85	6.14	7.55	7.97
新樓醫院	8.73	7.86	−0.87	7.17	5.86	6.93	7.64
省立南醫	8.79	8.06	−0.73	8.05	6.38	7.14	8.13
市立南醫	8.69	7.53	−1.26	7.04	6.53	7.04	7.24

㈧徑路分析

　　為了瞭解在醫療服務業病患滿意因果關係模式中，各項變數之間的因果關係，使用「線性結構關係模型（LISREL）」進行徑路分析，以驗證各項研究假設。

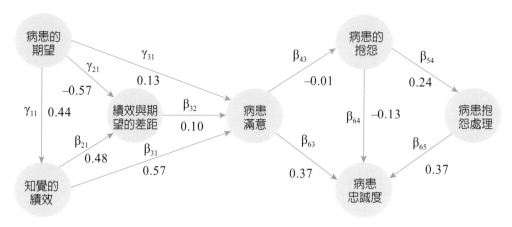

圖8-3　線性結構關係模型圖

　　由徑路分析的結果可知，模式的整體配適度爲0.92，模式的配適情況相當良好。標準化迴歸係數γ_{11}爲0.44，可知「病患的期望」對「知覺的績效」有高度的正向影響；γ_{21}爲-0.57，可知「病患的期望」對「績效與期望的差距」有高度的負向影響；γ_{31}爲0.13，可知「病患的期望」對「病患滿意」有中度的正向影響；β_{21}爲0.48，可知「知覺的績效」對「績效與期望的差距」有高度的正向影響；β_{31}爲0.57，可知「知覺的績效」對「病患滿意」有高度的正向影響；β_{32}爲0.10，可知「績效與期望的差距」對「病患滿意」有中度的正向影響。β_{43}爲-0.01，可知「病患滿意」對「病患的抱怨」有微弱的負向影響；β_{63}爲0.37，可知「病患滿意」對「病患忠誠度」有高度的正向影響；β_{54}爲0.24，可見「病患的抱怨」對「病患抱怨處理」有高度的正向影響；β_{64}爲-0.13，可知「病患的抱怨」對「病患忠誠度」有中度的負向影響；β_{65}爲0.37，可知「病患抱怨處理」對「病患忠誠度」有高度的正向影響。因此，本研究的假設 H7 獲得微弱支持，H3、H6、H9、H10 獲得中度支持，H1、H2、H4、H5、H8、H11 獲得強烈支持。

(九)病患滿意度差異分析

　　爲了比較不同醫院在病患滿意度上的差異，使用「One-Way ANOVA」進行單因子變異數分析，發現不同醫院的病患在整體滿意度上達0.10的顯著水準。

表8-14　不同醫院病患整體滿意度單因子變異數分析表

醫院	平均值	標準差	F 值	P 值
成大醫院	7.36	2.12		
奇美醫院	7.85	2.28		
新樓醫院	7.17	1.97	2.06	0.09
省立南醫	8.05	1.60		
市立南醫	7.04	1.87		

　　此外，為了瞭解人口統計變數在病患滿意度上的差異，進行單因子變異數分析，發現不同「職業」的病患，在整體滿意度上並無顯著的差異，不同「年齡」」的病患，在整體滿意度的差異達0.05的顯著水準，不同「性別」、「教育程度」與「每月家庭平均所得」的病患在整體滿意度的差異達0.10的顯著水準。

表8-15　不同人口統計變數病患整體滿意度單因子變異數分析表

人口統計變數	項目	平均值	標準差	F 值	P 值
性別	男	7.30	2.08	2.83（t值）	0.09
	女	7.71	1.95		
年齡	20歲以下	7.31	2.08	2.55	0.03
	21～30歲	7.08	2.12		
	31～40歲	7.76	1.83		
	41～50歲	7.64	2.11		
	51～60歲	8.27	1.79		
	60歲以上	8.67	1.40		
教育程度	國小	8.06	1.84	2.25	0.06
	國中	8.36	1.52		
	高中／職	7.28	2.15		
	大專／學	7.48	1.96		
	研究所	7.40	1.90		
職業	工業	7.56	2.14	0.86	0.53
	商業	7.12	2.38		
	家管	7.77	1.99		
	軍公教	7.54	1.64		
	農漁牧	9.00	1.41		
	學生	7.40	2.12		
	其他	7.77	1.76		

（續接下表）

人口統計變數	項目	平均值	標準差	F 值	P 值
每月家庭平均所得	5萬元以下	7.57	1.94	2.19	0.07
	6～10萬元	7.46	1.93		
	11～15萬元	7.30	2.36		
	16～20萬元	4.75	3.86		
	20萬元以上	8.17	1.47		

五、顧客滿意定位與競爭策略

(一)顧客滿意定位分析

　　為了瞭解不同醫院在病患心目中的競爭定位，以「病患的期望」為橫軸，「知覺的績效」為縱軸，以二者的平均值為中心點，劃分為四個象限，進行病患滿意競爭定位分析。由民國86與87年度的比較可知，在市場競爭激烈的情況下，五家醫院的服務績效均有明顯的改善，其中省立南醫與奇美醫院位於高期望高績效的第一象限，新樓醫院位於中期望中績效的中心點附近，成大醫院位於低期望中績效的第三、四象限交界處，市立南醫則位於低績效中期望的第二、三象限交界處。

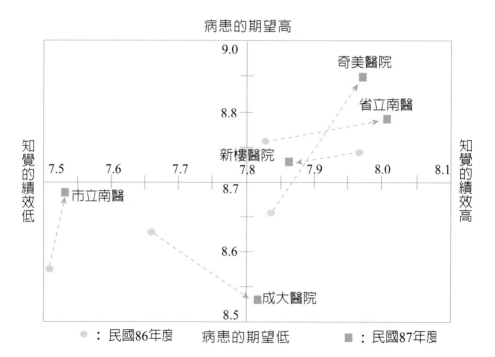

圖8-4　病患滿意競爭定位分析圖

由於在五家醫院中，以省立南醫的改善效果最為顯著。因此，特別針對省立南醫進行深入的研究，發現在民國87年初新院長到任之後，積極推動下列各項改革，使得病患滿意度有明顯的改善：

1. **醫院形象方面**

   （1）禮聘名醫看診：禮聘具有高知名度的醫師到省立南醫看診，提升醫院的知名度。

   （2）加強社區服務：由院長親自帶領醫護人員到附近社區，免費為民眾量血壓測血糖。

   （3）採走動式管理：院長走出辦公室到各部門巡視，改變公立醫院原有的官僚氣氛。

2. **醫療設備方面**

   （1）增建新式大樓：在原有舊大樓前增建新式的玻璃帷幕大樓，改變民眾對省立南醫的刻板印象。

   （2）擴充醫療設備：從國外引進最新的醫療器材，積極擴充軟硬體醫療設備。

3. **醫護人員方面**

   （1）進行建教合作：與成大醫院及北部各大醫院進行建教合作，以提升醫療研究水準。

   （2）舉辦員工座談：多次召開包含全體員工的座談會，深入瞭解員工的心聲。

   （3）員工在職訓練：聘請新光三越百貨專家指導醫護人員禮儀，改善服務態度。

4. **便利性方面**

   （1）提供免費停車：將原有的收費停車場改為免費停車，以方便看診的民眾。

   （2）增設夜間門診：試辦開放部分夜間門診，提供上班民眾更方便的看診時間。

   （3）設立病患服務中心：在大廳設立病患服務中心，協助老年人及不識字民眾辦理各項手續。

（4）設置電話及座椅：在候診室增設電話及座椅，提供更舒適的候診環境。

5.醫療費用方面

由於各項軟硬體設備的改善，使得醫療成本略有提高，導致醫療費用滿意度略有下降。

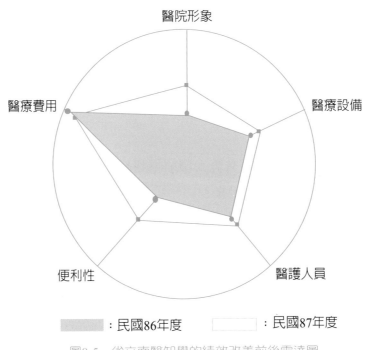

圖8-5　省立南醫知覺的績效改善前後雷達圖

(二)競爭策略分析

為了提供醫院更具體的改善建議，以「病患的期望」為橫軸，「知覺的績效」為縱軸，以二者的平均值為中心點，劃分為四個象限，提出一個病患滿意策略分析矩陣，作為醫院研擬競爭策略之參考。在此一分析矩陣中，位於第一象限中的項目，病患的期望較高，知覺的績效也高，屬於競爭上的優勢，代表資源的配置恰當，應該繼續維持；位於第二象限中的項目，病患的期望較低，但是知覺的績效較高，屬於不必要的優勢，代表資源的配置不當，應該將有限的資源移轉到第四象限，以改善競爭劣勢；位於第三象限中的項目，病患的期望較低，知覺的績效也較低，屬於不重要的項目，應該保持觀察；位於第四象限中的項目，病患的期望較高，但是知覺的績效較低，屬於競爭上的劣勢，代表資源的配置不足，應該將多餘的資源投入，以改善競爭劣勢。

依據上述的策略分析矩陣，省立南醫在（4）有清楚明確的指示標誌（5）有隱密舒適的診療病房（7）種類齊全的醫療藥品（10）醫護人員具備良好的專業知識與技能（11）醫護人員看診仔細親切，易於溝通（12）醫護人員不會因為太忙而疏忽病患（15）設立在交通便利的地點（16）有簡便的電話預約掛號系統（19）收取合理的醫療費（20）不會巧立名目收費等11個項目上具有競爭優勢，應該繼續維持。但是，在（1）良好的醫院形象（6）有完善先進的醫療設備（14）提供完整的醫療項目與方便的看診時間（17）不必花很長的時間排隊等候等4個項目上具有競爭劣勢，應該儘速加以改善。此外，在（2）有崇高的醫療道德（3）有溫馨的醫院氣氛（8）能站在病患立場，主動為病患設想（9）醫術非常高明，能夠迅速對症下藥（13）掛號批價人員服務態度親切有禮貌等5個項目上，應該保持觀察。

病患的期望 知覺的績效	低 （< 8.72）	高 （> 8.72）
高 （> 7.82）	不必要的優勢	競爭優勢 （4）（5）（7）（10）（11）（12）（15）（16）（18）（19）（20）
低 （< 7.82）	不重要的項目 （2）（3）（8）（9）（13）	競爭劣勢 （1）（6）（14）（17）

圖8-6　病患滿意策略分析矩陣圖

六、管理實務意涵

　　以往的顧客滿意理論主要應用在有形的產品上，但是在服務業興起之後，由於服務業具有無形性，很容易受到主客觀環境的影響，而出現服務品質不穩定的現象，因而導致顧客的不滿與抱怨，此時廠商對顧客抱怨的處理，將會對顧客行為產生重大的影響。由本研究的研究結論可知，在醫療服務業病患滿意因果關係模式中，「病患的期望」對「知覺的績效」有高度的正向影響，對「績效與期望的差距」有高度的負向影響，對「病患滿意」有中度的正向影響；「知覺的績效」對「績效與期望的差距」有高度的正向影響，對「病患滿意」有高度的正向影響；「績效與期望的差距」對「病患滿意」有中度的正向影響；「病患滿意」對「病患的抱怨」有微弱的負向影響，對「病患忠誠度」有高度的正向影響；「病患的抱怨」對「病患忠誠度」有中度的負向影響，對「病患抱怨處理」有高

度的正向影響：「病患抱怨處理」對「病患忠誠度」有高度的正向影響。

因此，醫院應該深入瞭解病患的期望，定期評估醫院的服務績效，建立病患滿意評量制度，以有效提升病患滿意度。此外，醫院應與病患建立良好的溝通管道，妥善地處理病患的抱怨，以有效化解病患的不滿，降低病患流失率，並且透過病患滿意度，來強化病患忠誠度。由實證研究的結果可知，影響醫療服務業病患滿意的主要因素，可以歸納為「醫院形象」、「醫療設備」、「醫護人員」、「便利性」與「醫療費用」五大構面。因此，以此五大構面為基礎，提出下列研究建議，供醫院研擬行銷策略時之參考。

表8-16　結論建議彙總表

構面	研究發現	研究建議
醫護人員	由病患訪談結果可知，良好的服務態度是一家優良醫院必需具備的首要條件，也是讓病患感到滿意的主要因素。但是，由病患滿意評量構面平均數分析結果可知，「醫護人員」是「病患的期望」與「知覺的績效」差距次大的構面。此外，由迴歸分析的結果可知，「醫護人員」對病患滿意度的變異解釋能力最高。	醫院應該由傳統的生產者導向觀點，轉變為消費者導向觀點，深入去瞭解病患的需求，從服務業的角度來加強員工的教育訓練，徹底改變員工的心態與觀念，以降低「病患的期望」與「知覺的績效」之間的差距，提升病患滿意度。例如：聘請百貨公司專家來指導醫護人員禮儀，以改善服務態度的作法，足為其他醫院借鏡。
醫院形象	由病患滿意評量構面平均數分析結果可知，「醫院形象」是「病患的期望」與「知覺的績效」差距次小的構面。但是，由迴歸分析結果可知，「醫院形象」對病患滿意度有次高的變異解釋能力。此外，由單因子變異數分析結果可知，不同醫院的病患，在病患滿意度上有顯著的差異。	雖然，病患滿意是病患對每一次醫療服務的單一事件判斷。但是，病患在累積多次的醫療經驗之後，將會形成對醫院的刻板印象，進而影響病患滿意度。因此，醫院應該採取差異化策略，強調優於其他醫院的特色，建立獨特的醫院形象，以便和其他醫院明顯的區隔。
醫療設備	由病患訪談結果可知，良好的醫療設備是一家優良醫院的必要條件，也是導致病患不滿意的主要原因之一，卻非導致病患滿意的主要因素。此外，「醫療設備」是病患選擇醫院時的主要考慮因素。然而，由病患滿意評量構面平均數分析結果可知，「醫療設備」卻是「病患的期望」與「知覺的績效」差距最大的構面。	醫療設備是病患滿意的必要條件，而非充分條件。良好的醫療設備，只能消極的避免病患的不滿，而不能積極的保證病患滿意。因此，醫院除了引進先進的醫療設備，以降低「病患的期望」與「知覺的績效」的差距之外，還應加強醫護人員的服務態度訓練，唯有在軟硬體設施的相互配合下，才能充分發揮醫療設備的功效。

（續接下表）

構面	研究發現	研究建議
便利性	由病患選擇醫院主要原因分析結果可知，「地點較近」是病患在選擇醫院時，最主要的考慮因素。但是，由病患滿意評量項目平均數分析結果可知，「不必花很長的時間排隊等候」卻是所有評量項目中，「病患的期望」與「知覺的績效」差距最大的項目。	大型醫院大多設立於交通便利的都會區，而且擁有較豐富的醫療資源，因此經常人滿為患，使得排隊等候幾乎成了大型醫院的通病。因此，大型醫院應結合周邊地區的小型醫療院所，實施專業分工，形成綿密的醫療網，不但可疏解排隊等候人潮，更可將醫療資源做最有效的運用與分配。
醫療費用	由病患訪談結果可知，民眾並不認為醫療費用是一家優良醫院的必要條件。但是，醫療費用卻是導致病患滿意與不滿意的主要原因之一。此外，由病患滿意評量構面平均數分析結果可知，「醫療費用」是「病患的期望」與「知覺的績效」差距最小的構面。	在全民健保實施之後，民眾只需繳交掛號費與10%的藥品費，其餘完全由健保支付，醫療費用不再是民眾考慮的主要因素。然而，此種制度卻造成醫療資源的嚴重扭曲。因此，如何透過市場的價格機能，鼓勵民眾小病到小醫院，大病才到大醫院，將醫療資源做最有效的運用與分配，值得主管機關重新省思與探討。

 參考文獻

朱永華（1995）。醫院服務知覺品質與顧客滿意度之關係研究。國立成功大學企業管理研究所，台南市。

曹天芳（1984）。北區四所醫院機動車意外傷害住院病人對急診醫療服務滿意度之比較研究（未出版碩士論文）。國防醫學院社會學醫學研究所，台北市。

陳金記（1989）。影響台北市立綜合醫院住院病人對醫療保健服務滿意度的相關因素調查研究（未出版碩士論文）。國立台灣師範大學衛生教育研究所，台北市。

曾淑貞（1986）。北市某醫院中醫門診初診病人滿意度與相關因素之研究。國立台灣師範大學衛生教育研究所，台北市。

曾倫崇、陳正男（1998）。台南地區醫院門診服務品質之評估。輔仁管理評論，5（1），117-136。

賴其勛（1997）。消費者抱怨行為、抱怨後行為及其影響因素之研究。國立台灣大學商學研究所，台北市。

Charska, N. L. (1980). Use of medical service and satisfaction with ambulatory care among a rural minnesota population. *Public Health Report, 95*(1), 44-52.

Churchill, G. A., Jr., & Surprenant, C. (1982). An investigation into the determinants of customer satisfaction. *Journal of Marketing Research,* 19 (November), 491-504.

Fornell, C., Johnson, M. D., Anderson, E. W., Cha, J., & Bryant, E. (1996). The american customer satisfaction index: Nature, purpose, and findings. *Journal of Marketing,* 60 (October), 7-18.

Handelsman, S. F. (1991). *An investigation of determinants that influence consumer satisfaction with inpatient health care encounters (patient satisfaction).* Unpublished Dissertation Rush University.

Hempel, D. J. (1977). Consumer satisfaction with the home buying process: Conceptualization and measurement. In H. K. Hunt (Ed.). *The conceptualization of consumer satisfaction and dissatisfaction.* Cambriage, MA: Marketing Science Institute.

Linder-Pelz, S. (1982). Social psychological determinants of patient satisfaction: A test of hypothesis. *Social Science and Medicine,* 16, 583-589.

Oliver, R. L. (1980). A cognitive model of the antecedents and consequences of satisfaction decisions. *Journal of Marketing Research,* 17(November), 460-469.

Olson, J. C., & Dover, P. (1976). Effects of expectations, product performance, and disconfirmation on belief elements of cognitive structures. In *Advances in Consumer Research*, Association for Consumer Research.

Parasuraman, A., Zeithaml, V. A., & Berry, L. L. (1985). A conceptual model of service quality and its implications for future research. *Journal of Marketing,* 49(Fall), 41-50.

Parasuraman, A., Zeithaml, V. A., & Berry, L. L. (1988). SERVQUAL: A multiple-item scale for measuring consumer perceptions of service. *Journal of Rtailing,* 64 (Spring), 12-40.

Rust, R. T., Zahorik, A. J., & Keiningham, T. L. (1995). Return on quality (ROQ): Making service quality financially accountable. *Journal of Marketing,* 58(April), 58-70.

Ware, J.E., Avery, D. D., & Stewart, A. (1987). The measurement and meaning of patient satisfaction. *Health & Medical Care Service Review,* 1, 2-15.

Yi, Y. (1993). The determinants of consumer satisfaction: The moderating role of ambiguity. In L. McAlister, & M. L. Rothschild (Eds.). *Advance in Consumer Research*, 20(pp.502-506).

第 九 章

服務業顧客滿意度評量指標 應用實例[1]

重點
大綱

一、研究背景動機

二、相關文獻回顧

三、實證研究方法

四、資料處理分析

五、服務業顧客滿意度評量指標

六、管理實務意涵

---

[1] 郭德賓、周泰華與黃俊英（2000）。服務業顧客滿意評量之重新檢測與驗證。中山管理評論，8（1），153-200。

問題思考

服務業的差異性那麼大，能不能發展出一套全國性的「顧客滿意度評量指標」，可以用來評量所有的行業？

 問題提示

只要使用共同的評量標準，就可以發展出一套能夠評量所有行業的「顧客滿意度評量指標」。

 問題解答

西元1992年瑞典首先建立一套包含31項產業的瑞典顧客滿意度氣壓計。美國也在1994年建立一套包含七大部門40項產業的美國顧客滿意度指標。德國則在1994年建立一套包含31項產業的德國顧客滿意度氣壓計。日本、紐西蘭等國也已經引進，歐洲共同體則將此一制度推薦給它的成員國。

一、研究背景動機

近年來世界各主要先進國家，莫不致力於建立顧客滿意評量制度，以作為產業競爭力的評量指標。瑞典首先在西元1992年建立包含31項產業的瑞典顧客滿意度氣壓計（Fornell, 1992），美國也在1994年建立包含七大部門40項產業的美國顧客滿意度指標，Fornell、Johnson、Anderson、Cha 與 Bryant（1996）美國顧客滿意度報告顯示，1994年美國整體產業的顧客滿意度平均值為74.5，其中製造業（非耐久財）為81.6，製造業（耐久財）為79.2，零售業為75.7，運輸、通訊與公用事業為75.4，金融保險業為75.4，服務業為74.4，政府公共管理部門為64.3，而整體產業的顧客滿意度，則由1994年第四季的74.5，持續下降至1996年第二季的72.4。由此可見，服務業顧客滿意度普遍低於製造業而且正持續下降中，此一現象對於高度依賴顧客滿意，以維繫顧客忠誠度的服務業而言，無異是一大警訊。德國則在1994年建立包含31項產業的德國顧客滿意度氣壓計（Meyer, 1994）。日本、紐西蘭等國也開始引進，歐洲共同體則將此一制度推薦給它的成員國。由此可知，如何建立一套完善的顧客滿意評量制度，並且以此作為產業

競爭力的評量指標，以協助廠商改善服務品質，提升顧客滿意度，實為目前當務之急。

問題思考

1994年美國整體產業的顧客滿意度平均值為74.5，其中政府公共管理部門為64.3，是所有產業中最低的，有沒有什麼方法可以解決此一問題？

問題提示

因為政府公共管理部門往往缺乏顧客導向精神，才會導致顧客滿意度偏低。

問題解答

在政府公共管理部門每一個服務人員的桌前，擺放一個電子顧客滿意度計，每一位民眾在接受服務之後，均可在電子顧客滿意度計上輸入滿意程度，定期公布各部門的顧客滿意度評分，即可有效改善服務品質，提升顧客滿意度。

問題思考

服務業涵蓋的範圍甚廣，不同服務業之間的差異性頗大，要怎樣分類呢？

問題提示

Lovelock（1983）提出服務業的分類架構，以「何者直接接受服務（以事為主或以人為主）」、「服務行為的本質（有形活動或無形活動）」、「服務與顧客之間的關係型態（有會員關係或無正式關係）」、「服務傳送的本質（連續傳送或間段傳送）」、「服務屬性與顧客化程度（高或低）」、「服務人員可自行裁量的程度（高

或低）」、「需求隨著時間波動的程度（廣泛或狹小）」、「供給受到限制的程度（尖峰需求通常能配合無拖延或尖峰需求通常超出產能）」、「服務輸出的地點（單點或多點）」、「顧客與服務組織之間互動的本質（顧客抵達服務組織、服務組織抵達顧客或服務組織與顧客交易於咫尺之外）」等不同構面，為服務業進行分類。

 問題解答

有許多學者從不同的角度，萃取不同服務業的特徵，來為服務業進行分類。所以，讀者可以自行選擇適合的構面為主軸，為服務業進行分類。

　　由於服務業涵蓋的範圍甚廣，不同服務業之間的差異性頗大。因此，參考Lovelock（1983）對服務業的分類架構，先使用「服務對象（以事為主或以人為主）」與「服務本質（有形活動或無形活動）」二個構面，將服務業分為四大類型。然後，再使用「互動與顧客化程度」、「服務傳送方式」與「風險性」三項產業特性，構成2×2×2種產業組合，選擇百貨服飾、汽車維修、商業銀行、人壽保險、航空運輸、醫療保健、技職教育、補習教育等八種不同類型的服務業進行實證研究，以比較不同服務業之間的差異性。

表9-1　行業屬性分類表

行業別	服務對象	服務本質	互動與顧客化程度	服務傳送方式	風險性
百貨服飾業	以事為主	有形活動	高	間斷交易型	低
汽車維修業	以事為主	有形活動	高	間斷交易型	高
商業銀行業	以事為主	無形活動	低	連續傳送型	低
人壽保險業	以事為主	無形活動	高	連續傳送型	高
航空運輸業	以人為主	有形活動	低	間斷交易型	高
醫療保健業	以人為主	有形活動	高	間斷交易型	高
技職教育業	以人為主	無形活動	低	連續傳送型	低
補習教育業	以人為主	無形活動	低	連續傳送型	低

二、相關文獻回顧

㈠顧客滿意與服務品質的差異

「顧客滿意」與「服務品質」的基本概念都源自「期望—不一致（expectation-disconfirmation[2]）」理論，二者之間存在相當大的重疊性。然而，由於早期的顧客滿意研究主要應用在有形的產品，偏重顧客滿意程序（前因與後果）的探討，而忽略顧客滿意結構（意義與構面）的研究，未能建立明確的操作性定義與量表（Singh & Widing, 1991）。因此，在 Parasuraman、Zeithaml 與 Berry（1985）以期望不一致理論為基礎加以修正，提出五個缺口的服務品質評量模式，並且發展出著名的 SERVQUAL 量表之後，服務品質幾乎成了服務業顧客滿意的代名詞。

但是，由相關文獻的回顧可知，「顧客滿意」是一個比「服務品質」更豐富的構念，它必需同時考慮消費者獲得的效益與付出的犧牲（Ostrom & Iacobucci, 1995）。然而，目前大部分學者所提出的服務品質評量模式觀念過於簡化，往往只注意到消費者獲得的效益，而忽略了消費者付出的犧牲（Bolton & Drew, 1991；翁崇雄，1993）。因此，使用服務品質的觀念來評量服務業的顧客滿意度，在評量構面上並不夠完整。

㈡服務業顧客滿意的評量構面

由於 Parasuraman 等人（1988）在發展服務品質 SERVQUAL 量表時，使用探索性的因素分析來簡化變數，以建立主要的評量構面。但是，Carman（1990）使用相同的方法進行實證研究，卻分別得到與 SERVQUAL 不同的評量構面。因此，探索性的因素分析基本上是資料導向的，在缺乏明確的理論架構指引下，所得到的因素構面往往缺乏一致性與穩定性，經常出現與前人研究結論不符的情形。曹國雄（1995）的研究也顯示，SERVQUAL 量表的五個構面，不論在期望量表、知覺量表和差距分數上，聚斂效度和區別效度都不甚理想，而且構面有結合、重疊的現象。所以，SERVQUAL 的五個構面假設是否成立，實在令人質疑。

目前在服務業顧客滿意的研究中，大部分的研究者使用探索性因素分析來建

---

[2] Disconfirmation：消費者在購買或使用某項產品之後，實際的產品績效與購買前的期望二者之間不一致的程度。目前國內學者對此一名詞之譯法不一，有譯為「不一致」（洪世全，1995）、「不確定」（張雲洋，1995）、「失驗」（李正賢，1995），「不符合」（尚郁慧，1996），以及「不配合」者（林陽助，1996）。

立主要的評量構面，以致影響顧客滿意的主要構面爲何，學者們的研究結果並不一致，而不同研究者所使用的評量方法也各不相同。

表9-2　服務業顧客滿意相關文獻彙總表

作者	研究主題	評量構面	評量方法
彭駿雄（1993）	商業銀行行銷活動顧客滿意度之研究	產品、價格、通路、推廣、人員、實體設備、服務過程	直接績效評量法
李惠珍（1993）	壽險業服務品質與顧客滿意之關係	實體性、可靠性、反應性、保障性、關懷性	績效與期望差距評量法
鄭淼生（1994）	台鐵台汽旅客滿意因素分析之實證研究	績效、價格、服務品質	直接績效評量法
蘇永盛（1994）	中式餐飲業顧客滿意之研究	口味、服務、衛生、價格、廣告、場所、商譽、環保	直接績效評量法
蔡進德（1994）	速食業服務品質、滿意與購買傾向關係之研究	店名、績效、價格、服務品質	直接績效評量法
林宏長（1994）	企研所專業教育之服務滿意度衡量	校園環境、行政支援、教學設施、師生關係、課程設計、能力培養、學術發展、就業服務	績效與期望差距評量法
呂俊民（1995）	我國一般銀行顧客滿意來源之研究	營業環境、內部制度、服務設施、設置地點、顧客化與效率、服務態度、服務專業	直接差異評量法
張雲洋（1995）	零售業顧客滿意與顧客忠誠度相關性之研究	人員、商品、設備與氣氛、便利性、售後服務、形象	直接績效評量法
朱永華（1995）	醫院服務知覺品質與病患滿意度關係之研究	環境、等待時間、費用、醫療過程、服務結果	績效與期望差距評量法
廖錦和（1995）	國際信用卡市場顧客滿意度模式之實證研究	循環信用、使用方便、權益服務、刷卡價值、資訊處理、身份象徵、申請手續、企業形象	直接績效評量法
尚郁慧（1996）	本國一般銀行顧客滿意度與忠誠度關係之研究	便利與效率、實體設備、安全、服務人員、企業形象	直接績效評量法
華英傑（1996）	壽險業服務品質顧客滿意與購買傾向之研究	實體性、可靠性、反應性、保障性、關懷性	績效與期望差距評量法
黃承昱（1996）	大專院校學生教育滿意度之研究	環境、設備、行政、教學品質、師生關係、就業服務	績效與期望差距評量法
黃恆獎（1997）	服務品質、顧客滿意與廠商競合行為	實體性、可靠性、反應性、保障性、關懷性	績效與期望差距評量法

㈢服務業顧客滿意的評量方法

在行銷文獻中，「服務品質」與「顧客滿意」被視為一種近似態度的概念。Cohen、Fishbein 與Ahtola（1972）以 Fishbein（1963）所提出的多元屬性態度評量模式為基礎加以修正，提出重要性加權模式來評量人們對事物的態度：

$$A_0 = \sum_{i=1}^{n} Wi * Vi$$

A_0：消費者的態度　　　　　　　　n：屬性的數目
Wi：消費者認為屬性i的重要性　　　Vi：消費者對屬性i的評價

由於消費者對屬性i的評價，是由購買後知覺的績效與購買前的期望相比較而得。因此，上述的公式可以修改為：

$$A_0 = \sum_{i=1}^{n} Wi * Ci = \sum_{i=1}^{n} Wi * [P_i - E_i]$$

A_0：消費者的態度　　　　　　　　Wi：消費者認為屬性i的重要性
Ci：消費者對屬性i的滿意度　　　　n：評量屬性的數目
Pi：消費者對屬性i實際知覺的績效　Ei：消費者對屬性i的期望

所以，目前大部分學者所提出的服務品質與顧客滿意評量模式，大多是上述公式的衍生或變形，大致可以歸納為下列三類：

1. 績效與期望差距模SQ (CS) = (Performance) – (Expectations)
2. 直接績效評量模式SQ (CS) = (Performance)
3. 直接差異評量模式SQ (CS) = (Performance – Expectations)

然而，在上述三種評量模式中，何種方法的評量效果最佳，卻引起學者們的激烈爭論。Cronin與Taylor（1992）分別以使用與未使用重要性加權的「績效與期望差距模式」與「直接績效評量模式」四種方法進行實證研究，經比較信度、效度及解釋能力，證實未使用重要性加權的「直接績效評量模式」最佳。此外，蘇雲華（1996）以使用與不使用重要性加權的「績效與期望差距模式」、「直接績效評量模式」與「直接差異評量模式」六種評量方法進行實證研究，證實「直接績效評量模式」不論在主要評斷指標（信度、效度）或輔助評斷指標（運

用價值）上均優於其他二者，而未使用重要性加權者，要優於使用重要性加權者。但是，Parasuraman、Zeithaml 與 Berry（1994）認爲廠商評量服務品質的主要目的，是要瞭解所提供的服務與顧客期望之間的差距，藉以找出問題並且加以改善，使用「績效與期望差距評量模式」將可獲得更多的資訊，以協助管理者改善經營績效。

三、實證研究方法

㈠研究架構

由相關文獻回顧可知，早期的顧客滿意評量模式，主要應用在有形的產品上，由消費者比較購買前的期望與購買後的產品績效二者之間一致性的程度來評量顧客滿意度，評量的對象分別爲「產品的績效」與「顧客的期望」，二者的評量主體並不一致。雖然，Parasuraman 等人（1988）所提出的服務品質績效與期望差距模式改善了此一缺失，但是觀念過於簡化，只注意到消費者獲得的效益，而忽略了消費者付出的犧牲，在評量構面上並不夠完整。此外，在缺乏明確的理論架構指引下，所得到的因素構面缺乏一致性與穩定性，而且五個構面有結合、重疊的現象，聚斂效度和區別效度都不甚理想。因此，整合不同學者的觀點，使用「顧客的期望」、「知覺的績效」、「績效與期望的差距」與「顧客滿意」四項變數，建立服務業顧客滿意評量的基本架構，以改善顧客滿意評量模式評量主體不一致的缺失。

Bitner 與 Booms（1981）認爲服務業具有無形性，不同於一般的有形產品，在「產品」、「價格」、「通路」與「推廣」4個 P 的行銷組合中，再加入「實體設備」、「服務人員」與「服務過程」構成7個 P 的服務行銷組合。因此，以7個 P 的服務行銷組合作爲「顧客的期望」、「知覺的績效」與「績效與期望的差距」的評量指標，並且使用消費者知覺的「服務品質」、「服務價值」與「整體滿意度」，作爲「顧客滿意」的評量指標，以改善服務品質評量模式觀念過於簡化，評量構面不夠完整，缺乏一致性與穩定性的缺失，建立服務業顧客滿意評量模式。

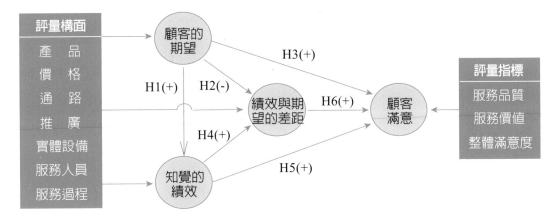

圖9-1　研究架構圖

(二)變數定義

1.顧客的期望

在顧客滿意文獻中，「顧客的期望」被視為消費者對廠商所將提供產品績效的一種預測（Oliver, 1980）。因此，將「顧客的期望」定義為：消費者在購買之前，預期廠商將會提供的服務。

2.知覺的績效

在顧客滿意文獻中，「產品的績效」被視為一種比較的標準，消費者以此來和購買前的期望相比較（Cadotte, Woodruff & Jenkins, 1987）。因此，將「知覺的績效」定義為：消費者在購買之後，所實際知覺的廠商服務績效。

3.績效與期望的差距

在顧客滿意文獻中，產品績效與顧客的期望二者之間不一致的程度，被視為一種主要的中介變數。當產品績效與他的預期一致，一個人的期望將會被確認；當產品績效比他預期的差，產生負向的不一致；當產品績效比他預期的好（Oliver, 1980），產生正向的不一致。但是，由於服務業具有無形性，廠商的績效缺乏客觀的評量標準，不易評估。因此，引用 Parasuraman 等人（1988）的觀點，將「績效與預期的差距」定義為：消費者在購買之後，實際知覺的廠商服務績效與購買前的期望二者之間的差距，以「知覺的績效」減「顧客的期望」來評量。

4.顧客滿意

在顧客滿意文獻中，「顧客滿意」是消費者經由一次購買之後，比較所獲得的品質與利益，以及所付出的成本與努力，對廠商所提供產品的整體性判斷（Ostrom & Iacobucci, 1995）。因此，將「顧客滿意」定義為：消費者在某次特定交易之後，比較獲得的利益與付出的犧牲，對廠商提供服務的整體性評價。

(三)研究假設

由相關文獻的回顧可知，消費者在購買某項服務之前，會從以往的經驗、廣告或口碑與傳聞，對廠商所將提供的服務有所期望（Parasuraman, et al., 1985）。當消費者面對同樣的產品品質時，有較高期望而且產生負向不一致的消費者，會比那些有較低期望的消費者產生較高的品質評估，「顧客的期望」與「知覺的績效」之間會成正相關（Olson & Dover, 1976）。但是，如果消費者的期望愈高，績效與期望之間的差距會愈大，「顧客的期望」與「績效與期望的差距」之間會成負相關（Churchill & Surprenant, 1982; Yi, 1993）。然而，如果消費者耗費可觀的心力來獲得一項產品時，消費者對產品的滿意程度較高，當產品不能符合顧客的期望時，將會產生期望不一致的現象，消費者對產品的滿意程度較低，「顧客的期望」與「顧客滿意」之間會成正相關（Oliver, 1980）。

如果消費者知覺的績效愈高，績效與期望的差距會愈小，「知覺的績效」與「績效與期望的差距」之間會成正相關（Churchill & Surprenant, 1982; Yi, 1993）。如果消費者知覺的績效愈高，消費者會因為期望獲得確認而感到滿意，「知覺的績效」與「顧客滿意」之間會成正相關（Churchill & Surprenant, 1982）。如果消費者知覺的績效大於購買前的期望，績效與期望的差距為正，顧客滿意度較高。反之，如果消費者知覺的績效小於購買前的期望，績效與期望的差距為負，顧客滿意度較低。因此，「績效與期望的差距」與「顧客滿意」之間會成正相關（Parasuraman, et al., 1988）。所以，建立下列研究假設：

H1：「顧客的期望」對「知覺的績效」有顯著的正向影響。

H2：「顧客的期望」對「績效與期望的差距」有顯著的負向影響。

H3：「顧客的期望」對「顧客滿意」有顯著的正向影響。

H4：「知覺的績效」對「績效與期望的差距」有顯著的正向影響。

H5：「知覺的績效」對「顧客滿意」有顯著的正向影響。

H6：「績效與期望的差距」對「顧客滿意」有顯著的正向影響。

(四)研究流程

 問題思考

當使用訪談法進行質性研究時，如何將訪談所獲得的資料予以歸類？

問題提示

必須先依據相關文獻，建立一個分類架構，並且對研究人員進行教育訓練。

問題解答

將訪談所獲得的資料，由二位具有基本分類知識之研究人員獨立作業，以事先建立的分類基礎予以歸類。然後，再將二人歸類不同的項目提出討論，由二人重新審視第一次之分類並且加以調整，若還有無法歸類之項目則由第三人加入判定，仍然無法歸類之項目則予以剔除。

　　首先，由「顧客滿意」與「服務品質」相關文獻的回顧，找出其他學者類似研究所曾使用過的評量構面與項目以供參考。其次，拜訪廠商實地瞭解作業概況，並與高階主管進行訪談，請其提供現有的顧客滿意度調查問卷以供參考。最後，由訪員使用開放式問卷，每個行業訪問100位顧客，調查消費者認為一家優良的廠商應該具備的條件，以及在與廠商服務接觸的過程中，讓他感到滿意或不滿意的事件。接著，將「文獻回顧」、「廠商訪談」與「顧客訪談」所獲得的資料，由二位具有行銷及基本分類知識之研究人員獨立作業，以 Bitner 與 Booms（1981）所提出的7個 P 的服務行銷組合為基礎予以歸類。然後，再將二人歸類不同的項目提出討論，由二人重新審視第一次之分類並且加以調整，若還有無法歸類之項目則由第三人加入判定，仍然無法歸類之項目則予以剔除。最後，進行評量項目與整體滿意度的相關分析，將相關性較低的項目予以刪除，使每個行業在七個評量構面中，均包含三個性質相近的評量項目，以降低每個評量構面內含不同評量項目所可能產生的誤差。

經由上述的分類過程，將影響服務業顧客滿意的相關因素，歸納爲與廠商所提供服務有關的「服務內容」，與貨幣性價格有關的「價格」，與服務通路有關的「便利性」，與溝通推廣有關的「企業形象」，與實體設備有關的「服務設備」，與服務人員專業知能有關的「服務人員」，以及與服務接觸過程有關的「服務過程」，總共七個構面21個問項。

(五)問卷設計

雖然，目前在顧客滿意的相關研究上，大部分的學者皆使用5點或7點的評價尺度來發展問卷。但是，Fornell（1992）指出顧客滿意研究受到構念指標具有高度偏態的影響，建議1.將評量尺度予以擴大（例如：由5點或7點尺度擴大爲10點）；2.使用多重評量指標（以便達成更精確的測量）來解決此一問題。所以，使用10點評價尺度來發展結構式問卷，以降低偏態分配所可能產生的影響。問卷內容依所需資料的性質，分爲下列三大部分：

1.顧客的期望與知覺的績效

使用10點評價尺度（1：非常不同意，10：非常同意），以「服務內容」、「價格」、「便利性」、「企業形象」、「服務設備」、「服務人員」與「服務過程」七個構面21個問項，採二者並列的方式，調查消費者在購買之前預期廠商將會提供的服務，以及在購買之後實際知覺的廠商服務績效。

2.整體評量

使用10點評價尺度（1：非常不同意，10：非常同意），以消費者知覺的「服務品質」、「服務價值」與「整體滿意度」三個問項，調查消費者對廠商所提供服務的整體性評價，使用「再度購買傾向」、「推薦介紹意願」與「價格容忍度」三個問項，調查消費者的購買後行爲。

3.基本資料

使用名目尺度，以「性別」、「年齡」、「職業」、「教育程度」、「家庭每月平均所得」五個問項，調查消費者的基本人口統計資料。

(六)抽樣方法

使用立意抽樣法，選擇大台南地區具有代表性的廠商進行實證研究。在百貨服飾業中，選擇「新光三越」、「遠東」、「東帝士」等三家大型的百貨公司；在汽車維修業中，選擇中日合作的「裕隆」，美國車系的「福特」，日本車系的

「豐田」、「三菱」與「馬自達」，歐洲車系的「BMW」等六家汽車公司的維修廠；在商業銀行業中，選擇公營舊銀行的「合作金庫」，民營舊銀行的「台南中小企銀」，民營新銀行的「華信銀行」等三家商業銀行；在人壽保險業中，選擇國內最具規模的「國泰人壽」與「新光人壽」，中外合資的「南山人壽」，外商最具規模的「安泰人壽」，以及新成立的「三商人壽」等五家人壽保險公司；在航空運輸業中，選擇「中華」、「遠東」、「復興」、「國華」、「大華」、「瑞聯」等六家飛航國內航線的航空公司；在醫療保健業中，選擇醫學中心級的「成大醫院」，區域醫院級的「奇美醫院」與「新樓醫院」，地區醫院級的「省立台南醫院」與「市立台南醫院」等五家大型醫院；在技職教育業中，選擇「南台」、「崑山」、「嘉藥」等三所第一批由專科學校改制的私立技術學院；在補習教育業中，選擇「大碩」、「大功」、「北一」與「大立」等四家插大二技補習班。

由於本研究使用線性結構關係模型（LISREL）作為主要的分析工具，Bagozzi 與 Yi（1988）認為在使用 LISREL 進行分析時，樣本數最少必須超過50，最好達到估計參數的五倍以上。Hair、Anderson、Tatham 與 Black（1995）認為當以最大概似法進行參數估計時，樣本數大於100以上是最起碼的要求，因為樣本數太少可能導致不能收斂或得到不當的解。但是，樣本數如果太大（超過400），則最大概似法會變得太敏感，以至於所有的適合度指標都變得很差。所以，在使用 LISREL 進行分析時，樣本大小以200～400之間最為恰當。因此，綜合上述學者的觀點，決定在每個行業中抽取300個樣本，以符合LISREL對樣本大小需求。

(七)問卷調查

在正式問卷調查之前，先對訪員進行教育訓練與試訪，以確認訪員能勝任此項工作。然後，將問卷調查的時間安排在廠商一週中的各個營業時段，以降低抽樣所可能產生的誤差。最後，將每個行業300份問卷，平均分配到選定的廠商中，由訪員使用便利抽樣法，在廠商的營業場所進行問卷調查並且當場回收，總共發出2,400份問卷，扣除填答不完整的問卷後，實際回收有效問卷2,169份，有效問卷回收率90.4%，問卷回收情形如下：

表9-3　問卷調查統計表

行業別	問卷發出份數	有效回收份數	有效問卷回收率
百貨服飾業	300	282	94.0％
汽車維修業	300	288	96.0％
商業銀行業	300	291	97.0％
人壽保險業	300	254	84.7％
航空運輸業	300	260	86.7％
醫療保健業	300	293	97.7％
技職教育業	300	247	82.3％
補習教育業	300	254	84.7％
合　計	2400	2169	90.4％

四、資料處理分析

(一)顧客滿意評量項目平均數分析

　　在個別評量項目中，除了商業銀行業的第3、10、11、12、19項，消費者「知覺的績效」高於「顧客的期望」，「績效與期望的差距」為正之外，其餘項目消費者「知覺的績效」均低於「顧客的期望」，「績效與期望的差距」為負。在整體評量項目中，消費者對於「服務品質」、「服務價值」與「整體滿意度」的評價，以及「再度購買傾向」、「推薦介紹意願」與「價格容忍度」，會因行業的不同而有所差異。

表9-4　顧客滿意評量項目平均數分析表

1.百貨服飾業

評量構面	評量項目	顧客的期望		知覺的績效		績效與期望的差距	
		平均數	標準差	平均數	標準差	平均數	標準差
服務內容	1.提供種類齊全的各式商品	8.17	1.58	7.02	1.91	−1.15	1.65
	2.提供豐富的流行生活資訊	8.06	1.58	6.96	1.97	−1.09	1.80
	3.提供完善的商品售後服務	8.32	1.48	7.07	1.94	−1.24	1.79
價格	4.商品定價公道合理	7.91	1.79	6.69	1.85	−1.22	1.87
	5.提供各項折扣優惠	8.07	1.65	6.62	1.89	−1.44	1.87
	6.經常舉辦促銷活動	8.19	1.63	7.38	1.88	−0.82	1.80

（續接下表）

評量構面	評量項目	顧客的期望		知覺的績效		績效與期望的差距	
		平均數	標準差	平均數	標準差	平均數	標準差
便利性	7.設在便利的地點	8.49	1.54	7.58	1.82	−0.91	1.60
	8.提供便利的停車場所	8.59	1.54	7.13	2.10	−1.45	2.02
	9.結帳迅速不必久候	8.41	1.46	4.21	1.94	−1.21	1.78
企業形象	10.全省聯營，知名度高	7.78	1.87	6.93	1.91	−0.85	2.03
	11.信譽保證，形象良好	7.91	1.75	6.62	1.86	−1.28	1.79
	12.顧客至上，服務周到	8.38	1.55	7.00	1.96	−1.38	1.71
服務設備	13.建築新穎，外觀醒目	8.01	1.69	6.99	2.11	−1.02	2.10
	14.裝潢亮麗，氣氛高雅	8.17	1.53	6.91	2.18	−1.25	2.01
	15.賣場寬闊，環境整潔	8.17	1.53	6.94	2.10	−1.23	1.90
服務人員	16.具備充分的商品知識	8.03	1.65	6.78	2.01	−1.24	1.71
	17.儀容整潔，制服高雅	8.36	1.46	7.12	2.04	−1.24	1.85
	18.受過良好的專業訓練	8.05	1.58	6.99	1.89	−1.06	1.84
服務過程	19.服務態度親切有禮貌	8.39	1.52	7.14	2.09	−1.24	1.88
	20.不會緊迫盯人造成壓力	8.49	1.51	6.99	2.09	−1.51	1.95
	21.處理顧客問題態度良好	8.36	1.54	7.05	1.93	−1.31	2.04

2.汽車維修業

評量構面	評量項目	顧客的期望		知覺的績效		績效與期望的差距	
		平均數	標準差	平均數	標準差	平均數	標準差
服務內容	1.提供完善的維修服務	8.65	1.60	8.06	1.82	−0.60	2.01
	2.供應充足的維修零件	8.78	1.29	8.19	1.62	−0.59	1.55
	3.詳列維修項目與內容	8.79	1.31	8.27	1.71	−0.53	1.57
價格	4.收取合理的維修工資	8.46	1.70	7.82	1.87	−0.65	1.84
	5.收取合理的零件費用	8.45	1.72	7.77	1.88	−0.68	1.80
	6.在保固期內免費維修	8.60	1.60	8.28	1.70	−0.33	1.68
便利性	7.設在便利的地點	8.64	1.48	8.26	1.61	−0.38	1.50
	8.提供方便的維修時間	8.64	1.39	8.10	1.61	−0.53	1.48
	9.不會太忙而讓顧客久候	8.54	1.39	7.88	1.83	−0.65	1.81
企業形象	10.原廠維修，較有保障	8.58	1.42	7.97	1.58	−0.61	1.54
	11.正廠零件，品質良好	8.54	1.45	7.89	1.68	−0.64	1.64
	12.誠實不欺，信用可靠	8.64	1.39	8.16	1.65	−0.48	1.53
服務設備	13.有整潔寬敞的維修廠房	8.63	1.37	8.09	1.61	−0.54	1.68
	14.有齊全先進的維修設備	8.70	1.36	8.03	1.67	−0.68	1.71
	15.有舒適的等候休息室	8.60	1.46	7.97	1.95	−0.63	2.01

（續接下表）

評量構面	評量項目	顧客的期望		知覺的績效		績效與期望的差距	
		平均數	標準差	平均數	標準差	平均數	標準差
服務人員	16.具備良好的專業知識	8.67	1.47	8.18	1.60	−0.49	1.65
	17.儀容整潔，制服乾淨	8.68	1.44	8.38	1.55	−0.30	1.64
	18.熟悉每種車款的特性	8.58	1.48	8.10	1.60	−0.48	1.70
服務過程	19.服務態度親切有禮貌	8.60	1.46	8.30	1.61	−0.30	1.61
	20.迅速找到毛病一次修好	8.54	1.55	7.70	1.99	−0.83	2.10
	21.換零件會事先徵求同意	8.80	1.50	8.51	1.56	−0.30	1.55

3.商業銀行業

評量構面	評量項目	顧客的期望		知覺的績效		績效與期望的差距	
		平均數	標準差	平均數	標準差	平均數	標準差
服務內容	1.提供充分的投資理財資訊	7.30	1.94	7.05	2.21	−0.24	2.19
	2.提供良好的資金融通服務	7.55	1.83	7.35	2.10	−0.19	2.00
	3.提供正確詳細的往來帳目	8.06	1.71	8.07	1.96	0.02	1.99
價格	4.提供優惠的存款利率	7.81	1.90	7.62	2.11	−0.20	1.80
	5.提供優惠的貸款利率	7.56	1.96	7.11	2.12	−0.46	1.83
	6.收取合理的服務手續費	7.83	1.92	7.56	2.06	−0.27	1.63
便利性	7.設在便利的地點	7.96	1.97	7.77	2.25	−0.19	1.85
	8.分行數目多，遍布各地	7.41	2.03	7.00	2.40	−0.42	2.26
	9.各項行政作業手續簡便	7.85	1.91	7.74	2.18	−0.11	2.28
企業形象	10.歷史悠久，知名度高	7.31	2.06	7.42	2.00	0.11	1.94
	11.經營穩健，形象良好	7.92	1.77	8.00	1.90	0.08	1.83
	12.存款保險，信用可靠	8.29	1.64	8.45	1.70	0.15	1.84
服務設備	13.營業櫃檯設計舒適宜人	7.08	1.86	6.98	1.99	−0.19	1.88
	14.自動櫃員機量多功能全	7.41	2.00	6.98	2.36	−0.45	2.20
	15.設有警衛與保全系統	7.72	1.78	7.49	2.15	−0.22	2.04
服務人員	16.具備良好的專業知識	7.93	1.80	7.77	2.09	−0.16	1.99
	17.儀容整潔，制服高雅	7.87	1.89	7.86	2.11	−0.01	2.12
	18.工作態度積極敬業	7.85	1.93	7.76	2.22	−0.09	2.27
服務過程	19.服務態度親切有禮貌	7.87	1.86	7.88	2.04	0.01	2.09
	20.不會太忙而讓顧客久候	7.45	1.83	7.24	2.15	−0.21	2.00
	21.不會對顧客差別待遇	7.77	1.75	7.64	2.03	−0.11	1.99

4. 人壽保險業

評量構面	評量項目	顧客的期望		知覺的績效		績效與期望的差距	
		平均數	標準差	平均數	標準差	平均數	標準差
服務內容	1.提供充分保險資訊	7.69	1.84	6.64	2.02	−1.08	2.11
	2.提供高度風險保障	7.80	1.75	6.58	1.96	−1.22	2.13
	3.會依客戶需求規畫保單	7.83	1.81	6.76	1.97	−1.07	2.11
價格	4.收取合理的保險費用	7.88	1.73	6.85	2.00	−1.03	1.86
	5.給予保費優惠與折扣	7.55	1.93	6.36	2.13	−1.19	2.11
	6.提供保戶紅利回饋顧客	7.54	2.02	6.21	2.38	−1.32	2.36
便利性	7.設立在便利的地點	7.66	1.96	7.07	2.03	−0.59	1.77
	8.行政作業手續簡便	7.93	1.75	7.04	1.98	−0.90	2.01
	9.繳費方式簡便具彈性	7.57	2.01	6.44	2.27	−1.12	2.26
企業形象	10.歷史悠久，知名度高	7.39	2.09	7.17	1.95	−0.22	1.92
	11.經營穩健，形象良好	8.08	1.70	7.36	1.83	−0.72	1.79
	12.財力雄厚，信用可靠	7.63	1.75	6.80	1.99	−0.85	1.81
服務設備	13.有完善先進的電腦設備	7.68	1.87	6.96	2.09	−0.72	1.97
	14.設有保戶服務專線電話	7.87	1.77	7.05	1.99	−0.82	1.94
	15.定期寄贈保險資訊期刊	7.39	1.96	6.94	2.00	−0.44	2.15
服務人員	16.具備良好的專業知識	8.09	1.73	7.06	2.13	−1.03	1.99
	17.儀容整潔，制服高雅	7.86	1.74	7.06	1.98	−0.80	1.91
	18.品德言行，值得信賴	8.04	1.79	6.97	2.10	−1.06	2.16
服務過程	19.服務態度親切有禮貌	8.15	1.70	7.43	1.96	−0.72	1.82
	20.不會採取強迫推銷方式	7.94	1.83	6.86	2.05	−1.06	2.01
	21.會主動與保戶密切聯繫	8.16	1.72	7.00	2.27	−1.16	2.24

5. 航空運輸業

評量構面	評量項目	顧客的期望		知覺的績效		績效與期望的差距	
		平均數	標準差	平均數	標準差	平均數	標準差
服務內容	1.提供密集便利的飛航服務	7.78	1.65	6.96	1.85	−0.83	1.74
	2.班機準點率高，不會延誤	7.88	1.60	6.78	1.74	−1.10	1.74
	3.機上提供精美餐飲與點心	7.47	1.66	6.47	1.85	−1.00	1.90
價格	4.機票價格合理	7.73	1.69	6.63	2.02	−1.10	1.91
	5.提供票價折扣	7.27	1.70	6.37	1.92	−0.90	1.94
	6.訂有會員優惠辦法	7.35	1.73	6.31	1.90	−1.04	1.96
便利性	7.航班密集，時間適宜	7.84	1.62	6.75	1.77	−1.10	1.70
	8.購票及訂位手續簡便	7.83	1.52	6.86	1.85	−0.98	1.72
	9.候機等候時間不會很長	7.80	1.58	6.65	1.83	−1.15	1.77

（續接下表）

評量 構面	評量項目	顧客的期望		知覺的績效		績效與期望的 差距	
		平均數	標準差	平均數	標準差	平均數	標準差
企業 形象	10.以客為尊，形象良好	7.92	1.50	6.96	1.82	−0.96	1.83
	11.飛安良好，安全可靠	8.13	1.74	6.90	1.90	−1.22	1.97
	12.失事理賠，金額較高	7.90	1.64	6.86	1.86	−1.05	1.93
服務 設備	13.飛機機齡新，狀況良好	7.57	1.73	6.59	1.84	−0.98	1.95
	14.機艙寬敞舒適環境整潔	7.78	1.52	6.66	1.81	−1.13	1.89
	15.提供書報雜誌娛樂設施	7.65	1.46	6.71	1.64	−0.94	1.73
服務 人員	16.具備良好的專業知識	8.10	1.41	7.03	1.62	−1.07	1.57
	17.儀容整潔，制服高雅	7.95	1.38	6.96	1.69	−1.02	1.65
	18.訓練有素應變能力強	8.04	1.53	7.04	1.77	−1.00	1.61
服務 過程	19.服務態度親切有禮貌	8.01	1.41	7.13	1.66	−0.88	1.54
	20.處理旅客問題態度良好	7.85	1.44	6.98	1.79	−0.87	1.79
	21.提供乘客個人化的服務	8.03	1.41	7.01	1.80	−1.02	1.90

6.醫療保健業

評量 構面	評量項目	顧客的期望		知覺的績效		績效與期望的 差距	
		平均數	標準差	平均數	標準差	平均數	標準差
服務 內容	1.醫療項目齊全看診科別多	8.11	1.65	7.67	1.84	−0.43	1.80
	2.有足夠的醫生可供選擇	8.45	1.57	8.32	1.78	−0.13	1.55
	3.能迅速找出病因對症下藥	8.13	1.59	7.52	1.82	−0.68	1.93
價格	4.收取合理的掛號費	8.57	1.54	8.22	1.98	−0.35	1.56
	5.收取合理的診療費	8.64	1.50	8.36	1.98	−0.28	1.56
	6.不會巧立名目收費	8.32	1.55	8.15	1.85	−0.17	1.64
便利性	7.設在便利的地點	8.19	1.78	7.93	2.14	−0.25	1.60
	8.各項行政作業手續簡便	8.60	1.55	8.22	2.04	−0.39	1.69
	9.不必花很長時間排隊等候	7.90	1.95	7.00	2.38	−0.89	2.25
企業 形象	10.有良好的醫院形象	8.11	1.60	7.71	1.71	−0.40	1.75
	11.有崇高的醫療道德	8.07	1.55	7.72	1.73	−0.37	1.71
	12.有溫馨的醫院氣氛	7.86	1.72	7.47	1.93	−0.43	1.88
服務 設備	13.有隱密舒適的診療病房	8.13	1.66	7.42	2.00	−0.71	1.86
	14.有完善先進的醫療設備	8.30	1.55	7.84	1.87	−0.46	1.55
	15.有種類齊全的醫療藥品	8.45	1.45	7.98	1.73	−0.48	1.53
服務 人員	16.具備良好的專業知識	8.41	1.47	8.16	1.63	−0.24	1.56
	17.受過良好的專業訓練	8.10	1.58	7.62	1.96	−0.47	1.99
	18.動作熟練，技術純熟	8.14	1.56	7.58	1.73	−0.57	1.69

（續接下表）

評量 構面	評量項目	顧客的期望		知覺的績效		績效與期望的 差距	
		平均數	標準差	平均數	標準差	平均數	標準差
服務 過程	19.服務態度親切有禮貌	7.96	1.81	7.28	2.21	−0.68	2.07
	20.看診仔細，易於溝通	8.31	1.50	8.08	1.80	−0.24	1.88
	21.重視病患的個別需求	8.08	1.64	7.60	1.87	−0.51	1.74

7.技職教育業

評量 構面	評量項目	顧客的期望		知覺的績效		績效與期望的 差距	
		平均數	標準差	平均數	標準差	平均數	標準差
服務 內容	1.提供良好的學習環境	7.32	1.80	5.43	2.10	−1.89	2.32
	2.培養升學就業所需知能	7.44	1.72	5.70	2.11	−1.74	2.24
	3.提供參與學術研究機會	7.26	1.89	5.32	2.12	−1.94	2.39
價格	4.收取合理的學費	6.73	2.24	4.25	2.34	−2.46	2.52
	5.提供學雜費減免	6.88	2.15	4.76	2.31	−2.11	2.62
	6.提供各項獎助學金	6.95	1.88	5.50	2.24	−1.45	2.39
便利性	7.設在便利的地點	7.02	2.03	5.85	2.31	−1.16	2.14
	8.提供便利的膳宿服務	7.17	1.95	5.55	2.31	−1.59	2.48
	9.提供多樣的課程選擇	7.33	2.10	4.57	2.39	−2.74	2.91
企業 形象	10.有崇高教育目標與理念	7.31	1.82	5.79	2.05	−1.53	2.15
	11.有優良校風與讀書風氣	6.93	1.89	5.36	2.00	−1.57	2.15
	12.有良好聯招分數排名	6.26	2.16	5.50	2.11	−0.75	2.14
服務 設備	13.有優美校園景觀與環境	7.09	1.87	5.78	2.06	−1.31	2.15
	14.有完善教室與教學設施	7.20	1.87	5.61	2.26	−1.59	2.49
	15.有豐富圖書資源與館藏	7.50	1.91	5.02	2.42	−2.46	2.73
服務 人員	16.教師具有名校的高學歷	7.26	1.94	5.39	2.30	−1.85	2.56
	17.教師有良好的教學經驗	7.04	2.00	5.39	2.34	−1.65	2.40
	18.教師有豐富的實務經驗	7.01	1.88	5.54	2.09	−1.47	2.17
服務 過程	19.行政人員服務態度親切	7.07	1.84	4.79	2.32	−2.27	2.51
	20.教師認真學習效果佳	7.37	1.86	6.42	2.10	−0.96	2.06
	21.教師與學生間互動良好	6.82	1.94	5.92	2.17	−0.87	2.20

8.補習教育業

評量構面	評量項目	顧客的期望		知覺的績效		績效與期望的差距	
		平均數	標準差	平均數	標準差	平均數	標準差
服務內容	1.提供充分的考情資訊	7.72	1.86	7.06	2.12	−0.67	1.70
	2.提供內容豐富的講義	7.74	1.81	7.14	2.11	−0.62	1.83
	3.提供相關的課業輔導	7.12	2.07	6.15	2.28	−0.96	2.18
價格	4.收取合理的學費	7.20	2.13	5.93	2.40	−1.27	2.30
	5.提供各項折扣優惠	6.94	2.23	5.74	2.37	−1.20	2.12
	6.提供各項獎助學金	6.34	2.56	5.13	2.73	−1.21	2.57
便利性	7.設在便利的地點	7.21	2.20	6.31	2.40	−0.90	2.18
	8.有便利的機車停車場	6.46	2.70	4.69	2.59	−1.76	2.68
	9.多種課程規劃供選擇	6.66	2.31	5.52	2.38	−1.14	2.14
企業形象	10.政府立案，合法經營	6.90	2.14	6.40	2.06	−0.50	1.71
	11.全省聯營，知名度高	6.08	2.05	5.68	2.00	−0.42	1.57
	12.有優異的考試錄取率	6.92	1.92	6.36	1.94	−0.55	1.61
服務設備	13.各項教學設備完善舒適	7.28	2.07	6.49	2.25	−0.80	1.96
	14.逃生設備完善安全無虞	7.20	2.19	6.40	2.43	−0.82	1.96
	15.設有K書室供學生自習	6.44	2.68	5.04	2.92	−1.39	2.57
服務人員	16.教師知名度高經驗豐富	7.62	1.90	7.33	1.95	−0.29	1.68
	17.儀容整潔，制服高雅	7.32	1.95	6.09	2.43	−1.23	2.42
	18.班導師負責盡職	7.11	2.10	6.14	2.32	−0.98	2.08
服務過程	19.教師認真學習效果佳	7.56	1.98	7.15	2.24	−0.41	1.75
	20.行政人員態度親切有禮	7.27	2.03	6.01	2.54	−1.26	2.55
	21.重視學生的個別性需求	6.79	2.16	5.59	2.28	−1.20	2.03

表9-5 整體評量項目平均數分析表

行業別	服務品質		服務價值		整體滿意度		再度購買傾向		推薦介紹意願		價格容忍度	
	平均數	標準差	平均數	標準差	平均數	標準差	平均數	標準差	平均數	標準差	平均數	標準差
百貨服飾	7.08	1.91	6.67	2.02	6.98	2.06	7.32	2.16	6.47	2.45	3.93	2.90
汽車維修	7.89	1.70	7.74	1.72	7.98	1.62	8.17	1.78	7.65	2.21	7.57	2.25
商業銀行	7.08	2.17	7.08	2.02	7.43	2.12	8.04	1.97	6.84	2.64	5.80	3.00
人壽保險	6.66	1.99	6.44	1.94	6.70	1.98	6.31	2.34	5.82	2.59	5.63	2.61
航空運輸	6.45	1.78	6.38	1.76	6.44	1.81	6.44	1.94	6.05	2.03	5.59	2.22
醫療保健	7.38	1.86	7.34	1.97	7.55	2.00	7.74	2.17	7.36	2.32	7.10	2.38

（續接下表）

行業別	服務品質		服務價值		整體滿意度		再度購買傾向		推薦介紹意願		價格容忍度	
	平均數	標準差	平均數	標準差	平均數	標準差	平均數	標準差	平均數	標準差	平均數	標準差
技職教育	4.60	2.27	4.57	2.41	5.15	1.92	4.27	2.57	4.85	2.45	4.26	2.68
補習教育	6.00	2.06	6.19	2.20	6.22	2.09	6.74	2.05	5.78	2.43	6.31	2.71

㈡顧客滿意評量構面信度分析

使用 SPSS 統計軟體進行信度分析，以 Cronbach's α 來檢測問卷的信度。在個別評量項目中，七個顧客滿意評量構面的 Cronbach's α 值介於0.60～0.96之間，21個評量項目的整體信度介於0.92～0.97之間。在整體評量項目中，消費者知覺的「服務品質」、「服務價值」與「整體滿意度」等三個顧客滿意評量指標的 Cronbach's α值介於0.84～0.91之間。由此可知，本研究所建立的服務業顧客滿意度量表，具有相當高的信度。

表9-6　顧客滿意個別評量項目信度分析表（Cronbach's α係數）

顧客的期望 / 行業別	服務內容	價格	便利性	企業形象	服務設備	服務人員	服務過程	整體信度
百貨服飾業	0.85	0.83	0.89	0.78	0.88	0.83	0.85	0.96
汽車維修業	0.81	0.92	0.92	0.91	0.92	0.92	0.87	0.97
商業銀行業	0.88	0.93	0.80	0.86	0.85	0.96	0.85	0.97
人壽保險業	0.91	0.90	0.83	0.78	0.89	0.90	0.89	0.97
航空運輸業	0.74	0.88	0.86	0.81	0.77	0.90	0.82	0.96
醫療保健業	0.85	0.87	0.81	0.88	0.92	0.88	0.84	0.97
技職教育業	0.93	0.82	0.88	0.81	0.90	0.86	0.90	0.97
補習教育業	0.87	0.86	0.78	0.78	0.79	0.76	0.81	0.95

知覺的績效 / 行業別	服務內容	價格	便利性	企業形象	服務設備	服務人員	服務過程	整體信度
百貨服飾業	0.90	0.82	0.81	0.87	0.94	0.89	0.85	0.97
汽車維修業	0.82	0.89	0.84	0.91	0.90	0.89	0.79	0.97
商業銀行業	0.87	0.91	0.64	0.83	0.82	0.95	0.81	0.96

（續接下表）

知覺的績效 / 行業別	服務內容	價格	便利性	企業形象	服務設備	服務人員	服務過程	整體信度
人壽保險業	0.92	0.86	0.80	0.80	0.90	0.87	0.84	0.96
航空運輸業	0.73	0.87	0.86	0.83	0.83	0.89	0.83	0.96
醫療保健業	0.77	0.84	0.74	0.89	0.89	0.87	0.80	0.96
技職教育業	0.90	0.79	0.77	0.83	0.82	0.83	0.77	0.95
補習教育業	0.84	0.83	0.68	0.83	0.75	0.73	0.69	0.94

績效與期望的差距 / 行業別	服務內容	價格	便利性	企業形象	服務設備	服務人員	服務過程	整體信度
百貨服飾業	0.87	0.82	0.75	0.80	0.90	0.79	0.75	0.95
汽車維修業	0.75	0.84	0.79	0.83	0.89	0.90	0.75	0.96
商業銀行業	0.90	0.91	0.70	0.83	0.81	0.94	0.81	0.96
人壽保險業	0.92	0.86	0.79	0.74	0.87	0.84	0.83	0.96
航空運輸業	0.75	0.89	0.85	0.82	0.77	0.87	0.82	0.96
醫療保健業	0.73	0.79	0.71	0.89	0.88	0.85	0.82	0.96
技職教育業	0.89	0.78	0.73	0.78	0.82	0.81	0.73	0.95
補習教育業	0.69	0.85	0.71	0.77	0.71	0.60	0.62	0.92

表9-7　顧客滿意整體評量構面信度分析表

行業別	評量項目	總分與項目分數之相關	Cronbach Alpha
百貨服飾業	您認為這家百貨公司提供高品質的服務	0.73	
	這家百貨公司所提供的服務與價格相比較非常值得	0.78	0.89
	您對這家百貨公司所提供的服務感到滿意	0.82	
汽車維修業	您認為這家汽車維修廠提供高品質的服務	0.73	
	這家汽車維修廠所提供的服務與價格相比較非常值得	0.74	0.87
	您對這家汽車維修廠所提供的服務感到滿意	0.75	
商業銀行業	您認為這家銀行提供高品質的服務	0.81	
	這家銀行所提供的服務與收費相比較非常值得	0.79	0.91
	您對這家銀行所提供的服務感到滿意	0.84	
人壽保險業	您認為這家保險公司提供高品質的服務	0.79	
	這家保險公司所提供的服務與價格相比較非常值得	0.81	0.90
	您對這家保險公司所提供的服務感到滿意	0.81	

（續接下表）

行業別	評量項目	總分與項目分數之相關	Cronbach Alpha
航空運輸業	您認為這家航空公司提供高品質的服務 這家航空公司所提供的服務與價格相比較非常值得 您對這家航空公司所提供的服務感到滿意	0.78 0.78 0.76	0.88
醫療保健業	您認為這家醫院提供高品質的服務 這家醫院所提供的服務與收費相比較非常值得 您對這家醫院所提供的服務感到滿意	0.80 0.78 0.86	0.90
技職教育業	您認為這家技術學院提供高品質的服務 這家技術學院所提供的服務與學費相比較非常值得 您對這家技術學院所提供的服務感到滿意	0.68 0.69 0.77	0.84
補習教育業	您認為這家補習班提供高品質的服務 這家補習班所提供的服務與學費相比較非常值得 您對這家補習班所提供的服務感到滿意	0.75 0.76 0.80	0.88

(三)顧客滿意評量構面效度分析

由於本研究所建立的服務業顧客滿意度問卷，係以顧客滿意理論為基礎，經由顧客訪談，並且參考以往學者類似研究所使用之問卷加以修訂，具備相當的內容效度。此外，Kerlinger（1985）建議可使用「總分和項目分數之相關」與「因素分析」，來驗證問卷之建構效度。因此，分別進行顧客滿意評量項目與整體滿意度之相關分析，以及探索性與驗證性的因素分析，以檢測問卷之建構效度。

1. 顧客滿意評量項目與整體滿意度相關分析

使用 SPSS 統計軟體進行顧客滿意評量項目與整體滿意度相關分析，發現除了在「顧客的期望」中，商業銀行業第10項，航空運輸業第1～7、9、12、13、15、20、21項，技職教育業第6、15項，未達0.10的顯著水準之外；在「績效與期望的差距」中，百貨服飾業第8項，補習教育業第11項，未達0.10的顯著水準之外，其餘顧客滿意評量項目與整體滿意度之間，均有極為顯著的正相關。其中，以「知覺的績效」與整體滿意度之間的相關性最高，「績效與期望的差距」次之，「顧客的期望」較低。

2. 顧客滿意評量構面探索性因素分析

雖然，目前在顧客滿意的相關研究上，大部分的研究者使用探索性的因素分析來建立主要的評量構面。但是，Carman（1990）指出探索性因素分析基本上是資料導向的，在缺乏明確的理論架構指引下，所得到的因素構面往往缺乏一

致性與穩定性，經常出現與前人研究結論不符的情形。因此，本研究使用變異數最大法，以直交轉軸進行探索性因素分析，選取特徵值大於1的因素構面，以驗證此一說法是否成立。由顧客滿意評量構面探索性因素分析表可知，八個行業在「顧客的期望」、「知覺的績效」、「績效與期望的差距」中，分別得到不同的評量構面，而且每個因素構面內所包含的評量項目也各不相同，無法建立穩定的評量構面。

表9-8　顧客滿意評量構面探索性因素分析表

行業別	顧客的期望	知覺的績效	績效與期望的差距
百貨服飾業	四個構面	二個構面	四個構面
汽車維修業	二個構面	二個構面	三個構面
商業銀行業	四個構面	四個構面	四個構面
人壽保險業	三個構面	四個構面	三個構面
航空運輸業	二個構面	二個構面	二個構面
醫療保健業	二個構面	二個構面	二個構面
技職教育業	二個構面	三個構面	三個構面
補習教育業	四個構面	三個構面	五個構面

(四)顧客滿意評量構面驗證性因素分析

由於使用探索性的因素分析，無法建立穩定的顧客滿意評量構面。因此，使用 LISREL 統計軟體，進行二階驗證性因素分析，其線性結構關係模型為：$\eta = \Gamma\xi + \zeta$，$Y = \Lambda y\eta + \varepsilon$。其中，$\eta_1 \sim \eta_7$ 代表七個顧客滿意評量構面的潛在變項（第一階因素），ξ 代表「顧客滿意」的潛在變項（第二階因素），ξ 本身無觀察指標，以 η 為其衡量變項，ζ_i 代表 η_i 的測量誤差，$y_1 \sim y_{21}$ 代表潛在變項 $\eta_1 \sim \eta_7$ 的觀察指標，γ_{ij} 代表 η 的因素負荷量，λ_{ij} 代表 $y_1 \sim y_{21}$ 的因素負荷量，$\varepsilon_1 \sim \varepsilon_{21}$ 代表 $y_1 \sim y_{21}$ 的測量誤差。

由驗證性因素分析比較表可知，「顧客的期望」模式配適度介於0.61～0.75之間，「知覺的績效」模式配適度介於0.63～0.76之間，「績效與期望的差距」模式配適度介於0.66～0.77之間，模式配適情形尚佳。然而，在七個顧客滿意評量構面中，以「服務內容」、「價格」、「便利性」、「企業形象」與「服務設備」的因素負荷量較高，而「服務人員」與「服務過程」的因素負荷量偏低，此一結果似乎意指「服務人員」與「服務過程」構面對於顧客滿意的評量不重要。

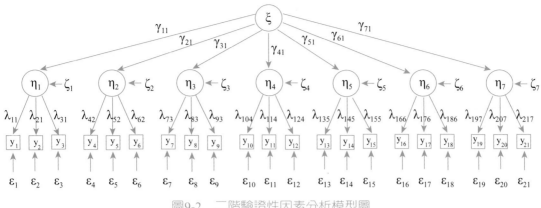

圖9-2　二階驗證性因素分析模型圖

但是，由相關分析所獲得的資料可知，此二構面內的評量項目與整體滿意度之間的相關性相當高。因此，究竟是何種原因造成此一現象，還有待更進一步的探討。

表9-9　驗證性因素分析比較表（因素負荷量）

顧客的期望／行業別	服務內容	價格	便利性	企業形象	服務設備	服務人員	服務過程	模式配適度
百貨服飾業	0.98*	0.95	0.80	0.90	0.81	0.20	0.08	0.69
汽車維修業	0.87	0.88	0.84	0.80	0.84	1.07	0.21	0.70
商業銀行業	0.62	0.60	1.09	0.37	1.02	0.24	0.01	0.61
人壽保險業	0.91	0.91	0.99	0.75	0.89	0.26	0.26	0.73
航空運輸業	1.14	0.77	0.88	0.99	1.00	0.07	0.03	0.74
醫療保健業	0.85	1.00	1.01	0.72	0.78	1.04	0.03	0.60
技職教育業	0.90	0.79	0.95	0.87	0.94	−0.07	−0.05	0.72
補習教育業	0.80	0.74	0.75	0.75	0.96	0.25	0.09	0.75

知覺的績效／行業別	服務內容	價格	便利性	企業形象	服務設備	服務人員	服務過程	模式配適度
百貨服飾業	0.75	0.75	0.83	0.89	0.91	0.09	0.03	0.71
汽車維修業	0.97	0.85	0.89	0.85	0.85	0.90	0.35	0.72
商業銀行業	0.52	0.50	1.09	0.48	0.99	0.12	−0.07	0.63
人壽保險業	0.80	0.96	1.00	0.85	0.82	0.10	0.03	0.75
航空運輸業	1.12	0.86	0.83	0.96	0.96	0.05	−0.03	0.73

知覺的績效 / 行業別	服務內容	價格	便利性	企業形象	服務設備	服務人員	服務過程	模式配適度
醫療保健業	1.01	0.93	0.93	0.86	0.93	0.03	−0.06	0.76
技職教育業	0.97	0.74	0.85	0.91	0.88	−0.02	0.04	0.72
補習教育業	0.93	0.77	0.84	0.65	0.95	0.24	0.34	0.73

績效與期望的差距 / 行業別	服務內容	價格	便利性	企業形象	服務設備	服務人員	服務過程	模式配適度
百貨服飾業	0.89	0.74	0.78	0.89	0.79	0.06	0.09	0.75
汽車維修業	0.89	0.83	0.79	0.87	0.84	0.94	0.22	0.69
商業銀行業	0.68	0.57	1.05	0.47	1.00	0.03	0.06	0.66
人壽保險業	0.88	0.83	0.88	0.91	0.73	0.15	0.05	0.74
航空運輸業	1.11	0.87	0.91	0.94	0.96	0.17	0.24	0.76
醫療保健業	0.93	0.83	0.96	0.87	0.96	0.07	−0.04	0.72
技職教育業	0.91	0.86	1.02	0.88	0.85	−0.05	−0.01	0.71
補習教育業	0.76	0.53	0.70	0.66	0.90	0.27	0.13	0.77

因此，將「服務人員」與「服務過程」和「服務內容」與「價格」構面互調，再次進行驗證性因素分析。由調整構面後驗證性因素分析比較表可知，在四個評量構面互調之後，「服務人員」與「服務過程」的因素負荷量變得很高，而「服務內容」與「價格」的因素負荷量變得很低。由此可知，在使用驗證性因素分析來驗證構面時，構面的排列順序會影響因素粹取量的大小，使得排列順序較後構面的因素負荷量偏低，以致無法確認各個評量構面對顧客滿意的影響效果。

表9-10　調整構面後驗證性因素分析比較表（因素負荷量）

顧客的期望 / 行業別	服務人員	服務過程	便利性	企業形象	服務設備	服務內容	價格	模式配適度
百貨服飾業	1.00	1.02	0.80	0.73	0.69	0.08	0.10	0.64
汽車維修業	1.02	1.02	0.87	0.69	0.87	0.16	0.19	0.72
商業銀行業	1.00	0.98	1.00	0.41	0.74	0.00	−0.07	0.62
人壽保險業	1.01	0.99	0.89	0.70	0.86	0.78	0.10	0.65
航空運輸業	0.95	1.03	0.91	0.96	1.01	0.11	0.18	0.72

（續接下表）

顧客的期望 行業別	服務人員	服務過程	便利性	企業形象	服務設備	服務內容	價格	模式配適度
醫療保健業	1.00	1.00	0.91	0.82	0.89	0.03	0.02	0.72
技職教育業	0.97	0.97	0.89	0.81	1.01	0.01	−0.05	0.73
補習教育業	1.03	0.93	0.76	0.71	0.90	0.91	0.10	0.62

知覺的績效 行業別	服務人員	服務過程	便利性	企業形象	服務設備	服務內容	價格	模式配適度
百貨服飾業	1.00	1.01	0.83	0.76	0.79	0.08	0.08	0.64
汽車維修業	1.01	1.03	0.92	0.78	0.88	0.92	0.38	0.68
商業銀行業	1.05	0.94	0.95	0.29	0.54	−0.05	0.01	0.59
人壽保險業	1.00	0.96	0.88	0.80	0.72	0.12	0.15	0.67
航空運輸業	0.98	1.01	0.79	0.98	0.95	0.15	0.21	0.74
醫療保健業	1.02	1.03	0.81	0.86	0.89	0.00	−0.01	0.75
技職教育業	1.03	0.73	0.72	0.75	1.04	0.18	0.19	0.71
補習教育業	0.67	0.97	1.02	0.39	0.64	0.04	0.06	0.57

績效與期望的差距 行業別	服務人員	服務過程	便利性	企業形象	服務設備	服務內容	價格	模式配適度
百貨服飾業	1.02	1.02	0.65	0.77	0.67	0.15	0.19	0.66
汽車維修業	0.92	1.00	0.76	0.82	0.78	0.22	0.16	0.70
商業銀行業	1.02	1.01	0.93	0.39	0.58	0.08	0.08	0.58
人壽保險業	1.00	0.99	0.79	0.91	0.68	−0.03	0.01	0.69
航空運輸業	0.90	1.04	0.86	0.97	0.95	0.22	0.20	0.72
醫療保健業	0.98	1.02	0.84	0.88	0.90	0.03	0.05	0.76
技職教育業	0.98	0.93	0.94	0.82	0.87	0.08	0.05	0.71
補習教育業	0.95	1.21	0.78	0.39	0.61	0.39	0.09	0.66

(五)顧客滿意評量構面對整體滿意度影響效果分析

> ### 👤 問題思考
> 當使用探索性因素分析，無法確認評量構面與題項時，有什麼方法可以解決此一問題？
>
> ### 👤 問題提示
> 由於探索性因素分析基本上是資料導向的，會隨著所投入變數的不同而有所改變，以致無法確認評量構面與題項。
>
> ### 👤 問題解答
> 可以將每個評量構面內所包含的評量項目平均數予以加總，再除以題項數，算出每個評量構面的平均值之後，再進行分析。

　　由於使用探索性因素分析與驗證性因素分析，均無法確認主要的評量構面。因此，將每個評量構面內所包含的評量項目予以加權平均，算出七個顧客滿意評量構面的平均值。

表9-11　顧客滿意評量構面平均數分析表

顧客的期望 行業別	服務內容	價格	便利性	企業形象	服務設備	服務人員	服務過程
百貨服飾業	8.19	8.07	0.50	8.02	8.11	8.16	8.41
汽車維修業	8.75	8.50	8.61	8.60	8.64	8.64	8.65
商業銀行業	7.64	7.71	7.74	7.83	7.40	7.88	7.68
人壽保險業	7.77	7.65	7.72	7.70	7.65	7.99	8.08
航空運輸業	7.80	7.56	7.96	8.07	7.80	8.14	8.04
醫療保健業	8.23	8.52	8.23	8.00	8.30	8.22	8.12
技職教育業	7.19	6.85	7.17	6.83	7.26	7.12	7.08
補習教育業	7.62	6.95	6.86	6.70	7.08	7.45	7.30

知覺的 績效 行業別	服務 內容	價格	便利性	企業 形象	服務 設備	服務 人員	服務 過程
百貨服飾業	7.01	6.89	7.31	6.85	6.94	6.96	7.06
汽車維修業	8.19	7.96	8.07	8.01	8.03	8.22	8.17
商業銀行業	7.49	7.41	7.50	7.95	7.15	7.79	7.59
人壽保險業	6.65	6.46	6.85	7.11	6.99	7.03	7.09
航空運輸業	6.82	6.51	6.81	6.90	6.69	7.01	7.02
醫療保健業	7.82	8.25	7.71	7.63	7.76	7.80	7.65
技職教育業	5.68	4.84	5.32	5.55	5.47	5.45	5.71
補習教育業	6.83	5.64	5.55	6.18	6.01	6.54	6.28

績效與 期望的 差距 行業別	服務 內容	價格	便利性	企業 形象	服務 設備	服務 人員	服務 過程
百貨服飾業	−1.16	−1.17	−1.19	−1.17	−1.18	−1.19	−1.35
汽車維修業	−0.56	−0.55	−0.53	−0.58	−0.61	−0.43	−0.48
商業銀行業	−0.14	−0.32	−0.24	−0.11	−0.25	−0.08	−0.28
人壽保險業	−1.14	−1.18	−0.87	−0.60	−0.66	−0.96	−0.99
航空運輸業	−0.98	−1.06	−1.15	−1.17	−1.10	−1.13	−1.03
醫療保健業	−0.42	−0.27	−0.52	−0.40	−0.54	−0.43	−0.49
技職教育業	−1.86	−2.80	−1.83	−1.28	−1.77	−1.65	−1.36
補習教育業	−0.80	−1.30	−1.30	−0.52	−1.07	−0.92	−1.01

　　然後，使用 SPSS 統計軟體進行相關分析，發現除了航空運輸業在「顧客的期望」中，「服務內容」、「價格」與「服務設備」構面與整體滿意度未達0.10的顯著水準之外，其餘均有極為顯著的正相關。其中，以「知覺的績效」與整體滿意度的相關性最高，「績效與期望的差距」次之，「顧客的期望」較差。

表9-12 顧客滿意評量構面與整體滿意度相關分析表（**：P<0.05 *：P<0.10）

顧客的期望 行業別	服務內容	價格	便利性	企業形象	服務設備	服務人員	服務過程
百貨服飾業	0.34**	0.28**	0.35**	0.27**	0.36**	0.36**	0.39**
汽車維修業	0.32**	0.35**	0.34**	0.41**	0.29**	0.29**	0.30**
商業銀行業	0.24**	0.35**	0.23**	0.15**	0.28**	0.33**	0.35**
人壽保險業	0.24**	0.29**	0.26**	0.24**	0.25**	0.25**	0.30**
航空運輸業	−0.01	0.03	0.12*	0.16**	0.08	0.20**	0.14**
醫療保健業	0.30**	0.35**	0.31**	0.24**	0.24**	0.27**	0.25**
技職教育業	0.20**	0.18**	0.17**	0.19**	0.13*	0.18**	0.21**
補習教育業	0.31**	0.33**	0.29**	0.34**	0.31**	0.34**	0.34**

知覺的績效 行業別	服務內容	價格	便利性	企業形象	服務設備	服務人員	服務過程
百貨服飾業	0.63**	0.43**	0.49**	0.59**	0.62**	0.64**	0.62**
汽車維修業	0.65**	0.75**	0.62**	0.76**	0.64**	0.69**	0.72**
商業銀行業	0.60**	0.63**	0.60**	0.40**	0.63**	0.71**	0.72**
人壽保險業	0.59**	0.62**	0.55**	0.56**	0.47**	0.61**	0.63**
航空運輸業	0.40**	0.87**	0.42**	0.51**	0.44**	0.50**	0.53**
醫療保健業	0.61**	0.55**	0.59**	0.68**	0.62**	0.72**	0.69**
技職教育業	0.52**	0.57**	0.53**	0.49**	0.51**	0.56**	0.48**
補習教育業	0.57**	0.63**	0.58**	0.46**	0.45**	0.62**	0.61**

績效與期望的差距 行業別	服務內容	價格	便利性	企業形象	服務設備	服務人員	服務過程
百貨服飾業	0.40**	0.26**	0.23**	0.39**	0.41**	0.44**	0.37**
汽車維修業	0.32**	0.35**	0.34**	0.41**	0.29**	0.29**	0.31**
商業銀行業	0.38**	0.35**	0.39**	0.26**	0.42**	0.42**	0.41**
人壽保險業	0.59**	0.62**	0.55**	0.56**	0.47**	0.61**	0.63**
航空運輸業	0.40**	0.34**	0.31**	0.37**	0.37**	0.36**	0.42**
醫療保健業	0.34**	0.33**	0.38**	0.45**	0.44**	0.50**	0.47**

（續接下表）

績效與期望的差距＼行業別	服務內容	價格	便利性	企業形象	服務設備	服務人員	服務過程
技職教育業	0.39**	0.34**	0.29**	0.16**	0.19**	0.35**	0.34**
補習教育業	0.37**	0.36**	0.34**	0.31**	0.36**	0.38**	0.28**

此外，為了瞭解顧客滿意評量構面對整體滿意度的影響效果，以整體滿意度為因變數，個別顧客滿意評量構面為自變數進行迴歸分析，發現除了航空運輸業在「顧客的期望」中，「服務內容」、「價格」與「服務設備」構面未達0.10的顯著水準之外，其餘的構面對整體滿意度均有顯著的影響效果。其中，以「知覺的績效」對整體滿意度的變異解釋能力最高，「績效與期望的差距」次之，「顧客的期望」較差。

表9-13　顧客滿意評量構面對整體滿意度迴歸分析表（**：$P < 0.05$　*：$P < 0.10$）

顧客的期望＼行業別	服務內容 β_1	價格 β_2	便利性 β_3	企業形象 β_4	服務設備 β_5	服務人員 β_6	服務過程 β_7
百貨服飾業	0.342**	0.284**	0.352**	0.269**	0.357**	0.356**	0.392**
汽車維修業	0.320**	0.351**	0.337**	0.408**	0.294**	0.288**	0.309**
商業銀行業	0.242**	0.354**	0.228**	0.145**	0.275**	0.331**	0.350**
人壽保險業	0.244**	0.294**	0.263**	0.236**	0.250**	0.253**	0.302**
航空運輸業	−0.010	0.026	0.122*	0.156**	0.078	0.199**	0.136**
醫療保健業	0.300**	0.351**	0.315**	0.242**	0.239**	0.272**	0.252**
技職教育業	0.201**	0.183**	0.169**	0.185**	0.132**	0.177**	0.208**
補習教育業	0.038**	0.327**	0.287**	0.341**	0.314**	0.343**	0.337**

顧客的期望＼行業別	服務內容 R^2	價格 R^2	便利性 R^2	企業形象 R^2	服務設備 R^2	服務人員 R^2	服務過程 R^2
百貨服飾業	0.117	0.080	0.124	0.072	0.127	0.127	0.154
汽車維修業	0.102	0.123	0.114	0.166	0.087	0.083	0.095
商業銀行業	0.058	0.126	0.052	0.021	0.075	0.109	0.123
人壽保險業	0.060	0.087	0.069	0.056	0.062	0.064	0.091
航空運輸業	0.000	0.001	0.015	0.024	0.002	0.040	0.019

（續接下表）

行業別＼顧客的期望	服務內容 R^2	價格 R^2	便利性 R^2	企業形象 R^2	服務設備 R^2	服務人員 R^2	服務過程 R^2
醫療保健業	0.009	0.123	0.099	0.058	0.057	0.074	0.063
技職教育業	0.040	0.034	0.029	0.034	0.017	0.031	0.043
補習教育業	0.095	0.107	0.082	0.117	0.099	0.118	0.173

行業別＼知覺的績效	服務內容 β_1	價格 β_2	便利性 β_3	企業形象 β_4	服務設備 β_5	服務人員 β_6	服務過程 β_7
百貨服飾業	0.625**	0.426**	0.492**	0.588**	0.624**	0.636**	0.615**
汽車維修業	0.651**	0.748**	0.622**	0.757**	0.642**	0.686**	0.720**
商業銀行業	0.596**	0.628**	0.600**	0.404**	0.633**	0.706**	0.716**
人壽保險業	0.589**	0.623**	0.555**	0.561**	0.473**	0.610**	0.630**
航空運輸業	0.401**	0.368**	0.416**	0.505**	0.441**	0.503**	0.530**
醫療保健業	0.607**	0.549**	0.592**	0.680**	0.622**	0.721**	0.687**
技職教育業	0.518**	0.573**	0.529**	0.490**	0.508**	0.560**	0.484**
補習教育業	0.571**	0.634**	0.579**	0.460**	0.454**	0.616**	0.611**

行業別＼知覺的績效	服務內容 R^2	價格 R^2	便利性 R^2	企業形象 R^2	服務設備 R^2	服務人員 R^2	服務過程 R^2
百貨服飾業	0.390	0.181	0.242	0.346	0.389	0.405	0.378
汽車維修業	0.426	0.560	0.387	0.572	0.412	0.471	0.518
商業銀行業	0.356	0.394	0.360	0.163	0.401	0.499	0.513
人壽保險業	0.347	0.389	0.308	0.315	0.224	0.372	0.397
航空運輸業	0.160	0.135	0.173	0.255	0.194	0.253	0.281
醫療保健業	0.368	0.301	0.351	0.462	0.387	0.520	0.472
技職教育業	0.268	0.328	0.280	0.241	0.259	0.313	0.234
補習教育業	0.326	0.402	0.336	0.211	0.206	0.380	0.374

績效與期望的差距 行業別	服務 內容 β_1	價格 β_2	便利性 β_3	企業 形象 β_4	服務 設備 β_5	服務 人員 β_6	服務 過程 β_7
百貨服飾業	0.402**	0.263**	0.232**	0.392**	0.407**	0.438**	0.368**
汽車維修業	0.383**	0.444**	0.352**	0.447**	0.392**	0.389**	0.439**
商業銀行業	0.383**	0.351**	0.390**	0.259**	0.421**	0.417**	0.406**
人壽保險業	0.346**	0.367**	0.328**	0.362**	0.250**	0.405**	0.386**
航空運輸業	0.398**	0.343**	0.312**	0.365**	0.369**	0.357**	0.426**
醫療保健業	0.338**	0.326**	0.383**	0.447**	0.436**	0.498**	0.467**
技職教育業	0.368**	0.360**	0.341**	0.308**	0.357**	0.381**	0.278**
補習教育業	0.388**	0.340**	0.289**	0.164**	0.194**	0.349**	0.339**

績效與期望的差距 行業別	服務 內容 R^2	價格 R^2	便利性 R^2	企業 形象 R^2	服務 設備 R^2	服務 人員 R^2	服務 過程 R^2
百貨服飾業	0.162	0.069	0.054	0.154	0.166	0.192	0.135
汽車維修業	0.147	0.197	0.124	0.200	0.154	0.152	0.193
商業銀行業	0.147	0.123	0.152	0.067	0.177	0.174	0.165
人壽保險業	0.120	0.135	0.108	0.131	0.063	0.164	0.149
航空運輸業	0.158	0.118	0.097	0.133	0.136	0.128	0.181
醫療保健業	0.114	0.106	0.147	0.199	0.191	0.248	0.218
技職教育業	0.135	0.130	0.116	0.095	0.127	0.145	0.077
補習教育業	0.150	0.115	0.084	0.027	0.038	0.122	0.115

(六)線性結構關係模型分析

1. 完整模式

依據研究架構，以「服務內容」、「價格」、「便利性」、「企業形象」、「服務設備」、「服務人員」與「服務過程」七個構面，作為「顧客的期望」、「知覺的績效」與「績效與期望的差距」三個潛在變項的觀測指標；以消費者知覺的「服務品質」、「服務價值」與「整體滿意度」三個整體評量項目，作為潛在變項「顧客滿意」的觀測指標。然後，以「顧客的期望」作為「知覺的

績效」、「績效與期望的差距」與「顧客滿意」的前因變項，以「知覺的績效」作為「績效與期望的差距」與「顧客滿意」的前因變項，以「績效與期望的差距」作為「顧客滿意」的前因變項，建立「完整的顧客滿意評量模式」，使用LISREL統計軟體進行線性結構關係模型分析，以檢驗各項研究假設。

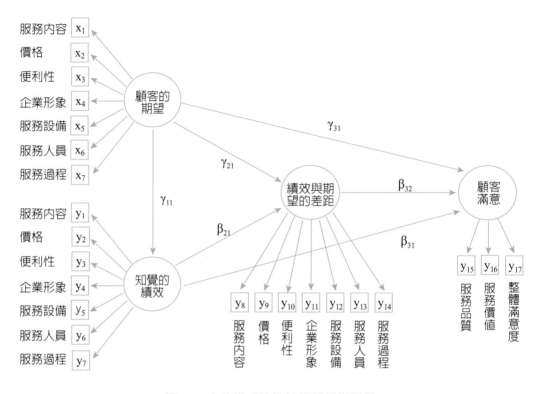

圖9-3　完整模式線性結構關係模型圖

由完整模式線性結構關係模型分析表可知，標準化迴歸係數 γ_{11} 介於0.09～0.44之間，可見「顧客的期望」對「知覺的績效」有正向的影響。研究假設 H1，全部獲得支持；γ_{21} 除了航空服務業為0.08之外，其餘介於-0.05～-0.53之間，可見「顧客的期望」對「績效與期望的差距」有負向的影響。研究假設 H2，除了航空服務業之外，其餘獲得支持；γ_{31} 除了補習教育業為-0.17之外，其餘介於0.07～1.03之間，可見「顧客的期望」對「顧客滿意」有正向的影響。研究假設 H3，除了補習教育業之外，其餘獲得支持；β_{21} 介於0.33～0.70之間，可見「知覺的績效」對「績效與期望的差距」有正向的影響。研究假設 H4，全部獲得支持；β_{31} 除了航空服務業為-0.33之外，其餘介於0.25～0.83之間，可見「知覺的績效」對「顧客滿意」有正向的影響，研究假設 H5，除了航空服務業之外，其餘獲得支持；β_{32} 除了百貨服飾業與醫療保健業為-0.01與-0.09之外，

其餘介於0.01～0.37之間，可見「績效與期望的差距」對「顧客滿意」有正向的影響，研究假設 H6，除了百貨服飾業與醫療保健業之外，其餘獲得支持。然而，由於模式配適度僅在0.42～0.68之間，配適情形未臻理想，還有待進一步的改善。

表9-14　完整模式線性結構關係模型分析表

評量構面	服務內容			價格			便利性			企業形象		
行業別	期望	績效	差距	期望	績效	差距	期望	績效	差距	期望	績效	差距
百貨服飾業	0.90 a	0.91	0.83	0.75	0.83	0.83	0.80	0.83	0.80	0.84	0.80	0.75
汽車維修業	0.87	0.86	0.69	0.86	0.84	0.84	0.86	0.82	0.80	0.87	0.83	0.83
商業銀行業	0.55	0.76	0.51	0.66	0.74	0.55	0.73	0.79	0.60	0.83	0.46	0.58
人壽保險業	0.62	0.81	0.78	0.67	0.90	0.80	0.76	0.90	0.81	0.82	0.70	0.71
航空運輸業	0.85	0.84	0.88	0.89	0.80	0.82	0.85	0.80	0.72	0.86	0.84	0.88
醫療保健業	0.87	0.86	0.75	0.91	0.81	0.76	0.80	0.78	0.76	0.70	0.71	0.84
技職教育業	0.73	0.89	0.87	0.80	0.74	0.81	0.79	0.73	0.80	0.83	0.76	0.81
補習教育業	0.72	0.81	0.64	0.64	0.77	0.65	0.73	0.75	0.61	0.74	0.62	0.51

評量構面	服務設備			服務人員			服務過程		
行業別	期望	績效	差距	期望	績效	差距	期望	績效	差距
百貨服飾業	0.83 a	0.82	0.85	0.76	0.93	0.74	0.58	0.75	0.73
汽車維修業	0.56	0.78	0.80	0.48	0.78	0.64	0.43	0.41	0.65
商業銀行業	0.87	0.78	0.71	0.74	0.77	0.96	0.17	0.63	0.97
人壽保險業	0.71	0.82	0.67	0.62	0.79	0.70	0.43	0.43	0.71
航空運輸業	0.76	0.86	0.81	0.40	0.96	0.87	0.61	0.93	0.85

（續接下表）

評量構面	服務設備			服務人員			服務過程		
行業別	期望	績效	差距	期望	績效	差距	期望	績效	差距
醫療保健業	0.45	0.74	0.89	0.43	0.61	0.67	0.07	0.50	0.45
技職教育業	0.69	0.79	0.76	0.61	0.86	0.75	0.55	0.66	0.73
補習教育業	0.63	0.81	0.80	0.52	0.87	0.59	0.29	0.65	0.59

行業別	服務品質	服務價值	整體滿意度	γ_{11}	γ_{21}	γ_{31}	β_{21}	β_{31}	β_{32}	模式配適度
百貨服飾業	0.88 a	0.71	0.18	0.13 b	−0.06	0.07	0.67	0.78	−0.01	0.55
汽車維修業	0.47	0.50	0.75	0.44	−0.39	0.80	0.60	0.25	0.37	0.51
商業銀行業	0.84	0.72	0.13	0.21	−0.52	0.09	0.33	0.79	0.26	0.45
人壽保險業	0.88	0.80	0.11	0.09	−0.23	0.06	0.58	0.65	0.11	0.37
航空運輸業	0.15	0.70	0.70	0.15	0.08	1.03	0.70	−0.33	0.20	0.60
醫療保健業	0.82	0.84	0.53	0.22	−0.53	0.32	0.36	0.60	−0.09	0.30
技職教育業	0.88	0.63	0.15	0.14	−0.05	0.12	0.48	0.70	0.11	0.46
補習教育業	0.88	0.81	0.06	0.21	−0.15	−0.17	0.43	0.83	0.01	0.45

a：因素負荷量；b：標準化迴歸係數

2.直接績效評量模式

由於完整模式的配適情形未臻理想，因此使用「直接績效評量模式」，以「服務內容」、「價格」、「便利性」、「企業形象」、「服務設備」、「服務人員」與「服務過程」七個構面，作為潛在變項「知覺的績效」的觀測指標，以「服務品質」、「服務價值」與「整體滿意度」三個整體評量項目，作為潛在變項「顧客滿意」的觀測指標，以「知覺的績效」作為「顧客滿意」的前因變項，

建立「直接績效評量模式」，進行線性結構關係模型分析。由直接績效評量模式線性結構關係模型分析表可知，標準化迴歸係數 γ_{11} 介於0.70～0.87之間，模式配適度介於0.84～0.94，配適情形相當良好。

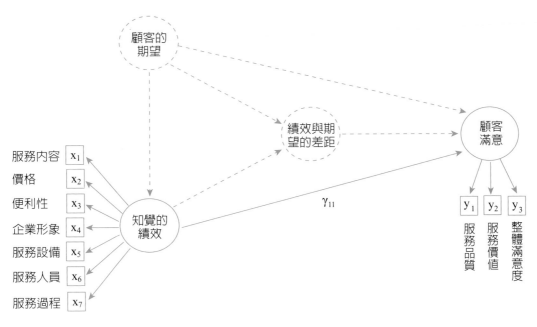

圖9-4　直接績效評量模式線性結構關係模型圖

表8-15　知覺的績效模式線性結構關係模型分析表

行業別	服務內容	價格	便利性	企業形象	服務設備	服務人員	服務過程
百貨服飾業	0.91 a	0.76	0.79	0.80	0.83	0.94	0.95
汽車維修業	0.85	0.87	0.85	0.87	0.82	0.90	0.85
商業銀行業	0.83	0.74	0.83	0.55	0.81	0.87	0.88
人壽保險業	0.81	0.80	0.83	0.73	0.85	0.93	0.84
航空運輸業	0.80	0.75	0.82	0.88	0.86	0.92	0.93
醫療保健業	0.88	0.78	0.80	0.78	0.83	0.86	0.79
技職教育業	0.85	0.77	0.78	0.76	0.84	0.90	0.78
補習教育業	0.75	0.75	0.72	0.66	0.74	0.91	0.88

行業別	服務品質	服務價值	整體滿意度	γ_{11}	模式配適度
百貨服飾業	0.82 a	0.83	0.90	0.77 b	0.84
汽車維修業	0.77	0.79	0.90	0.87	0.90
商業銀行業	0.87	0.74	0.91	0.82	0.91

（續接下表）

行業別	服務品質	服務價值	整體滿意度	γ_{11}	模式配適度
人壽保險業	0.80	0.85	0.85	0.71	0.85
航空運輸業	0.87	0.87	0.84	0.70	0.94
醫療保健業	0.73	0.77	0.88	0.82	0.84
技職教育業	0.84	0.76	0.83	0.82	0.87
補習教育業	0.80	0.83	0.90	0.76	0.89

a：因素負荷量；b：標準化迴歸係數

3. 績效與期望差距模式

　　使用「績效與期望差距評量法」，以「服務內容」、「價格」、「便利性」、「企業形象」、「服務設備」、「服務人員」與「服務過程」七個構面，作為潛在變項「績效與期望的差距」的觀測指標，以「服務品質」、「服務價值」與「整體滿意度」三個整體評量項目，作為潛在變項「顧客滿意」觀測指標，以「績效與期望的差距」作為「顧客滿意」的前因變項，建立「績效與期望差距模式」，進行線性結構關係模型分析。由績效與期望差距模式線性結構關係模型分析表可知，模式配適度介於0.81～0.91之間，配適情形相當良好，但是標準化迴歸係數 γ_{11} 僅在0.47～0.56。因此，「績效與期望差距模式」對「顧客滿意」的影響效果，不如「直接績效評量模式」。

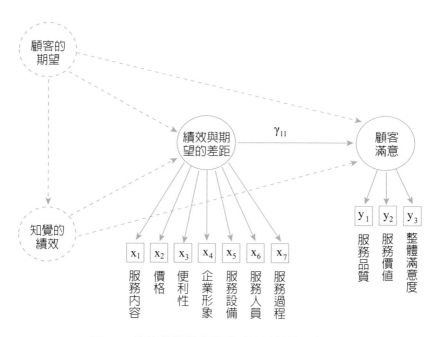

圖9-5　績效與期望差距模式線性結構關係模型圖

表9-16　績效與期望差距模式線性結構關係模型分析表

行業別	服務內容	價格	便利性	企業形象	服務設備	服務人員	服務過程
百貨服飾業	0.85a	0.72	0.68	0.79	0.83	0.91	0.69
汽車維修業	0.82	0.80	0.82	0.77	0.82	0.77	0.51
商業銀行業	0.74	0.64	0.80	0.63	0.79	0.75	0.56
人壽保險業	0.81	0.75	0.81	0.73	0.78	0.84	0.56
航空運輸業	0.84	0.82	0.81	0.87	0.87	0.87	0.85
醫療保健業	0.77	0.67	0.78	0.74	0.84	0.61	0.39
技職教育業	0.82	0.78	0.82	0.66	0.83	0.83	0.60
補習教育業	0.75	0.70	0.73	0.45	0.68	0.80	0.48

行業別	服務品質	服務價值	整體滿意度	γ_{11}	模式配適度
百貨服飾業	0.79a	0.84	0.91	0.52b	0.83
汽車維修業	0.79	0.83	0.84	0.47	0.86
商業銀行業	0.86	0.74	0.92	0.50	0.84
人壽保險業	0.79	0.87	0.83	0.46	0.82
航空運輸業	0.86	0.87	0.85	0.56	0.91
醫療保健業	0.81	0.72	0.93	0.53	0.81
技職教育業	0.79	0.76	0.87	0.50	0.81
補習教育業	0.80	0.83	0.90	0.52	0.89

a：因素負荷量；b：標準化迴歸係數

㈦三種顧客滿意評量模式評量效果比較

由顧客滿意評量模式配適度比較表可知，三種顧客滿意評量模式，以「績效與期望差距模式」的配適度較佳，「直接績效評量模式」次之，「完整模式」較差。

表9-17　顧客滿意評量模式配適度比較表

行業別	完整模式	直接績效評量模式	績效與期望的差距模式
百貨服飾業	0.55	0.84	0.89
汽車維修業	0.51	0.90	0.92
商業銀行業	0.55	0.91	0.90
人壽保險業	0.49	0.85	0.89

（續接下表）

行業別	完整模式	直接績效評量模式	績效與期望的差距模式
航空運輸業	0.68	0.94	0.94
醫療保健業	0.42	0.84	0.88
技職教育業	0.56	0.87	0.88
補習教育業	0.55	0.89	0.93

　　此外，對於廠商而言，評量顧客滿意的主要目的，在於瞭解所提供產品或服務滿足消費者需求的程度，並以此作為顧客行為的預測指標。因此，分別以「知覺的績效」與「績效與期望的差距」，作為「再購傾向」、「介紹意願」與「價格容忍度」的前因變項，進行線性結構關係模型分析，以比較二種模式對購買後行為的預測效果。

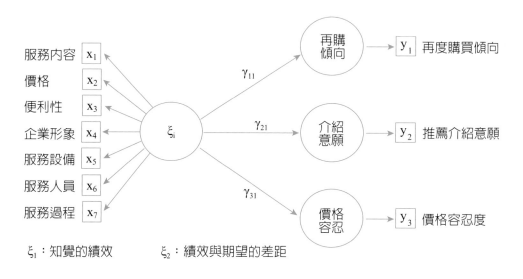

圖9-6　不同評量模式對購買後行為預測效果線性結構關係模型圖

　　由「知覺的績效」對購買後行為預測模式線性結構關係模型分析表可知，模式配適度介於0.68～0.90之間，標準化迴歸係數 γ_{11} 介於0.69～0.86之間，γ_{21} 介於0.71～0.81之間，γ_{31} 介於0.42～0.82之間，可見「顧客滿意」對「再購傾向」、「介紹意願」與「價格容忍」，均有正向的影響。

表9-18　知覺的績效對購後行為預測模式線性結構關係模型分析表

行業別	服務內容	價格	便利性	企業形象	服務設備	服務人員	服務過程
百貨服飾業	0.91 a	0.76	0.79	0.79	0.84	0.94	0.94
汽車維修業	0.85	0.87	0.86	0.86	0.80	0.91	0.84
商業銀行業	0.83	0.75	0.85	0.57	0.81	0.84	0.81
人壽保險業	0.81	0.81	0.82	0.72	0.85	0.92	0.04
航空運輸業	0.80	0.75	0.83	0.87	0.86	0.92	0.92
醫療保健業	0.86	0.79	0.80	0.79	0.83	0.84	0.71
技職教育業	0.83	0.78	0.77	0.76	0.84	0.88	0.77
補習教育業	0.74	0.75	0.72	0.66	0.72	0.91	0.87

行業別	再度購買傾向	推薦介紹意願	價格容忍度	γ_{11}	γ_{21}	γ_{31}	模式配適度
百貨服飾業	0.85 a	0.82	0.74	0.79 b	0.71	0.42	0.80
汽車維修業	0.89	0.84	0.87	0.86	0.77	0.82	0.80
商業銀行業	0.86	0.87	0.79	0.80	0.81	0.62	0.90
人壽保險業	0.83	0.83	0.79	0.73	0.73	0.62	0.72
航空運輸業	0.81	0.82	0.75	0.69	0.71	0.45	0.84
醫療保健業	0.82	0.86	0.79	0.72	0.81	0.62	0.74
技職教育業	0.85	0.85	0.85	0.78	0.78	0.78	0.68
補習教育業	0.85	0.85	0.81	0.78	0.79	0.68	0.77

a：因素負荷量；b：標準化迴歸係數

　　此外，由「績效與期望的差距」對購買後行為預測模式線性結構關係模型分析表可知，模式配適度介於0.67～0.84之間，標準化迴歸係數 γ_{11} 介於0.49～0.66之間，γ_{21} 介於0.52～0.66之間，γ_{31} 介於0.35～0.68之間，均不如「直接績效評量模式」。由此可知「直接績效評量模式」對購買後行為的預測效果，要優於「績效與期望差距模式」。

表9-19　績效與期望的差距對購後行為預測模式線性結構關係模型分析表

行業別	服務內容	價格	便利性	企業形象	服務設備	服務人員	服務過程
百貨服飾業	0.84 a	0.71	0.68	0.79	0.83	0.90	0.70
汽車維修業	0.83	0.80	0.83	0.76	0.81	0.73	0.50
商業銀行業	0.74	0.64	0.79	0.64	0.77	0.68	0.48
人壽保險業	0.81	0.75	0.80	0.72	0.76	0.83	0.57
航空運輸業	0.84	0.81	0.82	0.86	0.87	0.87	0.85
醫療保健業	0.77	0.70	0.77	0.75	0.82	0.61	0.39
技職教育業	0.81	0.78	0.81	0.66	0.83	0.82	0.63
補習教育業	0.72	0.70	0.72	0.44	0.65	0.79	0.50

行業別	再度購買傾向	推薦介紹意願	價格容忍度	γ_{11}	γ_{21}	γ_{31}	模式配適度
百貨服飾業	0.78 a	0.78	0.73	0.59 b	0.60	0.37	0.82
汽車維修業	0.77	0.76	0.75	0.54	0.52	0.49	0.72
商業銀行業	0.78	0.80	0.73	0.58	0.66	0.35	0.81
人壽保險業	0.80	0.79	0.77	0.66	0.63	0.56	0.73
航空運輸業	0.78	0.79	0.73	0.59	0.62	0.36	0.84
醫療保健業	0.75	0.77	0.74	0.49	0.56	0.44	0.74
技職教育業	0.79	0.79	0.81	0.64	0.62	0.68	0.67
補習教育業	0.80	0.79	0.77	0.65	0.65	0.56	0.76

a：因素負荷量；b：標準化迴歸係數

(八)顧客滿意差異分析

1.不同類型服務業差異分析

　　由不同類型服務業整體滿意度分析表可知，在「以事為主」的服務業中，整體滿意度介於6.70～7.98之間，產業平均值為7.27；在「以人為主」的服務業中，整體滿意度介於5.15～7.55之間，產業平均值為6.34；在「有形活動」的服務業中，整體滿意度介於6.44～7.98之間，產業平均值為7.23；在「無形活動」的服務業中，整體滿意度介於5.15～7.43之間，產業平均值為6.37。由此可知，「以事為主」的服務業，顧客滿意度要高於「以人為主」的服務業，而「有形活動」的服務業，顧客滿意度要高於「無形活動」的服務業。此外，由不同類型服

務業整體滿意度變異數分析表可知，不同「服務對象」與「服務本質」服務業，在整體滿意度上有顯著差異，且二者之間有顯著的交互作用。

表9-20：不同類型服務業整體滿意度分析表

行業別	服務對象	服務本質	互動與顧客化程度	服務傳送方式	風險性	整體滿意度
百貨服飾業	以事為主	有形活動	高	間斷交易型	低	6.98
汽車維修業	以事為主	有形活動	高	間斷交易型	高	7.98
商業銀行業	以事為主	無形活動	低	連續傳送型	低	7.43
人壽保險業	以事為主	無形活動	高	連續傳送型	高	6.70
航空運輸業	以人為主	有形活動	低	間斷交易型	高	6.44
醫療保健業	以人為主	有形活動	高	間斷交易型	高	7.55
技職教育業	以人為主	無形活動	低	連續傳送型	低	5.15
補習教育業	以人為主	無形活動	低	連續傳送型	低	6.22

表9-21：不同類型服務業整體滿意度變異數分析表

變異來源	平方和	自由度	均方	F值	顯著水準
服務對象	457.05	1	457.05	112.63	0.00
服務本質	420.96	1	420.96	103.73	0.00
服務對象 * 服務本質	108.67	1	108.67	26.78	0.00
殘差	8781.73	2164	4.06	77.90	
總變異	9730.06	2167	4.49		

2. 不同特性服務業差異分析

由不同類型服務業整體滿意度分析表可知，在「低互動與顧客化程度」的服務業中，整體滿意度介於5.15～7.43之間，產業平均值為6.31，在「高互動與顧客化程度」的服務業中，整體滿意度介於6.70～7.98之間，產業平均值為7.30；在「間斷交易型」的服務業中，整體滿意度介於6.44～7.98之間，產業平均值為7.23，在「連續傳送型」的服務業中，整體滿意度介於5.15～7.43之間，產業平均值為6.31；在「低風險性」的服務業中，整體滿意度介於5.15～7.43之間，產業平均值為6.44，在「高風險性」的服務業中，整體滿意度介於6.44～7.98之間，產業平均值為7.17。

由此可知，高互動與顧客化程度的服務業，由於能夠提供較個人化的服務，以滿足不同需求之消費者，整體滿意度要高於低互動與顧客化程度的服務業；間斷交易型的服務業，由於廠商必需高度依賴顧客滿意，以維繫顧客忠誠度，整體滿意度要高於連續傳送型的服務業；高風險性的服務業，由於涉及較高的風險性，消費者會比較重視廠商的服務品質，並且願意付出較高的價格，整體滿意度要高於低風險性的服務業。此外，由不同特性服務業整體滿意度變異數分析表可知，不同「互動與顧客化程度」、「服務傳送方式」與「風險性」服務業，在整體滿意度上有顯著的差異，且「互動與顧客化程度」與「服務傳送方式」之間有顯著的交互作用。

表9-22　不同特性服務業整體滿意度變異數分析表

變異來源	平方和	自由度	均方	F 值	顯著水準
互動與顧客化程度	66.17	1	66.17	15.99	0.00
服務傳送方式	12.94	1	12.94	3.13	0.08
風險性	122.17	1	122.17	29.52	0.00
互動與顧客化程度 * 服務傳送方式	158.54	1	158.54	38.31	0.00
殘差	8952.38	2163	4.14		
總變異	9730.06	2167	4.49		

五、服務業顧客滿意度評量指標

利用前述的線性結構關係模型分析結果，可以建立服務業顧客滿意度評量指標，其公式如下：

$$服務業顧客滿意度評量指標 = \sum_{i=1}^{n} \lambda_i * y_i$$

i：可觀測指標個數　　λ_i：可觀測指標因素負荷量　　y_i：可觀測指標平均值

但是，為了使服務業顧客滿意度評量指標能夠更簡單易懂，可將其標準化並且轉化成百分數，其公式如下：

$$標準化服務業顧客滿意度評量指標 = \frac{E[y_i] - Min[y_i]}{Max[y_i] - Min[y_i]} \times 100$$

i：可觀測指標個數　λ_i：可觀測指標因素負荷量　y_i：可觀測指標平均值

$$E[y_i] = \sum_{i=1}^{3} \lambda_i \times y_i, \quad Min[y_i] = \sum_{i=1}^{n} \lambda_i * Min[y_i], \quad Max[y_i] = \sum_{i=1}^{n} \lambda_i * Max[y_i]$$

因此，使用上述的標準化服務業顧客滿意度評量指標公式，利用模式配適度最高的「績效與期望差距模式」的線性結構關係模型分析結果，將「顧客滿意」的三個觀測指標的因素負荷量乘以其平均值，再除以其最大期望值與最小期望值的差距，可以計算出八種服務業的標準化顧客滿意度評量指標。在實證研究的八種服務業中，以汽車維修業的顧客滿意度評量指標最高，醫療保健業次之，然後依序是商業銀行業、百貨服飾業、人壽保險業、航空運輸業、補習教育業、技職教育業。

表9-23　服務業顧客滿意度評量指標分析表

行業別	服務品質		服務價值		整體滿意度		標準化顧客滿意度評量指標
	因素負荷量	平均值	因素負荷量	平均值	因素負荷量	平均值	
百貨服飾業	0.79	7.08	0.84	6.67	0.91	6.98	76.73
汽車維修業	0.79	7.89	0.83	7.74	0.84	7.98	87.40
商業銀行業	0.86	7.08	0.74	7.08	0.92	7.43	80.11
人壽保險業	0.79	6.66	0.87	6.44	0.83	6.70	72.69
航空服務業	0.86	6.45	0.87	6.38	0.85	6.44	71.36
醫療服務業	0.81	7.38	0.72	7.34	0.93	7.55	82.57
技職教育業	0.79	4.60	0.76	4.57	0.87	5.15	53.17
補習教育業	0.80	6.00	0.83	6.19	0.90	6.22	68.25

六、管理實務意涵

㈠影響服務業顧客滿意的主要因素

由實證研究的結論可知，影響服務業顧客滿意的主要因素，可以歸納為與廠商所提供服務有關的「服務內容」，與貨幣性價格有關的「價格」，與服務的銷售通路有關的「便利性」，與廠商的溝通推廣有關的「企業形象」，與實體設備有關的「服務設備」，與服務人員技能有關的「服務人員」，以及與服務接觸過程有關的「服務過程」等七大構面。

㈡探索性因素分析／驗證性因素分析

由探索性因素分析的結論可知，在缺乏明確的理論架構指引下，探索性因素分析基本上是資料導向的，所得到的因素構面缺乏一致性與穩定性，無法建立穩定的顧客滿意評量構面。但是，由驗證性因素分析的結論可知，構面的排列順序會影響因素粹取量大小，使得排列順序較後構面的因素負荷量偏低。

㈢各項變數之間的因果關係因為服務業類型的不同而有差異

由完整模式線性結構關係模型分析的結論可知，在服務業顧客滿意評量模式中，除了少數行業之外（例如：航空運輸業由於空難事件頻傳，使得研究結果受到嚴重干擾），「顧客的期望」對「知覺的績效」有正向的影響，對「績效與期望的差距」有負向的影響，對「顧客滿意」有正向的影響；「知覺的績效」對「績效與期望的差距」有正向的影響，對「顧客滿意」有正向的影響；「績效與期望的差距」對「顧客滿意」有正向的影響。

㈣「績效與期望差距模式」／「直接績效評量模式」

由線性結構關係模型分析結論可知，在顧客滿意評量方法中，就模式配適度而言，以「績效與期望差距模式」較佳。但是，就購買後行為的預測效果而言，以「直接績效評量模式」較佳。因此，「績效與期望差距模式」與「直接績效評量模式」各有所長，二者的評量效果難分軒輊。

㈤不同類型的服務業在顧客滿意度上有所差異

由不同類型服務業整體滿意度分析的結論可知，「以事為主」的服務業，顧客滿意度高於「以人為主」的服務業，而「有形活動」的服務業，顧客滿意度高於「無形活動」的服務業。「高互動與顧客化程度」的服務業，整體滿意度高

於「低互動與顧客化程度」的服務業，「間斷交易型」的服務業，整體滿意度高於「連續傳送型」的服務業，「高風險性」的服務業，整體滿意度高於「低風險性」的服務業。此外，由變異數分析的結論可知，不同「服務對象」與「服務本質」的服務業，在整體滿意度上有顯著的差異，且二者之間有顯著的交互作用。不同「互動與顧客化程度」、「服務傳送方式」與「風險性」的服務業，在整體滿意度上有顯著的差異，且「互動與顧客化程度」與「服務傳送方式」之間有顯著的交互作用。

參考文獻

朱永華（1995）。醫院服務知覺品質與顧客滿意度之關係研究（未出版碩士論文）。國立成功大學企業管理研究所，台南市。

呂俊民（1995）。我國一般銀行顧客滿意來源之研究——以高雄市為例（未出版碩士論文）。國立中山大學企業管理研究所，高雄市。

李正賢（1995）。電子字典顧客滿意度與購買行為之研究——以台北市大專在學學生為例（未出版碩士論文）。東吳大學管理科學研究所，台北市。

李惠珍（1993）。壽險業服務品質與顧客滿意度之關係（未出版碩士論文）。文化大學國際企業研究所，台北市。

尚郁慧（1996）。本國一般銀行顧客滿意度與忠誠度關係之研究（未出版碩士論文）。淡江大學管理科學研究所，台北市。

林陽助（1996）。顧客滿意度決定模型與效果之研究——台灣自用小客車之實證（未出版博士論文）。國立台灣大學商學研究所，台北市。

林宏長（1994）。企研所專業教育之服務滿意度衡量——公私立大學研究生之觀點（未出版碩士論文）。國立中央大學企業管理研究所，苗栗縣。

洪世全（1995）。服務品質、服務價值與顧客滿意度的關係（未出版碩士論文）。國立台灣大學商學研究所，台北市。

黃承昱（1996）。大專院校學生教育滿意度之研究（未出版碩士論文）。銘傳大學管理科學研究所，台北市。

黃恆獎、趙義隆與盧信昌（1997）。服務品質、顧客滿意與廠商競合：我國民營事業開放自由競爭之實證。國立政治大學編，第三屆服務管理研討會論文集（頁B1-2）。台北市。

曹國雄（1995）。服務品質之測量——以銀行業為例。中原學報，23（1-4），23-34。

張雲洋（1995）。零售業顧客滿意與顧客忠誠度關係之研究（未出版碩士論文）。淡江大學管理科學研究所，台北市。

華英傑（1996）。服務品質顧客滿意度與購買傾向關係之研究（未出版碩士論文）。國立政治大學企業管理研究所，台北市。

彭駿雄（1997）。商業銀行行銷活動顧客滿意度之研究（未出版碩士論文）。國立中正大學企業管理研究所，嘉義市。

翁崇雄（1993）。評量服務品質與服務價值之研究——以銀行業為實證對象（未出版碩士論文）。國立台灣大學商學研究所，台北市。

廖錦和（1995）。台灣地區國際信用卡市場顧客滿意度模式之實證研究（未出版碩士論文）。國立中山大學企業管理研究所，高雄市。

鄭森生（1994）。旅客滿意因素分析之實證研究——以台鐵台汽旅客為例（未出版碩士論文）。國立交通大學，新竹市。

蔡進德（1994）。服務品質、滿意度與購買傾向關係之研究（未出版碩士論文）。國立台灣大學，台北市。

蘇永盛（1994）。以顧客滿意度為途徑建立我國優良商店認證制度之研究——以中式餐飲業為實證（未出版碩士論文）。國立中興大學企業管理學研究所，台中市。

蘇雲華（1996）。服務品質衡量方法之比較（未出版博士論文）。國立中山大學企業管理研究所，高雄市。

Bagozzi, R. P. & Yi, Y. (1988). On the use of structural equation model in experimental designs. *Journal of marketing research,* 26 (August), 271-284.

Bitner, M. J. & Booms, B. H. (1981). Marketing strategics and organization structure for service firms. In J. H. Donnelly, & W. R. George (Eds.). *Marketing of services* (pp. 47-52). Chicago, IL: American Marketing Association.

Bolton, R. N., & Drew, J. H. (1991). A longitudinal analysis of the impact of service changes on customer attitudes. *Journal of marketing,* 55(January) , 1-9.

Cadotte, E. R., Woodruff, R. B., & Jenkins, R. L. (1987). Expectations and norms in models of consumer satisfaction. *Journal of marketing research,* 24 (August), 305-314.

Carman, J. M. (1990). Consumer perceptions of service quality: An assessment of the SERVQUAL dimensions. *Journal of retailing,* 66 (Spring), 33-55.

Churchill, G. A., Jr., & Surprenant, C. (1982). An investigation into the determinants of customer satisfaction. *Journal of marketing research,* 19 (November), 491-504.

Cohen, J. B., Fishbein, M., & Ahtola, O. T. (1972). The nature and uses of expectency-value model in consumer attitude research. *Journal of marketing research,* 9 (November), 456-460.

Cronin, J. J., Jr., & Taylor, S. A. (1992). Measuring service quality：A reexamination and extension. *Journal of marketing,* 56 (July), 55-68.

Fishbein, M. (1963). An investigation of the relations between beliefs about an object and the attitude toward that object. *Human relations,* 16 (2), 233-239.

Fornell, C. (1992). A national customer satisfaction barometer：The Swedish experience. *Journal of marketing,* 56 (January), 6-21.

Fornell, Johnson, M. D., Anderson, E. W, Cha, J., & Bryant, E. (1996). The American customer satisfaction index: Nature, purpose, and findings. *Journal of marketing,* 60 (October), 7-18.

Hair, J. F., Jr., Anderson, R. E., Tatham, R. L., & Black, W. C. (1995). *Multivariate data analysis* (4th ed.). Englewood Cliffs, NJ: Prentice-Hall.

Kerlinger, F. N. (1979). *Foundations of behavioral research.* CBS international editions.

Lovelock, C. H. (1983). Classifying services to gain strategic marketing insights. *Journal of marketing,* 47 (Summer), 9-20.

Meyer, A. (1994). *Das deutsche kundenbarometer 1994.* Munchen, Germany: Ludwig-maximilians-universitat munchen.

Oliver, R. L. (1980). A cognitive model of the antecedents and consequences of satisfaction decisions. *Journal of marketing research,* 17 (November), 460-469.

Olson, J. C. & Dover, P. (1976). Effects of expectations, product performance, and disconfirmation on belief elements of cognitive structures. In *Advances in consumer research.* Association for Consumer Research.

Ostrom, A. & Iacobucci, D. (1995). Consumer trade-off and the evaluation of services. *Journal of marketing,* 59 (January), 17-28.

Parasuraman, A., Zeithaml, V. A., & Berry, L. L. (1985). A conceptual model of service quality and its implications for future research. *Journal of marketing,* 49 (Fall), 41-50.

Parasuraman, A., Zeithaml, V. A., & Berry, L. L. (1988). SERVQUAL: A multiple-item scale for measuring consumer perceptions of service. *Journal of retailing,* 64 (Spring), 12-40.

Parasuraman, A., Zeithaml, V. A., & Berry, L. L. (1994). Reassessment of expectations as a comparison standard in measuring service quality: Implications for future research. *Journal of marketing,* 58 (January), 111-124.

Singh, J. & Widing, R. E. (1991). What occurs once consumers complain? *European journal of marketing,* 25, 30-46.

Yi, Y. (1993). The determinants of consumer satisfaction: The moderating role of ambiguity. In L. McAlister, & M. L. Rothschild (Eds.). *Advance in consumer research* (20, pp. 502-506).

第參篇

研究發展篇

隨著時代的進步，顧客滿意理論也不斷的從其他學科領域，引進新的觀念與方法，持續研究發展與技術創新。所以，第參篇〈研究發展篇〉，將介紹服務管理理論的發展與技術的創新，內容包含：「第十章　服務管理理論發展」、「第十一章　劇場理論在服務接觸互動過程的應用」、「第十二章　顧客滿意、服務失誤與服務補救類型分析」、「第十三章　難纏顧客類型分析」，學會本篇的研發創新，將可以讓你對於服務管理的未來發展，有不一樣的觀念與啓發。

第十章

服務管理理論發展[1]

重點
大綱

---

[1] 郭德賓、陳秀玉與洪麗珠（2002）。服務業顧客滿意研究的回顧與展望。載於國立高雄餐旅學院主編，第二屆觀光休閒暨餐旅產業永續經營學術研討會論文集（頁207-215）。高雄：國立高雄餐旅學院。

問題思考

顧客滿意理論的發展，最早從1960至1970年代的「期望─不一致」理論開始，到 Parasuraman、Zeithaml 與 Berry（1985）的「服務品質績效與期望差距模式」與 SERVQUAL 量表，被廣泛應用在各種服務業顧客滿意的評量上，是不是已經發展到極致了？

 問題提示

雖然，Parasuraman、Zeithaml 與 Berry（1985）所提出的「服務品質績效與期望差距模式」與 SERVQUAL 量表，有效解決了「期望─不一致」理論評量主體不一致，與缺乏具體評量工具的問題，被廣泛應用在各種服務業顧客滿意的評量上，但是還是有許多人提出嚴厲的批評。Swan 與 Bowers（1998）認為服務品質的研究有三項缺點：1.對於服務的評估是封閉性的；2.顧客猶如態度的記帳員；3.服務品質只看到過程的一部分，而無法得知服務互動的狀況。所以，有學者嘗試從不同的學科領域，引進新的觀念與技術，希望能夠有所突破與創新。

 問題解答

Grove 與 Fisk（1983）認為服務行銷涉及服務提供者與接受者雙方之間的互動，在行為面的觀點上與劇場理論之間有許多相似之處，因此引進「劇場理論」的觀點來詮釋服務行銷的現象。Grove、Fisk 與 Bitner（1992）以1.演員（員工）──服務的提供者；2.觀眾（顧客）──服務的接受者；3.服務場景（實體環境）──服務發生的地點；4.服務表演（服務本身）──廠商所提供的服務，建立「服務劇場觀念架構」，將服務接觸比喻為在服務劇場中的一項「表演」。

一、服務業顧客滿意理論的發展

由行銷相關文獻的回顧可知，顧客滿意理論建立在「期望－不一致（expectation-disconfirmation）」的典範上，由消費者比較購買前的期望與購買後知覺的產品績效二者之間一致性的程度來評量對產品的滿意度。但是，在服務業興起之後，由於服務業具有「無形性」、「生產與消費同時性」、「顧客與廠商互動性」等不同於有形產品的特性。因此，Parasuraman、Zeithaml 與 Berry（1985）以「期望－不一致」理論為基礎加以修正，提出「服務品質績效與期望差距模式」來說明服務品質的形成過程，並且發展出「SERVQUAL（Service Quality）」量表作為評量工具，被廣泛應用在各種服務業顧客滿意的評量上，使得「服務品質」幾乎成為服務業「顧客滿意」的代名詞。

然而，Swan 與 Bowers（1998）認為服務品質的研究有三項缺點：1.對於服務的評估是封閉性的；2.顧客猶如態度的記帳員；3.服務品質只看到過程的一部分，而無法得知服務互動的狀況。此外，早期的學者大多使用量化的「歸因（attribute）」方法來進行研究，只能瞭解是「什麼（what）」因素在影響顧客滿意度，而無法瞭解這些因素是「如何（how）」影響顧客滿意度。因此，近年來學者開始從其他學科領域引進新的觀點與方法，試圖更深入地瞭解服務業顧客滿意的形成過程，主要可分為三種觀點：

(一)角色觀點（role perspective）

Solomon、Surprenant、Crepiel 與 Gutman（1985）認為服務接觸是服務提供者與接受者雙方之間互動的心理現象，每一個行動都是有目的的，而結果依雙方協調的行動而定，雙方皆扮演特定的角色，去達成特定的目的，引用「角色理論」的觀點，來說明服務接觸的動態互動關係，將顧客滿意定義為：「知覺與期望的角色行為一致性的函數」。

(二)腳本觀點（script perspective）

Smith 與 Houston（1983）結合「期望－不一致」理論與「腳本結構」，將服務滿意定義為：「腳本期望被符合的程度」。Alford（1993）引用「腳本」觀點，將服務滿意定義為：「若供應者所提供之服務與顧客心中之認知腳本有著相同的動作、順序，則顧客心中會因為腳本符合而形成滿意」，而腳本不符合的原因有三：1.服務供應者加入了非顧客心中的腳本；2.顧客心中認知的腳本動作被服務供應者刪除；3.服務供應者雖然表現了顧客心中認知的腳本，但是次序卻與

顧客不相同。Alford（1998）以牙醫服務進行實驗研究，發現在服務接觸中，顧客期望認知腳本的差異會影響服務滿意度與再購意願。

(三)劇場觀點（theater perspective）

Grove 與 Fisk（1983）認為服務行銷涉及服務提供者與接受者雙方之間的互動，在行為面的觀點上與劇場理論之間有許多相似之處，因此引進劇場理論的觀點來詮釋服務行銷的現象。但是，劇場理論是否能夠應用於服務行銷中，必須考慮二個因素：1.此種服務業是否同時服務很多人；2.服務提供者是否與顧客有高度的接觸程度。例如：餐廳、旅館、醫院、娛樂事業等產業，服務提供者與顧客之間有高度的服務接觸與互動，而且如果服務失誤很容易同時為許多人所目睹，服務失誤的風險很高，劇場理論可以提供最佳的分析架構。Grove、Fisk 與 Bitner（1992）以1.演員（員工）──服務的提供者；2.觀眾（顧客）──服務的接受者；3.服務場景（實體環境）──服務發生的地點；4.服務表演（服務本身）──廠商所提供的服務，建立「服務劇場觀念架構」，將服務接觸比喻為在服務劇場中的一項「表演」。

二、服務業顧客滿意研究主題的發展

早期的服務業顧客滿意研究焦點，集中在顧客滿意如何形成與評量。Parasuraman、Zeithaml 與 Berry（1988）提出五個缺口的「績效與期望差距模式」來說明服務品質的形成過程，並且將影響因素歸納為「實體性」、「可靠性」、「反應性」、「保障性」、「體貼性」五大構面。到了1990年代，由於正面的服務業顧客滿意研究已經相當成熟，開始將研究的焦點轉移到負面的顧客滿意研究，探討服務失誤的分類與服務補救的方法。Bitner、Booms 與 Tetreault（1990）以餐廳、旅館、航空業為對象進行實證研究，探討服務失誤的類型，將其分為「員工對於服務傳送系統或產品失誤的反應（無法提供服務、不合理延遲時間、其他核心服務失誤）」、「員工對於顧客需求和要求的反應（顧客特殊需求、顧客特別偏好、顧客自承錯誤、干擾其他顧客）」與「員工自發行為（對顧客的關照、不尋常的員工行為、文化規範下的員工行為、整體的經驗、處於逆境下的反應）」三大類。Bitner、Booms 與 Tetreault（1994）在原有的三種服務失誤類型之外，再加入員工的觀點，增加「問題顧客（酒醉、言詞挑釁或身體的碰撞、違反公司規定及政府法規、不合作的顧客）」構成四大類。

Hoffman、Kelley 與 Rotalsky（1995）以 Bitner 等人（1990）的分類架構爲基礎，以「餐飲業」進行實證研究，探討服務失誤的分類與服務補救的方法，證實此一分類架構可適用於其他的服務業。在服務失誤的三大類型中，以「員工對於服務傳送系統或產品失誤的反應（44.4%）」發生的比率最高，其次是「員工自發行爲（37.2%）」，「員工對於顧客需求和要求的反應（18.4%）」發生的比率最低。在服務失誤的嚴重性方面，在10點的服務失誤嚴重程度量表中，以「座位問題（8.00）」、「售完（7.33）」、「設備問題（7.25）」等三項嚴重程度較高；在服務補救的方法中，以「食物免費（8.05）」、「折扣（7.75）」、「優待券（7.00）」、「管理者出面解決（7.00）」、「替換（6.35）」、「更正（6.35）」等五項滿意度較高，以「不做任何處理（1.71）」、「道歉（3.72）」的滿意度較低。此外，Keavency（1995）將研究的焦點延伸到顧客轉移行爲，將導致顧客轉移行爲發生的原因，歸納爲「價格」、「不便利」、「核心服務失敗」、「服務接觸失誤」、「服務失誤之反應」、「競爭」、「道德」與「非志願性移轉」等八種因素。

三、服務業顧客滿意研究方法的發展

　　早期的服務業顧客滿意研究，學者們大多使用量化的「歸因」方法，來找出影響顧客滿意的相關因素。但是，Stauss 與 Hentschel（1992）比較使用量化的「歸因基礎（attribute-based）」衡量方法與質性的「關鍵事例技術法（Critical Incident Technique, CIT）」進行相同的研究，發現量化的歸因導向衡量方法，只能捕捉到服務品質的例行面貌，但是質性的關鍵事例技術法，卻能給予服務品質的非例行性面貌。因此，近年來在服務業顧客滿意的相關研究中，關鍵事例技術法被大量引用，用以探討服務失誤的分類與服務補救的方法。

　　Flanagan（1954）所提出的「關鍵事例技術法」，最初的形式是監督者記錄員工的重要行爲，可適用於不同的員工評量與工作分析架構，及視其是否爲工作上所期待的行爲，再將這些記錄的行爲分類爲特定的類別。然而，早期的關鍵事例技術法，以不連續的正向或負向關鍵事例作爲訪談內容，使用歸因的方法來分析知覺的品質或滿意度，無法瞭解顧客滿意或不滿意之後的行爲。因此，Stauss 與 Weinlich（1997）提出 CIT 的變形「結果事例技術法（Sequential Incident Technique, SIT）」，以不連續正向或負向關鍵事例的結果作爲訪談內容，來探討顧客滿意或不滿意之後的行爲。Keavency（1995）使用此種方法探討導致顧客轉移行爲發生的原因。Roos（1999）更將此種方法應用在顧客轉移行爲過

程的研究，發展出「轉移徑路分析技術法（Switching Path Analysis Technique, SPAT）」，以分析顧客轉移行為的動態過程。

雖然，Roos（1999）所提出的轉移徑路分析技術法，可以讓研究者瞭解顧客轉移行為的過程，但是由於顧客轉移的實際行為已經發生，對於廠商而言已經無法挽回。所以，Edvardsson 與 Roos（2001）提出「轉捩點關鍵事例技術法（Criticality Critical Incident Technique, CCIT）」，來探討導致顧客轉換行為的關鍵事例，希望能在顧客轉移行為實際發生之前，予以事先預防或挽回。

表10-1　關鍵事例技術法比較表

持續的關係 ←——————————————————————→ 轉換的關係

傾向的行為 ←——————————————————————→ 實際的行為

學者	Flanagan（1954）	Stauss & Weinlich（1995；1997）	Edvardsson & Roos（2001）	Roos（1999）
研究方法	關鍵事例技術法（CIT）	系列事例技術法（SIT）	轉捩點關鍵事例技術法（CCIT）	轉移徑路分析技術法（SPAT）
研究主題	知覺的品質知覺的滿意度	知覺的品質知覺的滿意度	關係強度	轉移徑路的因素
研究焦點	持續的關係	持續的關係	持續的關係	由何處轉移到何處的關係
研究內容	正向或負向的不連續關鍵事例	一系列不連續的正向和負向關鍵事例	負向的關鍵事例包含關係結果的決定	負向的關鍵事例以及轉移的結果
研究結果	歸因	歸因的結果	形成此種關係的歸因與結果	轉移的徑路包含轉移決定性因素的形成

資料來源：整理自 Edvardsson & Roos (2001), p.262。

四、服務管理理論與技術的發展趨勢

　　綜合前述的文獻回顧可知，服務業顧客滿意理論，是以「期望－不一致」理論為基礎，由靜態的「角色觀點」擴大為互動的「腳本觀點」，再擴大為動態的「劇場觀點」。研究主體由「單個體（服務接受者）」的服務評量，擴大為「雙個體（服務接受者與服務提供者）」的服務接觸，再擴大為「整體（服務接受者、服務提供者、服務場景）」的服務演出。研究主題由「原因→過程→結果→行為」持續向前推展，研究焦點也由「正向的顧客滿意→負向的服務失誤→服務失誤補救→顧客保留或轉移行為」不斷向後延伸，研究方法則由「量化的歸因方

法→關鍵事例技術法→系列事例技術法→轉移徑路分析技術法→轉捩點關鍵事例技術法」不斷突破創新，試圖由被動的接受事後行為結果，走向主動的掌控事前行為意圖，以期能在服務失誤發生之前予以有效預防，避免發生顧客轉移行為。

Alford, B. L. (1993). *A framework for assessing consumer satisfaction with credence bases services: A cognitive script approach.* Doctoral Dissertation, The Louisiana State University.

Alford, B. L. (1998). Using cognitive scripts to assess the process of professional service delivery. *Journal of Professional Service Marketing,* 17(1), 77-102.

Bitner, M. J., Booms, B. H., & Tetreault, M. S. (1990). The service encounter: Diagnosing favorable and unfavorable incident. *Journal of Marketing,* 54 (January), 77-84.

Bitner, M. J., Booms, B. H., & Tetreault, M. S. (1994). Critical service encounters : The employee's viewpoint. *Journal of Marketing,* 58 (October), 95-106.

Edvardsson, B. & Roos, I. (2001). Critical incident techniques: Towards a framework for analyzing the critical of critical incidents. *International Journal of Service Industry Management,* 12(3), 251-268.

Flanagan, J. C. (1954). The critical incident technique. *Psychological Bulletin,* 51(4), 327-358.

Grove, S. J., & Fisk, R. P. (1983). The dramaturgy of service exchange: An analytical framework for service marketing. In L. L. Berry, G. L. Shostack, & G. D. Upah (Eds.). *Emerging Perspectives on Service Marketing* (pp. 47-51). Chicago, IL: American Marketing Association.

Grove, S. J., Fisk, R. P., & Bitner, M. J. (1992). The service exchange as theater. In *Advance in Consumer Research.* Provo,UT : Association for Consumer Research.

Hoffman, K. D., Kelley, S. W., & Rotalsky, H. M. (1995). Tracking service failures and employee recovery efforts. *Journal of Service Marketing,* 9(2), 49-61.

Keavency, S. M. (1995). Customer switching behavior in service industries: An exploratory study. *Journal of Marketing,* 59(April), 71-82.

Oliver, R. L. (1977). A theoretical reinterpretation of expectation and disconfirmation effects on posterior product evaluation: Experiences in the field. In R. Day (Ed.). *Consumer Satisfaction, Dissatisfaction and Complaining Behavior* (pp.2-9). Bloomington: Indiana University.

Parasuraman, A., Zeithaml, V. A., & Berry, L. L. (1985). A conceptual model of service quality and its implications for future research. *Journal of Marketing,* 49(Fall), 41-50.

Parasuraman, A., Zeithaml, V. A., & Berry, L. L. (1988). SERVQUAL: A multiple-item scale for measuring consumer perceptions of service. *Journal of Retailing ,* 64 (Spring), 12-40.

Roos, I. (1999). Switching process in customer relationships. *Journal of Service Research,* 2(1), August, 68-85.

Smith, R. A., & Houston, M. J. (1983). Script-based evaluations of satisfaction with service. In L. L. Berry, G. L. Shostack, & G. D. Upah (Eds.). *Emerging Perspectives on Service Marketing* (pp.59-62). Chicago,IL: American Marketing Association.

Solomon, M. R., Surprenant, C. Crepiel, J. A., & Gutman, E. G. (1985). A role theory perspective on dyadic interactions: The service encounter. *Journal of Marketing,* 49(Winter), 99-111.

Stauss, B., & Hentschel, B. (1992). Attribute-based versus incident-based measurement of service quality: Results of an empirical study within the German car service industry. In P. Kunst, & J. Lemmink (Eds.). *Quality Management in Service* (pp.59-78). Van Gorcum, Assen / Maastricht.

Stauss, B., & Weinlich, B. (1997). Process-oriented measurement of service quality. Applying the sequential incident method. *European Journal of Marketing, 31*(1), 33-55.

Swan, J. E., & Bowers, M. R. (1998). Service quality and satisfaction: The process of people doing things together. *Journal of Service Marketing,* 12(1), 59-72.

第十一章

劇場理論在服務接觸互動過程的應用[1]

重點
大綱

---

[1] 郭德賓（2006）。認知腳本在西餐廳服務接觸應用之研究。觀光研究學報，11（4），333-354。

問題思考

Grove 與 Fisk（1983）認為在服務接觸的過程中，涉及顧客與服務人員之間的互動，從行為面的角度來看與劇場有許多相似之處，引進「劇場觀點」來詮釋服務接觸的互動過程，指引出服務接觸顧客滿意的研究方向。之後，Parasuraman、Zeithaml 與 Berry（1985）才提出「服務品質績效與期望差距模式」，時間相對比較晚。但是，為什麼服務業「顧客滿意」的相關研究，後來反而由「服務品質」觀念所主導？

問題提示

因為 Grove 與 Fisk（1983）所提出的「服務劇場」不易進行操作化與評量，而且缺乏一套具體的量表，以致後續的理論發展非常緩慢。

問題解答

Parasuraman、Zeithaml 與 Berry（1985）提出「服務品質績效與期望差距模式」，由消費者主觀地評量購買前的期望與購買後的績效，有效解決了「期望－不一致」理論評量主體不一致的問題。Parasuraman、Zeithaml 與 Berry（1988）又提出 SERVQUAL 量表，解決缺乏具體評量工具的問題，後繼學者陸續引用並且加以驗證，引發服務業顧客滿意的研究風潮，才會使得服務品質幾乎成為服務業顧客滿意的代名詞。

一、研究背景動機

近年來隨著服務業的發展，使得「服務接觸」的議題格外受到重視，被視為服務行銷中的核心成份。Solomon、Surprenant、Crepiel 與 Gutman（1985）認為所謂「服務接觸（service encounter）」，是指在服務的消費過程中，顧客與服務供應者之間的互動，強調讓顧客有機會去評量所接受到的服務，也讓服務供應者有機會去管理顧客對服務品質的知覺。然而，由相關文獻可知，顧客滿意研

究的理論基礎，主要建立在「期望一不一致（expectation-disconfirmation）」的典範上，由消費者比較購買前的期望與購買後知覺的績效二者之間一致性的程度來評量滿意度（Oliver, 1980）。但是，Grove 與 Fisk（1983）認為在服務接觸的過程中，涉及顧客與服務人員之間的互動，從行為面的角度來看，與劇場有許多相似之處，因此引進劇場觀點來詮釋服務接觸的互動過程，指引出服務接觸顧客滿意的研究方向。

然而，由於服務劇場不易進行操作化與評量，後來反而由 Parasuraman、Zeithaml 與 Berry（1985; 1988）以「期望一不一致」理論為基礎加以修正，提出服務品質績效與期望差距模式，並且發展出量化的 SERVQUAL 量表，由消費者主觀地比較購買前的期望與購買後知覺的績效二者之間的差距，來評量對服務的滿意度，引領服務業顧客滿意的研究風潮。但是，Swan 與 Bowers（1998）指出服務品質的研究有三項缺點：1.對於服務的評估是封閉性的；2.顧客猶如態度的記帳員；3.服務品質只看到過程的一部分，而無法得知服務互動的狀況。此外，Stauss 與 Hentschel（1992）的研究顯示，使用量化的歸因方法，只能瞭解是「什麼（what）」因素在影響顧客滿意度，而無法瞭解這些因素是「如何（how）」影響顧客滿意度。因此，如何引用劇場理論的觀點來探討服務接觸的互動過程，並且克服服務劇場不易操作化與評量的問題，將是服務接觸研究能否有所創新與突破的主要關鍵。

> ### 問題思考
> 以往在服務業「顧客滿意」的相關研究，有什麼樣的缺失？
>
> ### 問題提示
> 以往在服務業「顧客滿意」的相關研究，大多只從消費者的角度，使用量化的歸因方法，進行靜態的橫斷面分析。但是，Stauss 與 Hentschel（1992）指出使用量化的歸因方法進行研究，只能瞭解是「什麼（what）」因素在影響顧客滿意度，而無法瞭解這些因素是「如何（how）」影響顧客滿意度。

由於服務業具有無形性，服務的傳遞過程看不見、摸不著，不易清楚地具體描述，而且服務接觸是「消費者」與「服務人員」互動的過程。因此，Shostack（1985）建議使用「服務藍圖」來描述服務的傳遞過程，分別從「消費者」與「服務人員」的角度，進行雙向動態的連續研究。

Solomon 等人（1985）認為在建立以人員為核心的服務接觸時，有三個主要的觀點：1.服務接觸是雙邊的；2.服務接觸是人際互動；3.服務接觸是角色表現。但是，以往在服務接觸的相關研究中，學者大多以參與服務接觸的「個別成員」作為分析單位，分別從「顧客」或「服務人員」的角度進行單邊分析，很少同時從「顧客」與「服務人員」的角度進行雙邊分析。其次，服務接觸是人際互動的過程，無法僅由一方的表現來預測結果，如果能夠透過溝通，相互瞭解對方可能的行為模式，將可避免發生非預期的衝突行為。再者，服務接觸是一種角色表現，如果能夠將服務接觸的過程，轉換成例行性的儀式化行為，讓參與服務接觸的雙方，學習如何表現出適當的角色行為，將有助於控制整個服務接觸過程與品質。因此，引用服務劇場觀點，以西餐廳進行實證研究，分別從「顧客」與「服務人員」的角度，找出顧客與服務人員心中的認知服務腳本，比較二者之間的差異性，並且引用「服務藍圖」概念來描述服務接觸的互動過程。

Grove 與 Fisk（1983）認為「劇場理論」特別適合餐廳、旅館、醫院、娛樂等產業，因為在這些產業中，服務提供者與顧客之間有高度的服務接觸，如果發生服務失誤很容易為許多人所目睹，服務失誤所承受的風險很高，劇場觀點可以提供一個最佳的分析架構。所以，以服務提供者與顧客之間有高度服務接觸的西餐廳為對象進行實證研究，以驗證劇場理論在服務接觸的應用效果。所謂「西餐廳」，指提供歐式或美式餐食為主，正餐內容包含開胃菜（appetizer）、湯（soup）、主菜（entree）、副菜（main course）、甜點（dessert）等項目，採取美式服務（plate service）或銀器服務（silver service），並由服務人員提供完整的點餐、送餐與到菜服務之餐廳。

二、相關文獻回顧

(一)劇場理論在服務接觸的相關研究

Grove 與 Fisk（1983）認為服務接觸涉及服務供應者與接受者雙方的互動，在行為面的觀點上與劇場有許多相似之處，引進劇場觀點來詮釋服務接觸的互動過程，強調在服務劇場中，演員與觀眾（服務供應者與顧客）會帶著各自的角色來編織劇本，並且依照劇本來進行表演。Grove 與 Fisk（1992）的劇場觀點為基礎，使用1.演員：服務的提供者（服務人員）；2.觀眾：服務的接受者（顧客）；3.場景：服務發生的地點（服務環境）；4.表演：服務本身（服務接觸）四個劇場組成元素，提出「服務劇場」的觀念性架構，將服務接觸比喻為在服務劇場中的一項「表演」。Grove、Fisk 與 Dorsch（1998）以旅遊服務進行實證研究，發現四個劇場組成元素對服務滿意度都有相當程度的影響效果。

(二)角色理論在服務接觸的相關研究

Solomon 等人（1985）認為服務接觸是服務供應者與接受者雙方之間互動的心理現象，雙方皆扮演特定的角色，去達成特定的目的，引用「角色理論」的觀點，來說明服務接觸的動態互動關係，將顧客滿意定義為：「知覺與期望的角色行為一致性的函數」。Bitner、Booms 與 Tetreault（1990; 1994）認為，當「顧客」與「服務人員」分享共同的「角色期望」與良好定義的「服務腳本」愈多，二者在服務接觸的共同性也愈高，在許多例行性的服務接觸中，尤其是有經驗的顧客與服務人員，其所扮演的角色經過良好的定義，顧客與服務人員都知道彼此的期望是什麼，Bither 等人並且以美國的航空、旅館、餐飲業進行實證研究，將導致服務接觸顧客滿意／不滿意的主要因素歸納為：「員工對服務傳遞系統失誤的回應」、「員工對顧客需要與要求的回應」、「員工自發行為」與「問題顧客行為」四大類，但是由「顧客」觀點所獲得的結論，與由「服務人員」觀點所獲得的結論有明顯的差異。

(三)腳本理論在服務接觸的相關研究

Smith 與 Houston（1983）從認知心理學的觀點來探討顧客期望的形成，將顧客的期望視為顧客心中一系列有順序的認知腳本，結合「期望—不一致」理論與「腳本結構」，將服務滿意定義為：「腳本期望被符合的程度」。Alford（1993）進一步引用「腳本」觀點，將服務滿意定義為：「若供應者所提供之

服務與顧客心中之認知腳本有著相同的動作、順序，則顧客心中會因為腳本符合而形成滿意」，而腳本不符合的原因有三：1.服務供應者加入了非顧客心中的腳本；2.顧客心中認知的腳本動作被服務供應者刪除；3.服務供應者雖然表現了顧客心中認知的腳本，但是次序卻與顧客不相同。Leong、Busch與Deboah（1989）運用腳本分析方法，比較有效益與無效益銷售人員，在典型與非典型情境下的表現差異，發現有效益的壽險銷售人員的腳本堆砌較多，也較有能力找到腳本特點，其腳本應變能力亦較強，並且會由不同的銷售經驗中摘錄出共同的規則性。Bitner等人（1994）認為許多型態的服務接觸，例如顧客在一家餐廳中的情境，是一個人終其一生，經過無數次重複的強化、標準化、充分預演過的腳本。所以，當服務接觸有強的腳本，顧客與服務人員對於將會發生的事件與順序會有共同的期望，因此建議顧客與服務人員在服務經驗上儘可能地分享共同的觀點。

凌儀玲（2000）使用顧客認知服務腳本對「牙科就診」與「美髮」進行實證研究，證實對於熟悉的服務而言，無論是服務供應者或顧客心中都存有認知服務腳本，但雙方的腳本步驟不盡一致。服務供應者的腳本堆砌要較顧客來得更為詳細，但是雙方的腳本起點並不相同，顧客的腳本起點要早於服務供應者，而且顧客對腳本期望失驗的結果，會影響其對服務供應者印象、專業表現、服務滿意以及再購意圖。郭德賓（2004）以正式西餐廳進行實證研究，證實一位有經驗的顧客或服務人員，在服務接觸之前，心中確實存有認知服務腳本，但是二者的認知服務腳本，會因為在服務傳遞過程中所扮演角色的不同而有所差異。

四 服務藍圖在服務接觸的相關研究

由於服務業具有無形性，服務的傳遞過程看不見、摸不著，不易清楚地具體描述。因此，Shostack（1985）使用「服務藍圖」來描述服務的傳遞過程。服務藍圖源自工業工程、決策理論及系統分析三個領域，綜合應用1.工業工程所發展出完善之圖示語言並賦予特殊符號意義，以客觀量化方式描述工作流程和作業活動；2.決策理論之完整符號語言解析過程以描述性過程幫助判斷、評估或選擇最適方案；3.系統分析提供特殊的圖示符號和描述語言，有效處理相關性、順序和依存關係（謝寶媛，1997）。由於使用服務藍圖可以清晰地描述服務接觸的步驟與過程，使無形的服務變得更為具體有形化。因此，李銓、黃旭男與陳慧如（2001）以服務藍圖來建構國家公園解說服務流程，找出服務藍圖之失誤

點，研擬改善服務品質策略。

　　經由前述的文獻回顧可知，在 Grove 與 Fisk（1983）提出服務劇場的觀點來隱喻服務接觸的互動過程，指引出服務接觸顧客滿意的研究方向之後，雖然有學者提出類似的觀點予以呼應。但是，Solomon 等人（1985）只提出「角色理論」的觀念與命題，並未提出具體的研究架構與方法。Bitner 等人（1990; 1994）雖然引用「角色理論」的觀點，分別從「顧客」與「服務人員」的角度來探討服務接觸顧客滿意／不滿意的形成原因，但只提出一個靜態的分類架構，而未能顯示動態的互動過程。凌儀玲（2000）、Alford（1993）雖然使用「認知腳本」來探討服務接觸的互動過程，但是郭德賓（2004）的研究指出，以往學者只萃取超過40%受訪者提及的動作來發展核心服務腳本，過於簡化服務接觸的複雜過程，只能得到極為粗略的認知服務腳本，無法反映實際的服務流程。由此可見，雖然有許多學者嘗試引用不同的理論與方法來探討服務接觸的互動過程，但是仍有美中不足之處。所以，如果能夠整合不同學者的觀點，建立一個劇場觀點下的服務接觸分析架構，不但能夠具體描述服務接觸的互動過程，而且可以讓參與服務接觸的雙方學習如何表現出適當的角色行為，將有助於控制整個服務接觸過程與品質，不論在學術研究或實務應用上，均有相當的助益與貢獻。

三、實證研究方法

㈠研究架構

　　依據前述的文獻回顧，引用 Grove 與 Fisk（1992）的劇場觀點，以「演員」（服務的提供者、服務人員）、「觀眾」（服務的接受者、顧客）、「場景」（服務發生的地點、服務環境）、「表演」（服務本身、服務接觸），四個劇場組成要素來建構西餐廳的服務劇場。然後，引用 Solomon 等人（1985）的「角色觀點」，分別從「顧客」與「服務人員」的角度，來探討西餐廳服務接觸的互動過程，使用 Alford（1993）的「認知腳本」方法，找出顧客與服務人員心中的認知服務腳本，並且比較二者之間的差異性，建立研究架構，並且提出下列三個研究假設：

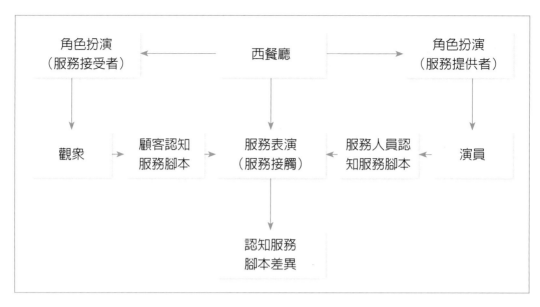

圖11-1　研究架構圖

H1：在西餐廳的例行性服務接觸中，一位有消費經驗的顧客，在服務接觸之前心中已經存有認知服務腳本。

H2：在西餐廳的例行性服務接觸中，一位有服務經驗的服務人員，在服務接觸之前心中已經存有認知服務腳本。

H3：在西餐廳的例行性服務接觸中，顧客與服務人員的認知服務腳本，會因為角色扮演的不同而有所差異。

(三)研究方法

1.問卷設計

本研究的問卷分為「顧客」與「服務人員」二種，分別使用「白色」與「黃色」紙張印製以茲區別，問卷內容包含三大部分：

(1)研究說明

由於受訪者必須是具有消費或服務經驗之西餐廳顧客或服務人員。因此，於問卷開頭使用「文字敘述」方式，說明研究範圍與對象，並且以「開放式問項」請受訪者列出餐廳名稱，以供研究人員確認是否符合研究範圍，不符合者列為無效問卷。

(2)認知服務腳本

由於「認知服務腳本」是一個非常抽象的概念，為了避免受訪者不知如何

填答問卷，因此使用舉例方式加以說明。但是，為了避免所舉的案例會誘導受訪者，所以列舉與本研究無關的「到火車站搭火車」為例，以①察看火車時刻表；②打電話預訂車票；③坐計程車到火車站；④到售票櫃檯取票；⑤在候車室等候；⑥剪票進入月台；⑦火車準時到站；⑧上車尋找座位；⑨將行李放上行李架；⑩坐在位置上休息；⑪取用茶水；⑫上廁所；⑬火車到站；⑭拿行李；⑮下車過月台；⑯出月台驗票；⑰坐上計程車；⑱離開火車站等18個腳本動作，說明如何描述認知服務腳本。然後，使用30個連續編號的「開放式問項」，請受訪者描述到西餐廳用餐的步驟與服務人員的服務過程。

⑶受訪者基本資料

使用「名目尺度」，調查顧客的「性別」、「年齡」，以及服務人員的「性別」、「年齡」、「工作年資」等基本資料。

2. 認知服務腳本的收集

目前在認知腳本的相關研究中，學者大多使用 Bower、Black 與 Turner（1979）所提出的「回溯自我評量法（retrospective self-measures method）」來發展認知服務腳本（凌儀玲，2000；Alford, 1993），其主要步驟如下：

⑴自我記錄（self report）

由受試者以回溯自由聯想方式，將服務接觸過程的步驟，依照前後順序以條列方式寫出所有的動作。

⑵腳本萃取（script elicit）

將受試者自我記錄下的腳本動作，整理統計各項動作所發生比例，將超過40%受試者提及的動作萃取出來，作為核心服務腳本。

⑶腳本配對（comparison pair）

將核心服務腳本中，動作與動作之間的優先順序作一番檢視，以行列圖記錄各項動作的發生次數，比較其出現頻率之高低，調整動作之先後順序。

3. 認知服務腳本的檢核

由於認知服務腳本的紀錄、萃取與配對屬於質性研究，無法使用量化的統計分析方法來驗證研究假設。所以，參考 Bower 等人（1979）的方法，在紀錄顧客與服務人員的認知服務腳本之後，先由二位具有餐飲業實務經驗之研究人員，獨立檢視受訪者自我紀錄之認知服務腳本，使用「行列圖」記錄各項動作的優先發生次數。然後，由第三位研究人員進行比對，將二人統計不一致的項目提出討

論，再由二人重新審視並且加以調整，以提高內在判定信度。最後，由研究人員將超過40%受訪者提及的核心認知服務腳本，使用「腳本配對表」，檢核各項核心認知服務腳本是否符合時間上的先後順序，並且進行必要的腳本動作順序調整，以檢測外在判定信度與內容效度。

4.服務藍圖的繪製

由於郭德賓（2004）的研究指出，以往學者只萃取超過40%受訪者提及的動作來發展核心服務腳本的方法，過於簡化服務接觸的複雜過程，只能得到極為粗略的認知服務腳本，不但無法反映實際的服務流程，而且可能遺漏許多有用的管理資訊。所以，參考 Abbott Black 與 Smith（1985）的方法，將腳本分為三個層次，最上層為「腳本起頭（script header）」，第二層為「腳本活動（script activity）」，最下層為「腳本動作（script actions）」。然後，以「到西餐廳用餐」作為第一層的腳本起頭，以超過40%受訪者提及的核心認知服務腳本作為第二層的腳本活動，以超過10%受訪者提及的認知服務腳本作為最下層的腳本動作，繪製西餐廳的服務接觸藍圖，並且請三位餐飲業的學者專家檢視，是否符合西餐廳的實際服務流程，以提升研究結果的內容效度與外部效度。

(三)資料收集

由於研究對象必須是具有特定消費或服務經驗之西餐廳顧客或服務人員，而且受訪者必須詳細描述服務接觸的步驟與過程，如果採取「機率抽樣法」，受限於研究時間與經費，恐怕不易執行。所以，使用「立意抽樣法」，以便迅速過濾不具研究主題經驗的受訪者，以提高資料收集的速度與正確性。然後，由國立高雄餐旅學院餐飲管理科系學生300人，在進行訪談訓練與前驅測試之後，利用三明治教學校外餐廳實習期間，每人訪問西餐廳的服務人員1人與顧客2人，以收集研究所需資料，總共發出900份問卷，扣除無效問卷163份之後，回收有效問卷737份，有效問卷回收率81.9%。在473份顧客有效問卷中，男性38%，女性62%，年齡在16～65歲之間；在264份服務人員有效問卷中，男性39%，女性61%，年齡在20～50歲之間，工作年資在3個月至5年之間，經檢視後並未發現與研究母體之間有重大的差異。

四、資料處理分析

(一)顧客與服務人員認知服務腳本的自我記錄

　　將問卷調查所獲得的資料，由二位具有餐飲業實務經驗之研究人員，獨立檢視受訪者自我紀錄之認知服務腳本，使用「行列圖」記錄各項動作的優先發生次數，分別得到102個顧客認知服務腳本，以及111個服務人員認知服務腳本。

表11-1　顧客與服務人員認知服務腳本紀錄表

	顧客	（n=473）		認知服務腳本	服務人員	（n=264）	
	百分比	次數	編號		次數	百分比	
○	10.8	51	1	電話詢問（預約訂位）	31	11.7	○
			2	事前準備（環境清潔）	7	2.7	
			3	查看、安排訂位	8	3.0	
	1.9	9	4	尋找停車位			
	1.5	7	5	代客泊車	1	0.4	
◎	44.6	211	6	迎賓	207	78.4	◎
○	13.1	62	7	詢問有無訂位	75	28.4	○
	3.4	16	8	查詢訂位（有訂位者）	14	5.3	
	3.4	16	9	請客人稍坐一下（無訂位者）	3	1.1	
○	23.9	113	10	詢問用餐人數	47	17.8	○
	6.7	32	11	詢問吸煙區或非吸煙區	38	14.4	○
	1.9	9	12	詢問有無理想座位	5	2.9	
◎	82.2	389	13	帶位	226	85.6	◎
	1.1	5	14	詢問座位是否滿意	9	3.4	
	7.0	33	15	拉椅子	35	13.3	○
○	16.5	78	16	協助客人入座	63	23.9	○
	8.7	41	17	攤口布	87	33.0	○
◎	66.6	315	18	倒水	203	76.9	◎
	7.0	33	19	遞冰（熱）毛巾	18	6.9	
	0.4	2	20	服務員自我介紹	6	2.3	
	6.3	30	21	介紹消費方式	22	8.3	
◎	58.6	277	22	遞菜單	169	64.0	◎
	3.8	18	23	遞酒單或飲料單	25	9.5	

（續接下表）

	顧客	（n=473）		認知服務腳本	服務人員		（n=264）
	百分比	次數	編號		次數	百分比	
○	17.3	82	24	介紹及解說菜單	46	17.4	○
	9.7	46	25	推薦菜單	32	12.1	○
	3.4	16	26	推薦酒或飲料	45	17.0	○
	1.9	9	27	詢問客人有無特殊口味偏好	2	0.8	
	6.8	32	28	給客人時間決定餐點	19	7.2	
◎	74.0	350	29	點菜	173	65.5	◎
	0.8	4	30	詢問牛排熟度及佐料	77	29.2	○
	7.2	34	31	點酒、飲料	26	9.8	
	1.9	9	32	詢問飲料餐前、餐中、餐後上	7	2.7	
	7.4	35	33	覆誦菜單	26	9.8	
	1.1	5	34	收菜單、酒單	2	0.8	
	5.3	25	35	請客人等候上菜	2	0.8	
			36	送點餐單至吧台、廚房及出菜口	45	17.0	○
○	15.2	72	37	依所點菜餚更換正確餐具	49	18.6	○
			38	至出菜口出菜	7	2.7	
	1.1	5	39	巡桌一（隨時注意客人的需求）	4	1.5	
			40	開酒之前將酒拿給客人確認	2	0.8	
	1.1	5	41	開酒	2	0.8	
	0.8	4	42	試酒	1	0.4	
	1.1	5	43	倒酒	3	1.1	
○	10.1	45	44	服務酒或飲料	50	18.9	○
	1.3	6	45	巡桌二（隨時注意客人的需求）	8	3.0	
○	16.7	79	46	上麵包、奶油	61	23.1	○
	3.8	18	47	收麵包籃	8	3.0	
○	10.4	49	48	上開胃菜	38	14.4	○
	3.8	18	49	收開胃菜的餐具	29	11.0	○
○	22.6	107	50	上湯	85	32.2	○
	8.7	41	51	收湯的餐具	49	18.6	○
○	15.4	73	52	上沙拉	48	18.2	○
	4.4	21	53	收沙拉盤及餐具	27	10.2	○
	5.9	28	54	巡桌三（隨時注意客人的需求）	28	10.6	○

（續接下表）

服務品質與顧客關係管理——理論與實務

顧客	（n=473）			認知服務腳本	服務人員		（n=264）
百分比	次數	編號			次數	百分比	
7.0	33	55	上前菜		33	12.5	○
2.3	11	56	收前菜的餐具		20	7.6	
		57	收秀盤（ShowPlate）		5	1.9	
2.1	10	58	上佐餐酒、飲料		4	1.5	
0.4	2	59	上菜前通知一下客人		3	1.1	
◎ 88.2	417	60	上主菜		193	73.1	◎
1.7	8	61	告知客人此道菜名		5	1.9	
4.7	22	62	解釋吃法及分菜服務		6	2.3	
2.3	11	63	提供主菜醬汁		7	2.7	
0.8	4	64	上配菜		4	1.5	
4.9	23	65	請客人慢用		5	1.9	
○ 23.5	111	66	巡桌四（隨時注意客人的需求）		99	37.5	○
9.5	45	67	詢問客人對菜色的意見		28	10.6	○
2.5	12	68	注意客人餐點是否已用完畢		4	1.5	
◎ 45.2	214	69	收主菜的餐具		159	60.2	◎
○ 20.7	98	70	清理桌面		95	36.0	○
		71	收佐餐酒杯		5	1.9	
		72	撤鹽和胡椒罐		2	0.8	
		73	讓客人稍做休息		2	0.8	
0.4	2	74	提供牙籤給客人		4	1.5	
○ 10.4	49	75	詢問、介紹餐後甜點、飲料		45	17.0	○
1.7	8	76	擺設甜點餐具		25	9.5	
◎ 45.2	214	77	上餐後甜點		123	46.6	◎
◎ 40.6	192	78	上餐後飲料		118	44.7	◎
0.6	3	79	注意是否有菜沒出		2	0.8	
2.3	11	80	收甜點的餐具		16	6.0	
7.8	37	81	上水果		8	3.0	
5.5	26	82	收水果盤		10	3.8	
7.4	35	83	巡桌五（隨時注意客人的需求）		18	6.8	
0.6	3	84	告知客人餐點已全部上完		1	0.4	
1.5	7	85	注意客人是否用餐完畢		8	3.0	

（續接下表）

顧客	（n=473）		認知服務腳本	服務人員		（n=264）
百分比	次數	編號		次數	百分比	
4.2	20	86	詢問客人是否加點東西	10	3.8	
3.0	14	87	指引客人至化妝室	1	0.4	
0.2	1	88	送來要打包的東西			
7.2	34	89	用餐結束	5	1.9	
4.0	19	90	將帳單送至客人桌上	19	7.2	
○ 14.2	67	91	詢問客人滿意度、意見	57	21.6	○
0.4	2	92	回答客人問題	4	1.5	
0.2	1	93	有問題或意見者回報主管處理	1	0.4	
3.0	14	94	請客人填寫顧客意見表	13	4.9	
3.2	15	95	指引客人至櫃檯結帳	10	3.8	
4.0	19	96	幫客人買單	35	13.3	○
2.3	11	97	客人自行買單	15	5.7	
1.3	6	98	說明及確認帳單內容	4	1.5	
1.5	7	99	詢問付款方式	15	5.7	
0.8	4	100	詢問客人有無會員卡、優待券	1	0.4	
0.6	3	101	詢問統一編號	6	2.3	
◎ 76.7	363	102	結帳（開立發票、找零）	198	75.0	◎
0.2	1	103	客人給予服務人員小費			
0.6	3	104	核對簽帳卡、信用卡	3	1.1	
1.1	5	105	蓋停車券	10	3.8	
2.1	10	106	送贈品或優待券	2	0.8	
		107	查看客人有無遺漏東西	4	1.5	
0.8	4	108	與客人交換名片	1	0.4	
○ 16.3	77	109	微笑致謝	68	25.8	○
◎ 39.5	187	110	送客人至門口	190	72.0	◎
0.6	3	111	泊車人員將車開至門口	1	0.4	
		112	客人給予泊車人員小費	1	0.4	
○ 12.7	60	113	離開	9	3.4	
		114	清理桌面，等待下一位客人	78	29.5	○

◎：40%以上受訪者提及，○：10%以上受訪者提及

(二)顧客與服務人員認知服務腳本的萃取

參考 Bower 等人（1979）的建議，將在顧客與服務人員認知服務腳本紀錄表中，超過40%受訪者提及的動作萃取出來，得到「迎賓」、「帶位」、「倒水」、「遞菜單」、「點菜」、「上主菜」、「收主菜的餐具」、「上餐後甜點」、「上餐後飲料」、「結帳」、「送客人至門口」等11個核心認知服務腳本。

(三)顧客與服務人員認知服務腳本的配對

將前述11個顧客與服務人員的核心認知服務腳本，以「行列圖」記錄各項動作的優先發生次數，使用「配對法」檢核是否符合時間上的先後順序。例如：在「顧客核心認知服務腳本配對表」中，（第4行，第3列）=151的含意是：在473位受訪者中，認為「倒水」應出現在「遞菜單」之前的受訪者有151人，而對角線位置（第3行，第4列）=66的含意是：在473位受訪者中，認為「遞菜單」應出現在「倒水」之前的受訪者有66人。由此可見，認為「倒水」應出現在「遞菜單」之前的受訪者（151人），要比認為「遞菜單」應出現在「倒水」之前的受訪者（66人）來得多，所以「倒水」應列在「遞菜單」之前。反之，如果認為「遞菜單」應出現在「倒水」之前的受訪者較多，則「倒水」與「遞菜單」二個動作出現的先後順序就應該互調。因此，經由顧客與服務人員核心認知服務腳本配對表的檢核可知，並無任何需要更動順序的動作。

表11-2　顧客核心認知服務腳本配對表（n = 473）

腳本	迎賓	帶位	倒水	遞菜單	點菜	上主菜	收餐具	上甜點	上飲料	結帳	送客
迎賓	/	157	144	111	124	123	141	72	92	151	136
帶位		/	198	155	170	173	191	111	126	205	183
倒水			/	116	168	178	173	112	129	195	170
遞菜單			45	/	163	168	137	108	114	152	142
點菜			8		/	181	145	113	118	173	153
上主菜						/	154	117	109	171	158
收餐具						2	/	97	93	178	160
上甜點							2	/	78	108	97
上飲料					3	15	26	21	/	122	114
結帳										/	184
送客							1			3	/

表11-3　服務人員核心認知服務腳本配對表（n=264）

腳本	迎賓	帶位	倒水	遞菜單	點菜	上主菜	收餐具	上甜點	上飲料	結帳	送客
迎賓	/	151	130	113	158	157	120	86	82	162	106
帶位		/	283	247	319	336	266	165	166	350	167
倒水			/	151	238	283	211	162	157	278	143
遞菜單		66	/	251	262	177	146	142	238	121
點菜		42		/	361	235	179	176	329	156
上主菜		9			/	240	191	174	335	162
收餐具					6	/	126	111	258	135
上甜點						9	/	93	171	93
上飲料					17	27	44	/	171	96
結帳									/	169
送客									2	/

(四)顧客與服務人員認知服務腳本的建立

　　參考Abbott等人（1985）的方法，將腳本分為三個層次，以「到西餐廳用餐」作為第一層的「腳本起頭」，以超過40%受訪者提及的核心認知服務腳本作為第二層的「腳本活動」，以超過10%受訪者提及的認知服務腳本作為最下層的「腳本動作」，得到「西餐廳服務接觸顧客與服務人員認知服務腳本對照表」，其中包含「迎賓」、「帶位」、「倒水」、「遞菜單」、「點菜」、「上主菜」、「收主菜的餐具」、「上餐後甜點」、「上餐後飲料」、「結帳」、「送客」等11個主要的腳本活動，以及28個顧客腳本動作與42個服務人員腳本動作。由此可見，在西餐廳的例行性服務接觸過程中，顧客與服務人員在經歷多次的行為重複與經驗強化之後，對將會發生的事件與事件發生的順序會有所期望，進而形成特定的認知服務腳本。所以，研究假設一：在西餐廳的例行性服務接觸中，一位有消費經驗的顧客，在服務接觸之前心中已經存有認知服務腳本，以及研究假設二：在西餐廳的例行性服務接觸中，一位有服務經驗的服務人員，在服務接觸之前心中已經存有認知服務腳本，分別獲得支持。

表11-4　西餐廳服務接觸顧客與服務人員認知服務腳本對照表

腳本活動	腳本動作	顧客	服務人員
迎賓	電話詢問（預約訂位）	○	○
↓	迎賓	○	○

（續接下表）

腳本活動	腳本動作	顧客	服務人員
帶位	詢問有無訂位	○	○
↓	詢問用餐人數	○	○
↓	詢問吸煙區或非吸煙區		○
↓	帶位	○	○
↓	拉椅子		○
↓	協助客人入座	○	○
↓	攤口布		○
倒水	倒水	○	○
遞菜單	遞菜單	○	○
↓	介紹及解說菜單	○	○
↓	推薦菜單		○
↓	推薦酒或飲料		○
點菜	點菜	○	○
↓	詢問牛排熟度及佐料		○
↓	送點餐單至吧台、廚房及出菜口		○
↓	依所點菜餚更換正確餐具	○	○
上主菜	服務酒或飲料	○	○
↓	上麵包、奶油	○	○
↓	上開胃菜	○	○
↓	收開胃菜的餐具		○
↓	上湯	○	○
↓	收湯的餐具		○
↓	上沙拉	○	○
↓	收沙拉盤及餐具		○
↓	巡桌三（隨時注意客人的需求）		○
↓	上前菜		○
↓	上主菜	○	○
↓	巡桌四（隨時注意客人的需求）	○	○
↓	詢問客人對菜色的意見		○
收主菜的餐具	收主菜的餐具	○	○
↓	清理桌面	○	○
上餐後甜點	詢問、介紹餐後甜點、飲料	○	○
↓	上餐後甜點	○	○

（續接下表）

腳本活動	腳本動作	顧客	服務人員
上餐後飲料	上餐後飲料	○	○
結帳	詢問客人滿意度、意見	○	○
↓	幫客人買單		○
↓	結帳（開立發票、找零）	○	○
送客	微笑致謝	○	○
↓	送客人至門口	○	○
↓	離開	○	
↓	清理桌面，等待下一位客人		○

(五)顧客與服務人員認知服務腳本的比較

由前述顧客與服務人員認知服務腳本對照表可知，在西餐廳的服務接觸中，顧客的認知服務腳本包含28個腳本動作，服務人員的認知服務腳本包含42個腳本動作，但是二者的腳本步驟並不一致，例如：「離開」只出現在顧客的認知服務腳本中，而「詢問吸煙區或非吸煙區」、「拉椅子」、「攤口布」、「推薦菜單」、「推薦酒或飲料」、「詢問牛排熟度及佐料」、「送點餐單至吧台、廚房及出菜口」、「收開胃菜的餐具」、「收湯的餐具」、「收沙拉盤及餐具」、「巡桌三（隨時注意客人的需求）」、「上前菜」、「詢問客人對菜色的意見」、「詢問客人對菜色的意見」、「幫客人買單」、「清理桌面，等待下一位客人」等16個腳本動作，只出現在服務人員的認知服務腳本中。由此可見，在西餐廳的服務接觸中，由於服務人員是扮演服務提供者的角色，而顧客是扮演服務接受者的角色，所以服務人員的腳本堆砌要比顧客來得更為詳細，此一研究結論與凌儀玲（2000）、郭德賓（2004）的研究結果相符。所以，研究假設三，在西餐廳的例行性服務接觸中，顧客與服務人員的認知服務腳本，會因為角色扮演的不同而有所差異，獲得支持。

(六)繪製服務流程圖

依據前述的西餐廳服務接觸顧客與服務人員認知服務腳本對照表，依照 Abbott 等人（1985）的腳本三個層次，以「到西餐廳用餐」作為第一層的「腳本起頭」，以超過40%受訪者提及的核心認知服務腳本作為「腳本活動」，以超過10%受訪者提及的認知服務腳本作為「腳本動作」，使用 Shostack（1985）所提出的「服務藍圖」概念，繪製西餐廳的服務接觸藍圖，並且請三位餐飲業的學者專家檢視，以符合西餐廳的實際服務流程。

 顧客　　　　　到西餐廳用餐　　　　服務人員

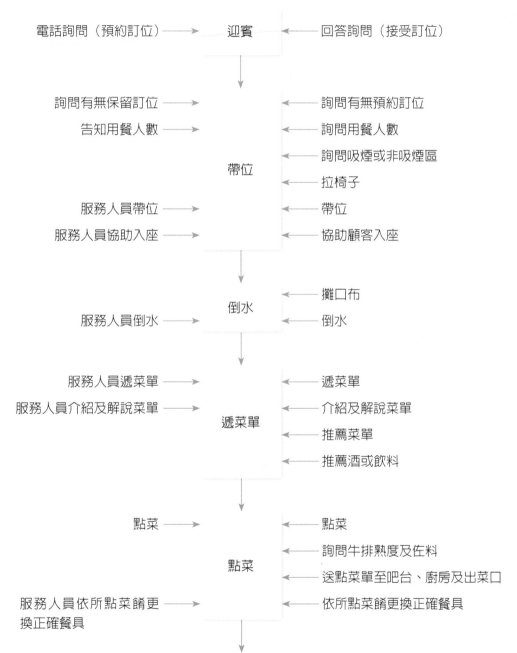

迎賓

電話詢問（預約訂位）→　　　　　　← 回答詢問（接受訂位）

帶位

詢問有無保留訂位 →　　　　　　← 詢問有無預約訂位
告知用餐人數 →　　　　　　← 詢問用餐人數
　　　　　　　　　　　　　　← 詢問吸煙或非吸煙區
　　　　　　　　　　　　　　← 拉椅子
服務人員帶位 →　　　　　　← 帶位
服務人員協助入座 →　　　　　　← 協助顧客入座

倒水

　　　　　　　　　　　　　　← 攤口布
服務人員倒水 →　　　　　　← 倒水

遞菜單

服務人員遞菜單 →　　　　　　← 遞菜單
服務人員介紹及解說菜單 →　　　　　　← 介紹及解說菜單
　　　　　　　　　　　　　　← 推薦菜單
　　　　　　　　　　　　　　← 推薦酒或飲料

點菜

點菜 →　　　　　　← 點菜
　　　　　　　　　　　　　　← 詢問牛排熟度及佐料
　　　　　　　　　　　　　　← 送點菜單至吧台、廚房及出菜口
服務人員依所點菜餚更換正確餐具 →　　　　　　← 依所點菜餚更換正確餐具

圖11-2　西餐廳服務接觸藍圖

五、管理實務意涵

由顧客與服務人員認知服務腳本分析的結果可知，在西餐廳的例行性服務接觸中，顧客與服務人員在經歷多次的行為重複與經驗強化之後，心中已經存有認知服務腳本，並且依據此一認知服務腳本作為行為的指引。雖然，顧客與服務人員認知服務腳本的動作與順序大致相同，但是由於二者所扮演的角色不同，服務人員的腳本堆砌要比顧客來得更為詳細。但是，值得注意的是，部分顧客認知的服務腳本被服務人員提及的次數與比率偏低。由此可見，並不是每一個服務人員均能完整地列出顧客的認知服務腳本。因此，業者應該加強服務人員的教育訓練，讓每一位服務人員均能熟知標準的服務作業流程，以免因為遺漏或更動顧客認知服務腳本的順序，造成服務失誤而導致顧客不滿。

如果能夠將西餐廳服務接觸過程，轉換成例行性的儀式化行為，讓參與服務接觸的顧客與服務人員，學習如何表現出適當的角色行為，將有助於控制整個服務接觸過程與品質。所以，西餐廳業者在管理服務接觸時，不應只是抽象地告訴服務人員要「以客為尊」，或是要讓顧客感到「賓至如歸」，而是要更清楚的讓服務人員瞭解顧客期望得到的是什麼，而服務人員又必須做些什麼。因此，西餐廳業者可以應用研究結果，進行服務人員的教育訓練，讓服務人員瞭解在服務接觸的過程中，顧客與服務人員所扮演的角色，以及顧客對於服務人員的期望，演出符合顧客期望的服務腳本，以避免服務失誤的發生，甚至加入超越顧客期望的服務腳本，以大幅提升顧客滿意度。

在西餐廳的服務接觸過程中，服務人員已經能夠列出大部分的顧客認知服務腳本。但是，對許多表現傑出的標竿企業而言，它們不只希望所提供的服務能夠符合顧客的期望，讓顧客感到「滿意（satisfaction）」，更希望能夠超越顧客的期望，讓顧客感到「喜悅（cheer）」。所以，在顧客與服務人員認知服務腳本紀錄表中，雖然有些認知服務腳本被服務人員提及的比率未達10%，例如：「詢問有無理想座位」、「詢問座位是否滿意」、「服務員自我介紹」、「介紹消費方式」、「詢問客人有無特殊口味偏好」、「給客人時間決定餐點」、「請客人等候上菜」、「上菜前通知客人」、「解釋吃法及分菜服務」、「請客人慢用」、「提供牙籤給客人」、「告知客人餐點已全部上完」、「送贈品或優待券」、「查看客人有無遺漏東西」等腳本動作，但是如果服務人員能夠主動將其列入認知服務腳本中，將可超越顧客的期望，形成正向的「期望—不一致」，讓顧客感到「喜悅」。反之，雖然有些顧客認知服務腳本被提及的比率未達10%，

例如：「詢問吸煙區或非吸煙區」、「覆誦菜單」、「詢問牛排熟度及佐料」、「開酒之前將酒拿給客人確認」、「試酒」、「注意是否有菜沒出」、「送來要打包的東西」、「回答客人問題」、「有問題或意見者回報主管處理」、「詢問客人有無會員卡、優待券」、「蓋停車券」等腳本動作，但是如果服務人員將其遺漏未列入認知服務腳本中，可能會因為未能符合顧客的期望，形成負向的「期望——不一致」，導致服務失誤而讓顧客感到不滿意。

李銓、黃旭男與陳慧如（2001）。以服務藍圖建構國家公園解說服務流程。二十一世紀觀光發展學術研討會論文集，149-165。

凌儀玲（2000）。服務接觸中認知腳本之研究（未出版博士論文）。國立中山大學企業管理學研究所，高雄市。

郭德賓（2004）。使用認知腳本來評量專業服務的傳遞過程：正式西餐廳之實證研究。產業管理學報，5（2），411-430。

謝寶媛（1997）。我國台灣地區公共圖書館讀者服務涉入之研究（未出版博士論文）。國立交通大學管理科學研究所，新竹市。

Abbott, V., Black, J.B., & Smith, E.E. (1985). The Representation of scripts in memory. *Journal of Memory and Language,* 24(2), 179-199.

Alford, B. L. (1993). *A framework for assessing consumer satisfaction with credence bases services: A cognitive script approach.* Doctoral Dissertation, The Louisiana State University.

Bitner, M. J., Booms, B. H., & Tetreault, M. S. (1990). The service encounter: diagnosing favorable and unfavorable incident. *Journal of Marketing*, 54(January), 77-84.

Bitner, M. J., Booms, B. H., & Mohr, L. A. (1994). Critical service encounters: The employee's viewpoint. *Journal of Marketing,* 58 (October), 95-106.

Bower, G. H., Black, J. B., & Turner, T. J. (1979). Scripts in memory for text. *Cognitive Psychology,* 11 (2), 177-220 .

Grove, S. J. & Fisk, R. P. (1983). The dramaturgy of service exchange: An analytical framework for service marketing. In L. L. Berry, G. L. Shostack, & G. D. Upah (Eds.), *Emerging Perspectives on Service Marketing* (pp.47-51). Chicago, IL: American Marketing Association.

Grove, S. J., & Fisk, R. P. (1992). The service experience as theater. In J. E. Jr., Sherry, & B. Sternthal (Eds.). *Advance in Consumer Research* (pp.455-461). Provo, UT : Association for Consumer Research.

Grove, S. J., Fisk, R. P., & Dorsch, M. J. (1998). Assessing the theatrical components of the service encounter: A cluster analysis examination. *The Service Industries Journal,* 18(3), 116-134.

Leong, S. M., Busch, P. S., & Deboah, R. J. (1989). Knowledge bases and salesperson effectiveness: A script-theoretic analysis. *Journal of Marketing Research,* 26(2), 164-178.

Oliver, R. L. (1980). A cognitive model of the antecedents and consequences of satisfaction decisions. *Journal of Marketing Research,* 17(November), 460-469.

Parasuraman, A., Zeithaml, V. A., and Berry, L. L. (1985). A Conceptual Model of Service Quality and Its Implications for Future Research. *Journal of Marketing*, 49(Fall), 41-50.

Parasuraman, A., Zeithaml, V. A., & Berry, L. L. (1988). SERVQUAL: A multiple-item scale for measuring consumer perceptions of service. *Journal of Retailing,* 64 (Spring), 12-40.

Stauss, B. & Hentschel, B. (1992). Attribute-based versus incident-based measurement of service quality: Results of an empirical study within the German car service industry. In P. Kunst, & J. Lemmink (Eds.). *Quality Management in Service* (pp.59-78). Van Gorcum, Assen / Maastricht.

Shostack, G. L. (1985). Planning the service encounter. In J. A. Czepiel, M. R. Solomon, & C. F. Surprenant (Eds.). *The Service Encounter* (pp.243-254). Lexington, MA: Lexington Books.

Smith, R. A., & Houston, M. J. (1983). Script-based evaluations of satisfaction with service. In L. L. Berry, G. L. Shostack, & G. D. Upah (Eds.). *Emerging Perspectives on Service Marketing* (pp.59-62). Chicago, IL: American Marketing Association.

Solomon, M. R., Surprenant, C., Crepiel, J. A., & Gutman, E. G. (1985). A role theory perspective on dyadic interactions: The service encounter. *Journal of Marketing,* 49(Winter), 99-111.

Swan, J. E. & Bowers, M. R. (1998). Service quality and satisfaction: The process of people doing things together. *Journal of Service Marketing,* 12(1), 59-72.

第十二章

顧客滿意、服務失誤與服務補救類型分析[1]

重點
大綱

---

[1] 郭德賓（2004）。餐飲業顧客滿意、服務失誤與服務補救類型分析：台灣地區餐廳之研究。觀光研究學報，10 （2），69-94。

問題思考

所有服務業的最終目標，都是希望能夠讓顧客滿意。但是，究竟什麼事情會讓顧客感到滿意？什麼事情會讓顧客感到不滿意？

問題提示

所有科學知識最基本的要件，就是建立一套完整的分類架構，就像生物學將所有的生物分門別類，化學將所有的元素建立一套化學元素表一樣。

問題解答

Bitner、Booms 與 Tetreault（1990）使用「關鍵事例技術法」，將導致服務接觸顧客滿意／不滿意的主要因素分為：「員工對服務傳遞系統失誤的回應（無法提供服務、不合理延遲時間、其他核心服務失誤）」、「員工對顧客需要與要求的回應（顧客特殊需求、顧客特別偏好、顧客自承錯誤、干擾其他顧客）」與「員工自發行為（對顧客的關照、不尋常的員工行為、文化規範下的員工行為、整體的經驗、處於極大壓力下的反應）」等三大類12項，為服務業建立了一套完整的分類架構。

一、研究背景動機

　　1985年代的服務業顧客滿意研究，研究的焦點主要集中在服務品質的形成與評量，並且使用量化的研究方法，企圖找出影響服務業顧客滿意的主要因素與構面（Parasuraman, Zeithaml & Berry, 1985; 1988）。到了1990年代，由於顧客滿意的相關研究已經相當成熟，學者們開始將研究的焦點轉到顧客不滿意議題的研究，並且引進質性的「關鍵事例技術法（Critical Incident Technique, CIT）」，探討服務失誤的分類與服務補救的方法，試圖對服務業顧客滿意／不滿意的形成進行更深入的分析。

　　Bitner、Booms 與 Tetreault（1990）首先以美國的航空、旅館、餐廳進行研究，從「顧客」的觀點探討導致服務接觸顧客滿意／不滿意的主要因素。

Bitner、Booms 與 Mohr（1994）再從「員工」的觀點進行分析，並且比較二者之間的差異性。Hoffman、Kelley 與 Rotalsky（1995）參考 Bitner 等人（1990）的分類架構，以美國的餐廳進行研究，提出餐飲業服務失誤與服務補救的分類架構。劉宗其、李奇勳、黃吉村與渥頓（2001）引用 Hoffman 等人（1995）的分類架構，以台灣的餐廳進行研究，發現此一分類架構在台灣雖可適用，但是在不同的文化背景下，各種類型所占的比例會略有差異。林玥秀、黃文翰與黃毓伶（2003）延續 Bitner 等人（1990）與 Hoffman 等人（1995）的研究，以台灣的餐廳進行研究，但是所得到的結論卻與二者有明顯的差異。

二、相關文獻回顧

 問題思考

什麼事情會讓顧客感到滿意或不滿意？從「顧客」的觀點或「服務人員」的觀點來看，是否一樣？

問題提示

Bitner、Booms 與 Tetreault（1990）從「顧客」的觀點進行分析，Bitner、Booms 與 Mohr（1994）從「服務人員」的觀點進行分析，得到了非常有趣的答案。

問題解答

Bitner、Booms 與 Tetreault（1990）將導致服務接觸顧客滿意／不滿意的主要因素分為：「員工對服務傳遞系統失誤的回應」、「員工對顧客需要與要求的回應」與「員工自發行為」三大類。Bitner、Booms 與 Mohr（1994）在原有的三種類型之外，再增加「問題顧客行為（酒醉、言語或身體的侮辱、違反公司政策及法令、不合作的顧客）」，將導致服務接觸顧客滿意／不滿意的主要因素分為四大類。

(一)服務接觸顧客滿意／不滿意相關研究

　　Bitner 等人（1990）使用「關鍵事例技術法」以美國的航空、旅館、餐廳進行研究，將導致服務接觸顧客滿意／不滿意的主要因素分為：「員工對服務傳遞系統失誤的回應（無法提供服務、不合理延遲時間、其他核心服務失誤）」、「員工對顧客需要與要求的回應（顧客特殊需求、顧客特別偏好、顧客自承錯誤、干擾其他顧客）」與「員工自發行為（對顧客的關照、不尋常的員工行為、文化規範下的員工行為、整體的經驗、處於極大壓力下的反應）」等三大類12項。然而，Bitner 等人（1990）的研究是由「顧客」的觀點進行分析，因此 Bitner 等人（1994）再增加「員工」的觀點，在原有的三種類型之外，再增加「問題顧客行為（酒醉、言語或身體的侮辱、違反公司政策及法令、不合作的顧客）」，將導致服務接觸顧客滿意／不滿意的主要因素分為四大類16項。

表12-1　員工與顧客觀點服務接觸顧客滿意／不滿意類型比較表

	滿意		不滿意		列合計	
	次數	百分比	次數	百分比	次數	百分比
1.員工對服務傳遞系統失誤的回應						
員工	109	27.5	195	51.7	304	39.3
顧客	81	23.3	151	42.9	232	33.2
2.員工對顧客需要與要求的回應						
員工	196	49.4	62	16.4	258	33.3
顧客	114	32.9	55	15.6	169	24.2
3.員工自發行為						
員工	89	22.4	37	9.8	126	16.3
顧客	152	43.8	146	41.5	298	42.6
4.問題顧客行為						
員工	3	0.8	83	22.0	86	11.1
顧客	0	0.0	0	0.0	0	0.0
行合計						
員工	397	51.3	377	48.7	774	100.0
顧客	347	49.6	352	50.4	699	100.0

資料來源：Bitner, Booms & Mohr (1994), p.101.

㈡餐飲業服務失誤與服務補救相關研究

 問題思考

Bitner、Booms 與 Mohr（1994）將導致服務接觸顧客滿意／不滿意的主要因素分為：「員工對服務傳遞系統失誤的回應」、「員工對顧客需要與要求的回應」與「員工自發行為」、「問題顧客行為」四大類。這樣的分類架構能否適用於台灣的服務業？

問題提示

服務業受到社會文化因素的影響很大，在不同文化背景下，可能會有所差異。

問題解答

Bitner、Booms 與 Mohr（1994）的分類架構，經過幾位學者的研究證實，依然可適用於台灣的服務業，只是在不同的文化背景下，二者的服務失誤與服務補救類型比率會略有差異。

　　Hoffman、Kelley 與 Rotalsky（1995）參考 Bitner 等人（1990）的分類架構，使用「關鍵事例技術法」以美國的餐廳進行研究，將服務失誤分為：「員工對服務傳送系統失誤的回應（產品缺失、服務緩慢／未獲得服務、設備缺失、餐食售完、政策不清、其他）」、「員工對顧客需要與要求的回應（座位問題、烹飪程序錯誤、其他）」、「員工自發行為（員工行為、點錯餐食、送錯餐食、帳目錯誤、其他）」等三大類14項，並且將服務補救分為：「食物免費」、「管理者出面解決」、「送優待券」、「更換餐食」、「折扣」、「更正」、「道歉」、「不做任何處理」等八大類，其中以「送優待券」、「折扣」、「管理者出面解決」比較能為顧客所接受，但是業者大多以「更換餐食」方式進行服務補救居多。

　　劉宗其、李奇勳、黃吉村與渥頓（2001）以台灣的餐廳為例，重複 Hoffman 等人（1995）的研究，將服務失誤分為：「員工對服務傳遞系統失誤的回應（產品缺失、緩慢／未獲得服務、設備缺失、餐食售完、政策不清、未依來客

順序服務、其他）」、「員工對顧客需要與要求的回應（座位問題、烹飪程序錯誤、其他）」、「員工自發行為（員工行為、點錯餐食、送錯餐食、餐點溢出、帳目錯誤）」等三大類15項，並且將服務補救分為：「食物免費」、「管理者出面解決」、「送優待券」、「更換餐食」、「折扣」、「更正」、「道歉」、「不做任何處理」、「責備顧客」、「其他」等十大類，其中以「食物免費」、「管理者出面解決」、「送優待券」、「更換餐食」的平均滿意度較高，以「不做任何處理」、「責備顧客」的平均滿意度較低。在與 Hoffman 等人（1995）的研究結論相對照之後，發現 Hoffman 等人（1995）的分類架構亦可適用於台灣的餐飲業，只是在不同的文化背景下，二者的服務失誤與服務補救類型比率會略有差異。

　　林玥秀、黃文翰與黃毓伶（2003）參考 Bitner 等人（1990）的分類架構，以台灣的餐廳進行研究，將服務失誤分為：「服務傳遞系統失誤（訂位失誤、接待餐點和準備工作、送錯餐食、部分餐食遺漏、餐食飲料完全未得到、餐食售完或無法提供、送餐速度不當、餐飲衛生缺失、餐飲品質缺失、餐中服務不佳、餐具問題、環境問題、設備缺失、政策認知差異、帳單失誤）」、「員工對顧客需要與要求的回應（要求特定座位、要求更換菜色、其他顧客問題）」與「員工自發行為（專業知識與衛生習慣欠佳、服務態度不佳、專業技術欠佳、欺騙客人）」等三大類22項，並且將服務補救分為：「全部消費免費」、「提供折扣」、「更正錯誤」、「額外補償」、「更換餐食」、「重新烹調」、「主管主動介入處理」、「顧客主動提出更正」、「顧客要求主管出面處理」、「換人服務」、「只有道歉」、「只有口頭說明」、「不滿更正錯誤方式」、「不做任何處理」、「錯誤擴大」、「欺騙或敷衍顧客」等十六大類，其中以「不做任何處理」、「更正錯誤」、「更換餐食」等三種服務補救最為普遍，以「全部消費免費」、「提供折扣」、「額外補償」、「主管主動介入處理」等四種服務補救的平均滿意度較高，而「錯誤擴大」、「不做任何處理」的平均滿意度較低。然而，大多數的受訪者對於業者所進行的服務補救，平均滿意度與再購意願均不高。

表12-2　餐飲業服務失誤分類比較表

學者	Hoffman, Kelley, Rotalsky（1995）	劉宗其、李奇勳、黃吉村、渥頓（2001）	林玥秀、黃文翰、黃毓伶（2003）
研究對象	美國餐飲業	台灣餐飲業	台灣餐飲業
一、員工對於服務傳遞系統失誤的回應			
產品缺失	✓	✓	
餐飲衛生缺失			✓
餐飲品質缺失			✓
服務緩慢／未獲得服務	✓	✓	
送餐速度不當			✓
餐食飲料完全未得到			✓
部分餐食遺漏			✓
設備缺失	✓	✓	
餐具問題			✓
環境問題			✓
餐食售完	✓	✓	✓
政策不清	✓	✓	
未依來客順序服務		✓	
訂位失誤			✓
接待餐點和準備工作			✓
餐中服務不佳			✓
帳單失誤			✓
其他	✓	✓	
二、員工對於顧客需要與要求的回應			
座位問題	✓	✓	✓
烹飪程序錯誤	✓	✓	
要求更換菜色			✓
其他顧客問題			✓
其他	✓	✓	
三、員工自發行為			
員工行為	✓	✓	
點錯餐食	✓	✓	
送錯餐食	✓	✓	✓

（續接下表）

學者	Hoffman, Kelley, Rotalsky（1995）	劉宗其、李奇勳、黃吉村、渥頓（2001）	林玥秀、黃文翰、黃毓伶（2003）
研究對象	美國餐飲業	台灣餐飲業	台灣餐飲業
帳目錯誤	✓	✓	
餐點溢出		✓	
專業知識與衛生欠佳			✓
服務態度不佳			✓
專業技術欠佳			✓
欺騙客人			✓
其他	✓	✓	

表12-3　餐飲業服務補救分類比較表

學者	Hoffman, Kelley, Rotalsky（1995）	劉宗其、李奇勳、黃吉村、渥頓（2001）	林玥秀、黃文翰、黃毓伶（2003）
研究對象	美國餐飲業	台灣餐飲業	台灣餐飲業
食物免費	✓	✓	✓
管理者出面解決	✓	✓	✓
送優待券	✓	✓	
更換餐食	✓	✓	✓
折扣	✓	✓	✓
更正	✓	✓	✓
道歉	✓	✓	✓
不做任何處理	✓	✓	✓
責備顧客		✓	
額外補償			✓
重新烹調			✓
顧客主動提出更正			✓
顧客要求主管出面處理			✓
只有口頭說明			✓
不滿更正錯誤方式			✓
錯誤擴大			✓
欺騙或敷衍顧客			✓
其他		✓	

三、實證研究方法

(一)研究架構

　　早期的服務業顧客滿意研究，學者們大多使用定量研究的方法來進行分析，以找出影響顧客滿意的相關因素。但是，Stauss 與 Hentschel（1992）認為使用定量研究的分析方法，只能瞭解是「什麼（what）」因素在影響顧客滿意度，而無法瞭解這些因素是「如何（how）」影響顧客滿意度。因此，近年來學者們開始引用定性研究的方法，從不同的角度對服務業顧客滿意進行研究。Dickens（1987）指出定性研究的目的並不是要提供有關顧客的數量性資訊，而是要發掘顧客的情感與動機。所以，使用定性研究的「關鍵事例技術法（CIT）」，來收集餐飲業的「顧客滿意」、「服務失誤」與「服務補救」關鍵事例，以瞭解在服務傳遞的過程中，顧客「為什麼」會感到滿意或不滿意的主要原因？

　　所謂「關鍵事例技術法」，係由 Flanagan（1954）所提出，最初的形式是由監督者記錄員工的重要行為，用於不同的員工評量與工作分析架構，視其是否為工作上所期待的行為，再將這些記錄的行為分類為特定的類別。由於 CIT 在工作分析與心理學方面之應用甚廣，近年來被許多學者運用於服務業行銷相關議題的研究。並且 CIT 是以開放式的問卷，紀錄特定事件發生的過程，進行質性的分析，而非以結構式的問卷，進行一般性的量化分析，對於服務接觸互動過程中，顧客滿意／不滿意的形成能夠提供更多的資訊，被認為是最適合使用於服務接觸顧客滿意／不滿意的研究方式（Nyquist, Bitner & Booms, 1985）。

　　所以，使用「關鍵事例技術法」，分別從「顧客」與「員工」的觀點，收集餐飲業服務接觸「顧客滿意」與「服務失誤」事件，並且參考 Bitner 等人（1994）的分類模式，分別建立「顧客滿意」與「服務失誤」的分類架構。其次，將服務失誤事件分為「顧客未抱怨」與「顧客抱怨」二大類。然後，將「顧客抱怨」事件依照餐廳的處理方式，分為「沒有補救」與「服務補救」二大類。最後，將服務補救事件分為「顧客滿意」與「顧客不滿意」二大類，建立「服務補救」的分類架構，並且分析不同顧客滿意、服務失誤、顧客抱怨／未抱怨、服務補救／沒有補救、補救後顧客滿意／不滿意類型的「整體滿意度」、「再度惠顧傾向」與「口碑宣傳意願」。

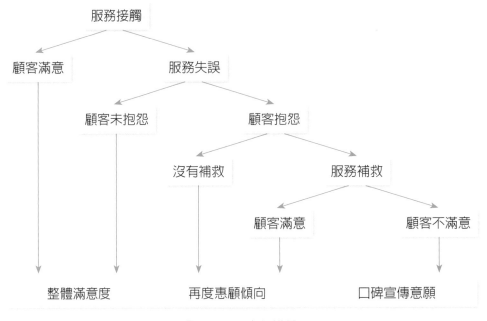

圖12-1　研究架構圖

　　主要分析步驟如下：1.將所收集的關鍵事例進行過濾，去除語意不清或無法判別的問卷，並將問卷進行編號；2.由二位具有行銷及基本分類知識，而且具有餐飲業實務經驗之研究人員，獨立作業進行分類；3.十天之後，二位研究人員就原問卷再重新分類一次，並檢測其內在判定信度；4.將二人歸類不同的項目提出討論，由二人重新審視並且加以調整；5.將所有問卷交給資深餐飲業專業人士，就二位研究人員之分類進行判定，以檢測外在判定信度與內容效度。

(二)研究方法

　　由於餐飲業涵蓋的範圍甚廣，以台灣地區擁有固定的營業場所，提供室內座位，並且有服務人員為顧客提供點餐與送餐服務的餐廳為研究範圍，不包含速食店、平價自助餐、啤酒屋、山／海產店、小吃店、泡沫紅茶店、路邊攤等。然而，由於研究對象必須是具有餐飲業服務接觸「顧客滿意」或「服務失誤」特定經驗之顧客或服務人員，而且要求受訪者詳細描述事件發生的過程。所以，採用「立意抽樣法」進行問卷調查，以便迅速過濾不具研究主題經驗的受訪者，提升資料收集的速度與正確性。問卷分為「顧客」與「服務人員」二大類，分別使用「白色」與「黃色」紙張印製，問卷內容包含三大部分：

1. 顧客滿意與服務失誤關鍵事例

問題思考

何謂「關鍵事例技術法」？如何使用「關鍵事例技術法」進行質性的實證研究？

問題提示

Flanagan（1954）所提出的「關鍵事例技術法」，最初的形式是監督者記錄員工的重要行為，可適用於不同的員工評量與工作分析架構，及視其是否為工作上所期待的行為，再將這些記錄的行為分類為特定的類別。後來，被許多學者引用，用來進行事物的分類。

問題解答

關鍵事例技術法主要的分析步驟：（1）將所收集的關鍵事例進行過濾，去除語意不清或無法判別的問卷，並將問卷進行編號；（2）由二位具有行銷及基本分類知識，而且具有餐飲業實務經驗之研究人員，獨立作業進行分類；（3）十天之後，二位研究人員就原問卷再重新分類一次，並檢測其內在判定信度；（4）將二人歸類不同的項目提出討論，由二人重新審視並且加以調整；（5）將所有問卷交給資深餐飲業專業人士，就二位研究人員之分類進行判定，以檢測外在判定信度與內容效度。

首先，以「舉例說明」方式，分別列舉「顧客滿意」與「服務失誤」關鍵事例，說明如何描述顧客滿意與服務失誤事件。然後，使用「開放式問項」，請受訪者描述在餐廳的服務接觸過程中，曾經發生過的顧客滿意、服務失誤或服務補救重大事件，並將當時的具體行為或言談內容寫出來。例如：（1）是何種特殊原因導致這樣的狀況；（2）當時服務人員、顧客或其他人說了或做了什麼；（3）在服務失誤發生之後，該餐廳如何進行服務補救。

2.行為傾向

使用「5點評價尺度（1：非常不同意，5：非常同意）」，請受訪者評量在經歷這次事件之後，顧客對這家餐廳的「整體滿意度」、「再度惠顧傾向」與「口碑宣傳意願」。

3.基本資料

使用「名目尺度」，調查顧客的「性別」、「年齡」，以及服務人員的「性別」、「服務年資」等基本資料。

(三)資料收集

由國立高雄餐旅學院餐飲管理科系學生300人，在進行訪談訓練與前驅測試之後，利用三明治教學校外餐廳實習期間，每人訪問符合本研究定義的餐飲業服務人員1人與顧客2人，以收集研究所需資料，總計發出900份問卷，扣除無效問卷182份之後，回收有效問卷718份，有效問卷回收率79.8%。在264份服務人員問卷中，男性占39%，女性占61%，服務年資在3個月至5年之間（平均年資約6個月）。在454份顧客問卷中，男性占37%，女性占63%，年齡在16～65歲之間（平均年齡約30歲）。

四、資料處理分析

(一)事件類型分析

將回收的718份問卷，依照事件類型予以歸類如「事件類型分析表」所示，其中顧客滿意事件321份（44.7%），服務失誤事件397份（55.3%）。在服務失誤事件中，顧客未抱怨事件57份（14.4%），顧客抱怨事件340份（85.4%）。在顧客抱怨事件中，餐廳未進行服務補救事件102份（30.0%），有進行服務補救事件238份（70.0%）。在服務補救事件中，補救後顧客滿意事件161份（67.6%），補救後顧客不滿意事件77份（32.4%）。

表12-4　事件類型分析表（n = 718）

事件類型	顧客滿意			服務失誤	
次數	321			397	
百分比	44.7%			55.3%	
事件類型		顧客未抱怨		顧客抱怨	
次數		57		340	
百分比		14.4%		85.6%	

（續接下表）

事件類型			沒有補救	服務補救	
次數			102	238	
百分比			30.0%	70.0%	
事件類型				補救後顧客滿意	補救後顧客不滿意
次數				161	77
百分比				67.6%	32.4%

(二)顧客滿意類型分析

問題思考

Bitner、Booms, 與 Mohr（1994）將導致服務接觸顧客滿意／不滿意的主要因素分為：「員工對服務傳遞系統失誤的回應」、「員工對顧客需要與要求的回應」、「員工自發行為」與「問題顧客行為」四大類。哪一種類型占顧客滿意的比率最高？

問題提示

一般人總會認為「服務傳遞系統」是服務業的核心，只要核心服務傳遞系統做得好，顧客就會感到滿意，占的比率會最高。但是，實證研究的結果，得到了非常有趣的答案。

問題解答

在餐飲業服務接觸的過程中，導致顧客滿意的主要因素，以「員工自發行為」所占比率最高（53.0%），「服務傳遞系統良好」次之（29.6%），「員工對顧客需要與要求的回應」最低（17.4%）。由此可知，雖然顧客到餐廳的主要目的是用餐，但只是提供美味的餐食是不夠的，必須由員工細心觀察顧客的需要，並且主動地提供超越顧客期望的服務，才能真正讓顧客感到滿意。

將321份顧客滿意事件，參考 Bitner 等人（1994）的分類架構予以歸類，得到「服務傳遞系統良好」、「員工對顧客需要與要求的回應」，以及「員工自發

行為」等三大類15項。Latham 與 Saari（1983）認為 CIT 二位人員之判斷相同度超過0.8，其分類結果即屬可信。二位研究人員分類的重複信度分別為0.87與0.84，交互信度為0.80。此外，由第三者（資深餐飲專業人士）對此一分類架構進行研判，並將所有問卷進行歸類，歸類相似度為0.85，可見此一顧客滿意類型的分類，已達研究信度與專家效度之要求。

1. 服務傳遞系統良好

服務傳遞系統良好，指餐廳的服務傳遞系統能滿足顧客的期望，共有95份問卷（29.6%），分為「服務人員態度親切（15.0%）」、「服務人員迅速回應顧客（7.8%）」、「服務人員耐心的回應及服務（5.3%）」、「餐食品質超乎顧客期望（1.6%）」等四項。

2. 員工對顧客需要與要求的回應

員工對顧客需要與要求的回應，指服務人員對於顧客要求服務傳遞系統去配合他們的特殊需要或提供顧客化服務的回應，共有56份問卷（17.4%），分為「顧客要求特殊餐食（6.2%）」、「顧客要求提供餐食以外之服務（3.1%）」、「顧客要求贈予免費餐食（2.5%）」、「顧客要求給予餐食優惠或貴賓卡（2.5%）」、「顧客要求特殊座位或更換座位（1.9%）」、「顧客要求更換餐飲（1.2%）」等六項。

3. 員工自發行為

員工自發行為，指非顧客預期的員工行為，共有170份問卷（53.0%），分為「細心觀察客人用餐狀況並主動提供服務（23.7%）」、「詳細介紹菜色並給予適當建議（10.3%）」、「細心觀察客人用餐狀況並主動招待餐食（9.7%）」、「熟記客人的稱謂、基本資料及用餐習慣（8.4%）」、「主動給予餐食折扣或折價券（0.9%）」等五項。

表12-5　顧客滿意類型分析表（n = 321）

顧客滿意類型	次數	百分比	整體滿意度	再度惠顧傾向	口碑宣傳意願
一、服務傳遞系統良好					
1.服務人員態度親切	48	15.0	4.63	4.65	4.44
2.服務人員迅速回應顧客	25	7.8	4.44	4.72	4.56
3.服務人員耐心的回應及服務	17	5.3	4.47	4.65	4.41

（續接下表）

服務品質與顧客關係管理——理論與實務

顧客滿意類型	次數	百分比	整體滿意度	再度惠顧傾向	口碑宣傳意願
4.餐食品質超乎顧客期望	5	1.6	4.20	4.40	4.60
小　計	95	29.6	4.53	4.65	4.47
二、員工對顧客需要與要求的回應					
1.顧客要求特殊餐食	20	6.2	4.55	4.65	4.40
2.顧客要求提供餐食以外之服務	10	3.1	5.00	4.80	4.60
3.顧客要求贈予免費餐食	8	2.5	4.63	4.75	4.63
4.顧客要求給予餐食優惠或貴賓卡	8	2.5	4.25	4.63	4.25
5.顧客要求特殊座位或更換座位	6	1.9	4.83	4.50	4.67
6.顧客要求更換餐食及飲料	4	1.2	4.75	5.00	4.50
小　計	56	17.4	4.64	4.70	4.48
三、員工自發行為					
1.細心觀察顧客用餐狀況並主動提供服務	76	23.7	4.58	4.55	4.47
2.詳細介紹菜色並給予適當建議	33	10.3	4.61	4.64	4.58
3.細心觀察顧客用餐狀況並主動招待餐食	31	9.7	4.81	4.77	4.58
4.熟記客人的稱謂、基本資料及用餐習慣	27	8.4	4.63	4.78	4.52
5.主動給予餐食折扣或折價券	3	0.9	4.00	4.33	4.33
小　計	170	53.0	4.62	4.64	4.52
合　計	321	100.0	4.60	4.65	4.50

在餐飲業服務接觸的過程中，導致顧客滿意的主要因素，以「員工自發行為」比率最多（53.0%），「服務傳遞系統良好」次之（29.6%），「員工對顧客需要與要求的回應」較少（17.4%）。在顧客滿意的十五個細項中，「細心觀察顧客用餐狀況並主動提供服務」是導致顧客滿意的最主要因素（23.7%），其次是「服務人員態度親切（15.0%）」，以及「詳細介紹菜色並給予適當建議（10.3%）」，三項合計就已經占顧客滿意類型的49.0%，而且顧客的「整體滿意度（4.85～4.63）」、「再度惠顧傾向（4.55～4.65）」與「口碑宣傳意願（4.44～4.58）」均相當高。

由此可見，雖然顧客到餐廳的主要目的是用餐，但只是提供美味的餐食是不夠的，必須由員工細心觀察顧客的需要，並且主動地提供超越顧客期望的服務，才能真正讓顧客感到滿意，願意再度惠顧並且廣為宣傳。因此，餐廳應該首重員工的招募與甄選，找出具有高度服務特質的人員，並且施以良好的教育訓練，才

能夠讓員工以發自內心的服務熱誠，為顧客提供體貼入微的服務。此外，餐廳必須給予員工適度的授權，才能鼓勵良性的員工自發行為，提供超越顧客期望的服務，提升顧客的整體滿意度、再度惠顧之傾向與口碑宣傳意願。

(三)服務失誤類型分析

問題思考

Bitner、Booms, 與 Mohr（1994）將導致服務接觸顧客滿意／不滿意的主要因素分為：「員工對服務傳遞系統失誤的回應」、「員工對顧客需要與要求的回應」、「員工自發行為」與「問題顧客行為」四大類。哪一種類型占顧客不滿意的比率最高？

問題提示

一般人總會認為導致服務接觸顧客滿意或不滿意的主要因素，應該是相同的。但是，實證研究的結果，得到了令人相當意外的答案。

問題解答

在餐飲業服務接觸的過程中，導致服務失誤的主要因素，以「員工對服務傳送系統失誤的回應」所占比率最高（52.6%），「員工自發行為」次之（38.0%），「員工對顧客特殊需求與偏好的回應」較少（6.0%），「問題顧客行為」最少（3.4%）。由赫茲柏格（Herzberg）所提出的「二因子理論」可知，服務傳遞系統屬於「保健因素」，做得好顧客覺得是應該的，並不會感到滿意，但是如果沒做好，顧客馬上會感到不滿意。員工自發行為屬於「激勵因素」，如果沒有做，顧客並不會感到不滿意，但是如果有做，顧客會覺得很滿意。

將397份服務失誤事件，參考 Bitner 等人（1994）的分類架構予以歸類，分為：「員工對服務傳遞系統失誤的回應」、「員工對顧客需要與要求的回應」與「員工自發行為」，以及「問題顧客行為」等四大類17項。二位研究人員分類

的重複信度分別為0.84與0.82，交互信度為0.80，第三位專業人士的分類信度為0.82，已達研究信度與專家效度之要求。

1. 員工對服務傳遞系統失誤的回應

員工對服務傳遞系統失誤的回應，指當服務傳遞系統失誤時，服務人員對於顧客抱怨或失望未能即時回應所導致的服務失誤，共有209份問卷（52.6%），分為「餐食品質或衛生缺失（19.1%）」、「送餐延遲（13.9%）」、「未得到該有的服務（8.8%）」、「餐廳本身問題影響顧客用餐氣氛（5.5%）」、「送錯餐食（4.5%）」、「用餐環境及設備不佳導致顧客受傷（0.8%）」等六項。

2. 員工對顧客需要與要求的回應

員工對顧客需要與要求的回應，指服務人員對於顧客要求服務傳遞系統去配合他們的特殊需要或提供顧客化服務，未能及時回應所導致的服務失誤，共有24份問卷（6.0%），分為「未依顧客餐飲之特殊要求（3.5%）」、「座位安排未能符合顧客要求（2.5%）」等二項。

3. 員工自發行為

員工自發行為，指非顧客預期的員工行為所導致的服務失誤，共有151份問卷（38.0%），分為「服務態度不佳（20.7%）」、「服務技術不佳（9.3%）」、「未告知顧客應知事項導致顧客權益受損（4.0%）」、「點錯菜（2.5%）」、「漏掉客人所點的餐點（1.0%）」、「帳目錯誤導致顧客權益受損（0.5%）」等六項。

4. 問題顧客行為

問題顧客行為，係指因為顧客不合作，或是故意違反服務場所的規定，甚至違法、騷擾其他顧客，以致造成服務人員無法提供良好服務品質所導致的服務失誤，共有13份問卷（3.4%），分為「不接受公司營業政策規定（2.3%）」、「干擾其他客人（0.8%）」、「酒醉的顧客（0.3%）」等三項。

在餐飲業服務接觸的過程中，導致服務失誤的主要因素，以「員工對服務傳遞系統失誤的回應」所占比率最多（52.6%），「員工自發行為」次之（38.0%），「員工對顧客特殊需求與偏好的回應」較少（6.0%），「問題顧客行為」最少（3.4%）。在服務失誤類型的17個細項中，「服務態度不佳」為導致服務失誤最主要的因素（20.7%），其次是「餐食品質或衛生缺

失（19.1%）」，以及「送餐延遲（13.9%）」，三項合計就已經占服務失誤類型的53.7%，而且顧客的「整體滿意度（2.12～3.20）」與「再度惠顧傾向（2.23～3.28）」均偏低，「口碑宣傳意願（4.09～4.39）」卻偏高。

由此可見，餐飲業在服務傳遞的過程中，導致服務失誤的主要原因可分為二大部分：一是來自「外場（服務人員）」本身的專業訓練不足與敬業態度不佳所導致的「服務態度不佳」；一是來自「內場（廚房）」餐食製作不佳所導致的「餐食品質或衛生缺失」，以及餐食製作不及所導致的「送餐延遲」。因此，餐廳應該首重員工的招募與甄選，找出具有高度敬業精神的人員，並且施以良好的專業教育訓練，才能培養出具備良好服務態度的員工。此外，餐廳亦應加強內場人員的餐食製作訓練與安全衛生教育，檢視廚房的設備與環境，是否符合規定與要求，並且重新評估人力的配置是否恰當，能否符合尖峰時間的顧客需求，而不是把問題丟給外場的服務人員。

表12-6　服務失誤類型分析表（n = 397）

服務失誤類型	次數	百分比	整體滿意度	再度惠顧傾向	口碑宣傳意願
一、員工對服務傳送系統失誤的回應					
1.餐食品質或衛生缺失	76	19.1	3.20	3.28	4.39
2.送餐延遲	55	13.9	2.84	3.15	4.09
3.未得到該有的服務	35	8.8	2.60	2.91	4.17
4.餐廳本身問題影響顧客用餐氣氛	22	5.5	2.55	3.00	4.18
5.送錯餐食	18	4.5	3.67	4.11	4.33
6.用餐環境及設備不佳導致顧客受傷	3	0.8	2.67	3.33	4.67
小　計	209	52.6	2.97	3.22	4.25
二、員工對顧客需要與要求的回應					
1.未依顧客餐飲之特殊要求	14	3.5	3.00	3.50	4.36
2.座位安排未能符合顧客要求	10	2.5	1.80	2.30	3.60
小　計	24	6.0	2.50	3.00	4.04
三、員工自發行為					
1.服務態度不佳	82	20.7	2.12	2.23	4.17
2.服務技術不佳	37	9.3	3.35	3.57	4.19
3.未告知顧客應知事項導致顧客權益受損	16	4.0	2.19	2.44	3.81
4.點錯菜	10	2.5	3.70	3.90	4.10

（續接下表）

服務失誤類型	次數	百分比	整體滿意度	再度惠顧傾向	口碑宣傳意願
5.漏掉客人所點的餐點	4	1.0	3.50	3.75	4.00
6.帳目錯誤導致顧客權益受損	2	0.5	3.00	3.00	5.00
小　計	151	38.0	2.58	2.74	4.14
四、問題顧客行為					
1.不接受公司營業政策規定	9	2.3	3.56	3.56	4.11
2.干擾其他客人	3	0.8	3.67	3.67	2.67
3.酒醉的顧客	1	0.3	5.00	4.00	3.00
小　計	13	3.4	3.69	3.62	3.69
合　計	397	100.0	2.82	3.04	4.18

㈣服務失誤後顧客抱怨類型分析

將397份服務失誤事件予以歸類，分為「顧客未抱怨」與「顧客抱怨」二大類，其中顧客未抱怨事件57份（14.4%），顧客抱怨事件340份（85.6%）。當服務失誤事件發生時，有85.6%的顧客會向餐廳抱怨，有14.4%的顧客未向餐廳抱怨，所以餐廳並不知道顧客不滿，以致喪失進行服務補救的機會。由此可見，在餐飲業的服務接觸中，絕大部分的顧客在服務失誤發生時，會向餐廳提出抱怨，使得餐廳因為顧客來抱怨，而知道服務失誤之處，並且有機會加以補救。但是，還有小部分的餐廳未能建立良好的溝通管道，使得顧客雖未抱怨卻直接掉頭而去，以致「整體滿意度（1.88）」與「再度惠顧傾向（2.09）」低於提出抱怨者的「整體滿意度（2.97）」與「再度惠顧傾向（3.20）」，而「口碑宣傳意願（4.33）」高於提出抱怨者的「口碑宣傳意願（4.15）」。因此，餐廳應該重新檢視與顧客之間的溝通管道，並且以正面的態度去面對顧客的抱怨，特別是當顧客都沒有抱怨，而營業狀況卻日益下滑的情形，因為這可能是與顧客溝通不良的警訊。

表12-7　服務失誤後顧客抱怨類型分析表（n＝397）

顧客抱怨類型	次數	百分比	整體滿意度	再度惠顧傾向	口碑宣傳意願
一、顧客未抱怨	57	14.4	1.88	2.09	4.33
二、顧客抱怨	340	85.6	2.97	3.20	4.15
小　計	397	100.0	2.81	3.04	4.18

　　將340份顧客抱怨事件予以歸類，分為「沒有補救」與「服務補救」二大類，其中沒有補救事件102份（30.0%），服務補救事件238份（70.0%）。在顧客向餐廳提出抱怨的事件中，有70.0%的餐廳有進行服務補救，有30.0%的餐廳並未進行服務補救，可見大部分的餐廳對顧客的抱怨相當重視，並且立即進行補救。但是，還有小部分的餐廳對顧客的抱怨並不重視，以致未能即時把握服務補救的機會，使得「整體滿意度（1.91）」與「再度惠顧傾向（2.00）」只有進行服務補救餐廳「整體滿意度（3.58）」與「再度惠顧傾向（3.80）」的一半，而「口碑宣傳意願（4.76）」卻比有進行服務補救餐廳的「口碑宣傳意願（4.19）」高了許多。因此，餐廳應該以「永續經營」的觀點來處理服務失誤的問題，即使必須耗費額外的時間與成本，也要使服務失誤的傷害降到最低，而不是以「短視近利」的觀點，採取置之不理的方式來因應，以免對餐廳的生意與信譽造成嚴重的傷害。

表12-8　顧客抱怨後服務補救類型分析表（n=340）

服務補救類型	次數	百分比	整體滿意度	再度惠顧傾向	口碑宣傳意願
一、沒有補救	102	30.0	1.91	2.00	4.76
二、服務補救	238	70.0	3.58	3.80	4.19
小　　計	340	100.0	2.81	3.04	4.18

(六)服務補救後顧客滿意類型分析

　　將238份服務補救事件予以歸類，分為「補救後顧客滿意」與「補救後顧客不滿意」二大類，其中補救後顧客滿意事件161份（67.6%），補救後顧客不滿意事件77份（32.4%）。

　　將161份服務補救後顧客滿意事件予以歸類，分為「服務傳遞系統失誤之補救」、「員工出面處理之補救」、「主管出面處理之補救」、「提供額外服務之補救」等四大類21項。二位研究人員分類的重複信度分別為0.89與0.88，交互信度為0.82，第三位專業人士的分類信度為0.85，可見此一服務補救後顧客滿意的分類，已達研究信度與專家效度之要求。

1. 服務傳遞系統失誤之補救

服務傳遞系統失誤之補救，係指在服務失誤發生之後，由服務人員針對服務或產品缺失部分進行再處理之補救方式，分為「餐食品質再處理（3.1%）」、「補送餐食或飲料（3.1%）」、「主動告知送餐延遲原因（0.6%）」等三項。

2. 員工出面處理之補救

員工出面處理之補救，係指在服務失誤發生之後，由服務人員出面解釋、道歉或提供補償，分為「道歉並招待水果、點心或餐食（18.6%）」、「道歉並更換餐食（11.2%）」、「道歉並給予餐食折扣或折價券（5.6%）」、「道歉並解釋原因（3.7%）」、「道歉並給予餐食全額免費（1.2%）」、「換人服務（0.6%）」等六項。

3. 主管出面處理之補救

主管出面處理之補救，係指在服務失誤發生之後，由主管人員出面解釋、道歉或提供補償，分為「道歉並招待水果、點心或餐食（16.8%）」、「道歉並給予餐食折扣或折價券（14.3%）」、「道歉並給予餐食全額免費（7.5%）」、「道歉並解釋原因（5.6%）」、「道歉並更換餐食（3.7%）」、「發函致歉（0.6%）」、「登門拜訪致歉（0.6%）」等七項。

4. 提供額外服務之補救

提供額外服務之補救，係指在服務失誤發生之後，由餐廳提供正常服務傳遞系統之外的服務，分為「提供衣服送洗（0.6%）」、「提供貴賓卡（0.6%）」、「提供住宿折價券（0.6%）」、「提供防蚊液（0.6%）」、「親自送水果籃到顧客家（0.6%）」等五項。

在餐飲業的服務補救類型中，讓顧客感到滿意的以「主管出面處理之補救」最多（49.1%），「員工出面處理之補救」次之（41.0%），「服務傳遞系統失誤之補救」較少（6.8%），「提供額外服務之補救」最少（3.1%）。在服務補救後顧客滿意的21個細項中，員工出面「道歉並招待水果、點心或餐食（18.6%）」，以及主管出面「道歉並招待水果、點心或餐食（16.8%）」、「道歉並給予餐食折扣或折價券（14.3%）」三項合計，就已經占服務補救後顧客滿意類型的49.7%，而且顧客的「整體滿意度（4.04～4.30）」、「再度惠顧傾向（4.17～4.47）」與「口碑宣傳意願（4.09～4.22）」均相當高。

表12-9　服務補救後顧客滿意類型分析表（n=161）

服務補救類型	次數	百分比	整體滿意度	再度惠顧傾向	口碑宣傳意願
一、服務傳遞系統失誤之補救					
1.餐食品質再處理	5	3.1	4.40	4.40	4.20
2.補送餐食或飲料	5	3.1	3.60	4.20	4.60
3.主動告知送餐延遲原因	1	0.6	5.00	4.00	5.00
小　計	11	6.8	4.09	4.27	4.45
二、員工出面處理之補救					
1.道歉並招待水果、點心或餐食	30	18.6	4.20	4.47	4.17
2.道歉並更換餐食	18	11.2	4.17	4.56	4.44
3.道歉並給予餐食折扣或折價券	9	5.6	4.11	4.44	4.22
4.道歉並解釋原因	6	3.7	4.00	4.17	4.00
5.道歉並給予餐食全額免費	2	1.2	4.50	4.50	4.00
6.換人服務	1	0.6	4.00	4.00	4.00
小　計	66	41.0	4.17	4.45	4.23
三、主管出面處理之補救					
1.道歉並招待水果、點心或餐食	23	14.3	4.04	4.17	4.09
2.道歉並給予餐食折扣或折價券	27	16.8	4.30	4.33	4.22
3.道歉並給予餐食全額免費	12	7.5	4.33	4.33	4.42
4.道歉並解釋原因	9	5.6	4.00	4.11	3.67
5.道歉並更換餐食	6	3.7	4.50	4.67	4.67
6.發函致歉	1	0.6	5.00	5.00	5.00
7.登門拜訪致歉	1	0.6	4.00	4.00	5.00
小　計	79	49.1	4.22	4.29	4.20
四、提供額外服務之補救					
1.提供衣服送洗	1	0.6	5.00	5.00	5.00
2.提供貴賓卡	1	0.6	4.00	4.00	4.00
3提供住宿折價券	1	0.6	4.00	5.00	4.00
4提供防蚊液	1	0.6	5.00	4.00	4.00
5.親自送水果籃到顧客家	1	0.6	4.00	4.00	4.00
小　計	5	3.1	4.40	4.40	4.20
合　計	161	100.0	4.19	4.36	4.23

由此可見，在服務失誤發生之後，如果餐廳能夠進行適當的服務補救，不但可將服務失誤所造成的傷害降到最低，有效維持顧客滿意度與再度惠顧意願，並可將負面的顧客抱怨轉換成正面的口碑宣傳。但是，由於餐廳大多將價格折扣與招待餐點的權限賦予主管，而未授權至第一線的服務人員，以致顧客滿意的比例「主管出面處理之補救（49.1%）」高於「員工出面處理之補救（41.0%）」，而整體滿意度「主管出面處理之補救（4.22）」也高於「員工出面處理之補救（4.17）」。

㈦服務補救後顧客不滿意類型分析

　　將77份服務補救後顧客不滿意事件予以歸類，分為「服務傳遞系統失誤之補救」、「員工出面處理之補救」、「主管出面處理之補救」、「提供額外服務之補救」等四大類16項。二位研究人員分類的重複信度分別為0.89與0.86，交互信度為0.81，第三位專業人士的分類信度為0.82，可見此一服務補救後顧客不滿意的分類，已接近研究信度與專家效度之要求。

1.服務傳遞系統失誤之補救

　　服務傳遞系統失誤之補救，係指在服務失誤發生之後，由服務人員針對服務或產品缺失部分進行再處理之補救方式，分為「餐食品質再處理（6.5%）」、「補送餐食或飲料（3.9%）」二項。

2.員工出面處理之補救

　　員工出面處理之補救，係指在服務失誤發生之後，由服務人員出面解釋、道歉或提供補償，分為「道歉並解釋原因（11.7%）」、「道歉並招待水果、點心或餐食（7.8%）」、「道歉並更換餐食（6.5%）」、「換人服務（3.9%）」、「道歉並給予餐食全額免費（1.3%）」等五項。

3.主管出面處理之補救

　　主管出面處理之補救，係指在服務失誤發生之後，由主管人員出面解釋、道歉或提供補償，分為「道歉並解釋原因（18.2%）」、「道歉並招待水果、點心或餐食（15.6%）」、「道歉並給予餐食折扣或折價券（9.1%）」、「道歉並給予餐食全額免費（6.5%）」、「道歉並更換餐食（2.6%）」、「登門拜訪致歉（1.3%）」等六項。

4. 提供額外服務之補救

提供額外服務之補救，係指在服務失誤發生之後，由餐廳提供正常服務傳遞系統之外的服務，分為「提供衣服送洗（1.3%）」、「提供醫療服務（1.3%）」、「其他服務（2.6%）」等三項。

在餐飲業的服務補救類型中，讓顧客感到不滿意的以「主管出面處理之補救」最多（53.2%），「員工出面處理之補救」次之（31.2%），「服務傳遞系統失誤之補救」較少（10.4%），「提供額外服務之補救」最少（5.2%）。在服務補救後顧客不滿意的16個細項中，主管出面「道歉並解釋原因（18.2%）」、「道歉並招待水果、點心或餐食（15.6%）」，以及「員工出面道歉並解釋原因（11.7%）」三項合計，就已經占服務補救後顧客不滿意類型的45.5%，顧客的「整體滿意度（1.86～2.00）」與「再度惠顧傾向（2.22～2.75）」均偏低，而「口碑宣傳意願（4.00～4.42）」卻偏高。

由此可見，在服務失誤發生後，不論是由主管或員工出面，口頭道歉並解釋原因是不夠的，如果能夠再給予顧客實質的補償，即使無法讓顧客感到滿意，仍有助於降低顧客的不滿。但是，即使由握有價格折扣與招待餐點權限的主管出面，如果處理方式不當，也無法讓顧客感到滿意，以致顧客不滿意比率「主管出面處理之補救（53.2%）」高於「員工出面處理之補救（31.2%）」，「整體滿意度（2.05：2.00）」與「再度惠顧傾向（2.51：2.50）」不相上下，而口碑宣傳意願「主管出面處理之補救（4.34）」甚至高於「員工出面處理之補救（4.17）」。

表12-10　服務補救後顧客不滿意類型分析表（n = 77）

服務補救類型	次數	百分比	整體滿意度	再度惠顧傾向	口碑宣傳意願
一、服務傳遞系統失誤之補救					
1.餐食品質再處理	5	6.5	2.00	2.20	4.00
2.補送餐食或飲料	3	3.9	1.67	2.67	4.00
小　計	8	10.4	1.88	2.38	4.00
二、員工出面處理之補救					
1.道歉並解釋原因	9	11.7	2.00	2.22	4.00
2.道歉並招待水果、點心或餐食	6	7.8	1.67	2.67	4.50
3.道歉並更換餐食	5	6.5	2.40	2.80	3.40
4.換人服務	3	3.9	2.00	2.67	5.00

（續接下表）

服務補救類型	次數	百分比	整體滿意度	再度惠顧傾向	口碑宣傳意願
5.道歉並給予餐食全額免費	1	1.3	2.00	2.00	5.00
小　計	24	31.2	2.00	2.50	4.17
三、主管出面處理之補救					
1.道歉並解釋原因	14	18.2	1.86	2.29	4.36
2.道歉並招待水果、點心或餐食	12	15.6	1.92	2.75	4.42
3.道歉並給予餐食折扣或折價券	7	9.1	2.43	2.43	3.86
4.道歉並給予餐食全額免費	5	6.5	2.00	2.80	4.60
5.道歉並更換餐食	2	2.6	3.00	2.00	5.00
6.登門拜訪致歉	1	1.3	2.00	3.00	4.00
小　計	41	53.2	2.05	2.51	4.34
四、提供額外服務之補救					
1.提供衣服送洗	1	1.3	3.00	3.00	4.00
2.提供醫療服務	1	1.3	1.00	3.00	5.00
3.其他服務	2	2.6	2.50	2.50	4.50
小　計	4	5.2	2.25	2.75	4.50
合　計	77	100.0	2.03	2.51	4.26

 問題思考

在發生服務失誤之後，由員工直接進行服務補救，還是由主管出面進行服務補救，哪一種顧客滿意度比較高？

 問題提示

在一般人的觀念中，總會認為由主管出面進行服務補救，顧客滿意度會比較高，但實證數據顯示並不盡然。

 問題解答

在發生服務失誤之後，如果能由員工及時進行服務補救，處理效果的時效性會比較好。如果由主管出面進行服務補救，權限比較大則比較能夠滿足顧客的要求。但是，通常都是比較嚴重的事件，才會由主管出面進行服務補救，以致顧客滿意度較低。

問題思考

在服務接觸過程中，可能有二種情況。一種情況是，廠商從頭到尾都沒有發生服務失誤，所以顧客感到滿意。另外一種情況是，發生服務失誤之後，廠商進行服務補救，服務補救之後顧客感到滿意。在這二種情況下，哪一種情況的顧客滿意度比較高？

問題提示

在一般人的觀念中，總會認為服務失誤在所難免，只要在發生服務失誤之後，做好服務補救，還是可以達到一樣的顧客滿意度，但是實證數據顯示並不盡然。

問題解答

由餐飲業的實證研究資料顯示，未發生服務失誤，顧客滿意事件顧客的「整體滿意度（4.60）」、「再度惠顧傾向（4.65）」與「口碑宣傳意願（4.50）」，要高於服務失誤補救後顧客滿意事件顧客的「整體滿意度（4.19）」、「再度惠顧傾向（4.36）」與「口碑宣傳意願（4.23）」。由此可知，在服務接觸的過程中，第一次就把服務做好，不但可以節省許多額外的成本與支出，而且在顧客的「整體滿意度」、「再度惠顧傾向」與「口碑宣傳意願」上，要優於發生服務失誤後再進行服務補救。

五、管理實務意涵

㈠顧客滿意、服務失誤、顧客抱怨、服務補救，顧客整體滿意度、再度惠顧傾向與口碑宣傳意願之比較

在所收集的718份餐飲業服務接觸關鍵事例中，顧客滿意事件有321份，占44.7%，服務失誤事件有397份，占55.3%。由此可見，在餐飲業的服務接觸過程中，服務失誤事件經常發生，而且服務失誤事件顧客的「整體滿意度（2.82）」、「再度惠顧傾向（3.04）」與「口碑宣傳意願（4.18）」，要低於

顧客滿意事件的「整體滿意度（4.60）」、「再度惠顧傾向（4.65）」與「口碑宣傳意願（4.50）」許多。

　　當服務失誤發生時，絕大部分的顧客會向餐廳提出抱怨（47.4%），只有小部分的顧客不會向餐廳提出抱怨（7.9%）。然而，向餐廳提出抱怨顧客的「整體滿意度（2.97）」與「再度惠顧傾向（3.20）」，要高於未向提出抱怨顧客的「整體滿意度（1.88）」與「再度惠顧傾向（2.09）」許多，而「口碑宣傳意願（4.15）」，要低於未提出抱怨顧客的「口碑宣傳意願（4.33）」。由此可見，顧客抱怨對於餐廳而言，將有助於瞭解服務失誤之處，並且有機會加以補救，以維持顧客的整體滿意度與再度惠顧意願。

　　在顧客向餐廳提出抱怨的事件中，大部分的餐廳有進行服務補救（33.1%），只有小部分的餐廳未進行服務補救（14.2%），以致顧客的「整體滿意度（1.91）」與「再度惠顧傾向（2.00）」，只有進行服務補救餐廳顧客「整體滿意度（3.58）」與「再度惠顧傾向（3.80）」的一半，而「口碑宣傳意願（4.76）」卻高於有進行服務補救餐廳顧客「口碑宣傳意願（4.19）」許多。由此可見，大部分的餐廳對於顧客的抱怨相當重視，並且立即進行補救，使得顧客的「整體滿意度」與「再度惠顧傾向」能維持不墜，負面的「口碑宣傳意願」能夠降低。但是，還是有少部分的餐廳對顧客的抱怨不夠重視，未能即時把握服務補救的機會，以致顧客掉頭而去不再惠顧，對餐廳造成無法彌補的損失。

　　在餐廳有進行服務補救的事件中，大部分的顧客對餐廳的服務補救感到滿意（22.4%），小部分的顧客對餐廳的服務補救感到不滿意（10.7%）。對餐廳的服務補救感到滿意顧客的「整體滿意度（4.19）」與「再度惠顧傾向（4.36）」，將近不滿意顧客「整體滿意度（2.03）」與「再度惠顧傾向（2.51）」的二倍。雖然，滿意顧客的「口碑宣傳意願（4.23）」與不滿意顧客的「口碑宣傳意願（4.26）」不相上下，但是滿意顧客是正面的口碑宣傳，而不滿意顧客卻是負面的口碑宣傳。由此可見，大部分的餐廳對於服務失誤的補救相當成功，使得顧客的「整體滿意度」、「再度惠顧傾向」與「口碑宣傳意願」都相當高，但是還有小部分的餐廳對於服務失誤的補救未臻完善，雖然付出額外的努力與成本，但是依然無法挽回顧客的心。

　　此外，在全體服務接觸關鍵事例中，未發生服務失誤顧客滿意事件有321份，占44.7%，服務失誤補救後顧客滿意事件有161份，占22.4%。未發生服務失誤顧客滿意事件顧客的「整體滿意度（4.60）」、「再度惠顧傾向（4.65）」與「口碑宣傳意願（4.50）」，要高於服務失誤補救後顧客滿意事件顧客的「整體

滿意度（4.19）」、「再度惠顧傾向（4.36）」與「口碑宣傳意願（4.23）」。由此可見，在餐飲業的服務接觸過程中，第一次就把服務做好，不但可以節省許多額外的成本與支出，而且在顧客的「整體滿意度」、「再度惠顧傾向」與「口碑宣傳意願」上，要優於發生服務失誤後再進行服務補救。

表12-11　研究結果彙總表（n = 718）

類型	次數	百分比	整體滿意度	再度惠顧傾向	口碑宣傳意願
一、顧客滿意					
1.服務傳遞系統良好	95	13.2	4.53	4.65	4.47
2.員工對顧客需要與要求的回應	56	7.8	4.64	4.70	4.48
3.員工自發行為	170	23.7	4.62	4.64	4.52
小　計	321	44.7	4.60	4.65	4.50
二、服務失誤					
1.員工對服務傳遞系統失誤的回應	209	29.1	2.97	3.22	4.25
2.員工對顧客需要與要求的回應	24	3.3	2.50	3.00	4.04
3.員工自發行為	151	21.0	2.58	2.74	4.14
4.問題顧客行為	13	1.8	3.69	3.62	3.69
小　計	397	55.3	2.82	3.04	4.18
三、服務失誤後顧客抱怨					
1.顧客未抱怨	57	14.4	1.88	2.09	4.33
2.顧客抱怨	340	47.4	2.97	3.20	4.15
小　計	397	55.3	2.81	3.04	4.18
四、顧客抱怨後服務補救					
1.沒有補救	102	14.2	1.91	2.00	4.76
2.服務補救	238	33.1	3.58	3.80	4.19
小　計	340	47.4	2.81	3.04	4.18
五、服務補救後顧客滿意					
1.服務傳遞系統失誤之補救	11	1.5	4.09	4.27	4.45
2.員工出面處理之補救	66	9.2	4.17	4.45	4.23
3.主管出面處理之補救	79	11.0	4.22	4.29	4.20
4.提供額外服務之補救	5	0.7	4.40	4.40	4.20

（續接下表）

服務品質與顧客關係管理——理論與實務

類型	次數	百分比	整體滿意度	再度惠顧傾向	口碑宣傳意願
小　計	161	22.4	4.19	4.36	4.23
六、服務補救後顧客不滿意					
1.服務傳遞系統失誤之補救	8	1.1	1.88	2.38	4.00
2.員工出面處理之補救	24	3.3	2.00	2.50	4.17
3.主管出面處理之補救	41	5.7	2.05	2.51	4.34
4.提供額外服務之補救	4	0.6	2.25	2.75	4.50
小　計	77	10.7	2.03	2.51	4.26

㈡服務接觸顧客滿意／不滿意類型之比較

在服務接觸顧客滿意的四種類型中,在「顧客」觀點部分,Bitner 等人(1990)以「員工自發行為(43.8%)」所占比率最多,「員工對顧客需要與要求的回應(32.9%)」次之,「員工對服務傳遞系統失誤的回應(23.3%)」較少。郭德賓(2004)以「員工自發行為(52.1%)」所占比率最多,「服務傳遞系統良好(36.0%)」次之,「員工對顧客需要與要求的回應(11.8%)」較少。由二者研究結果的比較可知,不論在美國或台灣,在「顧客」觀點中,導致服務接觸顧客滿意的首要因素均為「員工自發行為」。然而,Bitner 等人(1990)是以服務失誤後「員工對服務傳遞系統失誤的回應」進行分類,而郭德賓(2004)是以未發生服務失誤「服務傳遞系統良好」進行分類,以致二者所占的比例與排行順序有所差異。此外,二者在「員工對顧客需要與要求的回應」所占比率差異頗大,可能是文化差異的關係,台灣地區的顧客比較不慣於提出個人需要或要求所致。

在「員工」觀點部分,Bitner 等人(1994)以「員工對顧客需要與要求的回應(49.4%)」占顧客滿意的比率最多,「員工對服務傳遞系統失誤的回應(27.5%)」次之,「員工自發行為(22.4%)」較少,「問題顧客行為(0.8%)」最少。郭德賓(2004)以「員工自發行為(54.5%)」占顧客滿意的比率最多,「員工對顧客需要與要求的回應(28.2%)」次之,「服務傳遞系統良好(17.3%)」較少。然而,將「員工」與「顧客」觀點所得到的結果加以比較之後發現,不論在美國或台灣,員工均有將顧客滿意歸因為自己良好表現的現

象，以致在「員工」觀點中，「員工對顧客需要與要求的回應」或「員工自發行為」占顧客滿意類型的比例，要高於在「顧客」觀點中所占比例。

此外，在服務接觸顧客不滿意的四種類型中，在「顧客」觀點部分，Bitner等人（1990）以「員工對服務傳遞系統失誤的回應（42.9%）」所占比率最多，「員工自發行為（41.5%）」次之，「員工對顧客需要與要求的回應（15.6%）」較少。郭德賓（2004）以「員工對服務傳遞系統失誤的回應（51.4%）」所占比率最多，「員工自發行為（43.2%）」次之，「員工對顧客需要與要求的回應（3.3%）」較少，「問題顧客行為（2.1%）」最少。由二者研究結果的比較可知，不論在美國或台灣，在「顧客」觀點中，導致服務接觸顧客不滿意的首要因素均為「員工對服務傳遞系統失誤的回應」，其次為「員工自發行為」。但是，在「員工對顧客需要與要求的回應」部分，台灣地區的顧客可能因為文化差異的關係，比較不慣於提出個人需要或要求，以致有與「顧客」觀點不同的現象發生。

在「員工」觀點部分，Bitner 等人（1994）以「員工對服務傳遞系統失誤的回應（51.7%）」所占比率最多，「問題顧客行為（22.0%）」次之，「員工對顧客需要與要求的回應（16.4%）」較少，「員工自發行為（9.8%）」最少。郭德賓（2004）以「員工對服務傳遞系統失誤的回應（54.5%）」所占比率最多，「員工自發行為（29.9%）」次之，「員工對顧客需要與要求的回應（10.4%）」較少，「問題顧客行為（5.2%）」最少。由二者研究結果的比較可知，不論在美國或台灣，在「員工」觀點中，導致服務接觸顧客不滿意的首要因素均為「員工對服務傳遞系統失誤的回應」，造成此一現象的原因可能有二，一是員工的歸因心理，將顧客不滿意的原因推給服務傳遞系統失誤，而非本身的服務缺失所造成，一是與顧客服務接觸的第一線員工可能真的受到極大的委屈，經常成為服務傳遞系統失誤的代罪羔羊。但是，在「問題顧客行為」部分，二者所占的比率差異頗大，造成此一現象的原因可能有二，一是文化差異的關係，使得台灣地區的顧客比較能夠遵守社會文化的規範，不致於有踰矩的顧客行為，一是美國的員工實在太會推卸責任了，將服務失誤的原因推給顧客，以致「問題顧客行為」所占比率偏高，而「員工自發行為」所占比率偏低。

表12-12　服務接觸顧客滿意／不滿意類型比較表

	顧客觀點				員工觀點			
	BBT (1990)		郭德賓 (2004)		BBM (1994)		郭德賓 (2004)	
	次數	百分比	次數	百分比	次數	百分比	次數	百分比
服務滿意分類								
1.員工對服務傳遞系統失誤的回應 （本研究：服務傳遞系統良好）	81	23.3	76	36.0	109	27.5	19	17.3
2.員工對顧客需要與要求的回應	114	32.9	25	11.8	196	49.4	31	28.2
3.員工自發行為	152	43.8	110	52.1	89	22.4	60	54.5
4.問題顧客行為	0	0.0	0	0.0	3	0.8	0	0.0
小　計	347	100	211	100	397	100	110	100
服務不滿意分類								
1.員工對服務傳遞系統失誤的回應	151	42.9	125	51.4	195	51.7	84	54.5
2.員工對顧客需要與要求的回應	55	15.6	8	3.3	62	16.4	16	10.4
3.員工自發行為	146	41.5	105	43.2	37	9.8	46	29.9
4.問題顧客行為	0	0.0	5	2.1	83	22.0	8	5.2
小　計	352	100	243	100	377	100	154	100

㈢餐飲業服務失誤類型之比較

　　餐飲業服務失誤類型所占的比率，均以「員工對服務傳遞系統失誤的回應」最多，「員工自發行為」次之，「員工對顧客需要與要求的回應」較少，其中除了林玥秀等（2003）將「外場服務流程」與「內場採購及廚房配合事項」一併納入，以致「員工對服務傳遞系統失誤的回應」所占比率偏高（85.3%）之外，郭德賓（2004）與 Hoffman 等人（1995）和劉宗其等（2001）所獲得的結論相近。但是，可能由於文化差異的關係，台灣地區的顧客比較不慣於提出個人需要或要求，以致郭德賓（2004）、劉宗其等人（2001）、林玥秀等人（2003）的「員工對顧客需要與要求的回應」所占比率，要比 Hoffman 等人（1995）的研究結果低了許多。

表12-13　餐飲業服務失誤類型比較表（顧客觀點）

學者	Hoffman, Kelley, 與 Rotalsky （1995）	劉宗其、李奇勳、黃吉村、渥頓 （2001）	林玥秀、黃文翰、黃毓伶 （2003）	郭德賓 （2004）
研究對象	美國餐飲業	台灣餐飲業	台灣餐飲業	台灣餐飲業
1.員工對服務傳遞系統失誤的回應	44.4%	56.3%	85.3%	51.4%
2.員工對顧客需要與要求的回應	18.4%	7.0%	2.3%	3.3%
3.員工自發行為	37.2%	36.7%	12.4%	43.2%
4.問題顧客行為	0.0%	0.0%	0.0%	2.1%

(四)餐飲業服務補救類型之比較

　　不論美國或台灣的餐飲業在發生服務失誤時，有20～30%的餐廳「不做任何處理」，有7.8～11.5%的餐廳只有「道歉」，可見餐飲業在服務補救方面還有很大的改善空間。除此之外，美國的餐飲業比較偏好以「食物免費（23.5%）」與「更換餐食（33.4%）」的方式來進行服務補救。但是，台灣餐飲業的研究結論不一，劉宗其等（2001）以「食物免費（21.6%）」與「更正（17.3%）」居多，林玥秀等（2003）以「更正（20.1%）」與「更換餐食（19.9%）」居多，郭德賓（2004）以「額外補償（22.1%）」與「折扣（11.5%）」居多，主要的原因在於餐廳的服務補救可能同時包含數種方式，例如：除了招待水果或點心之外，還給予餐食折扣或送優待券，不同學者的歸類方式不同，導致研究結果的差異。

　　此外，在服務補救的滿意度上，Hoffman 等人（1995）認為「送優待券」、「折扣」、「管理者出面解決」比較能為顧客所接受，而「不做任何處理」、「道歉」比較不能為顧客所接受。劉宗其等（2001）認為「食物免費」、「管理者出面解決」、「送優待券」、「更換餐食」的平均滿意度較高，而「不做任何處理」、「責備顧客」的平均滿意度較低。林玥秀等（2003）認為「食物免費」、「折扣」、「額外補償」、「管理者出面解決」的平均滿意度較高，而「錯誤擴大」、「不做任何處理」的平均滿意度較低。但是，從郭德賓（2004）所獲得的結果可知，即使是相同的服務補救方式，顧客整體滿意度卻有很大的差異，例如：「服務人員出面道歉並解釋原因（滿意顧客4.00；不滿意

顧客2.00）」，以及「主管出面道歉並給予餐食全額免費（滿意顧客4.33；不滿意顧客2.00）」，可見服務補救方式的滿意度可能受到服務失誤的嚴重性或服務態度等因素的影響，很難以籠統而論的方式判斷何種服務補救方式較佳。但是，整體而言有提供實質補償的服務補救方式，皆優於只是「口頭道歉」或「不做任何處理」。

表12-14　餐飲業服務補救類型比較表

學者	Hoffman, Kelley, 與 Rotalsky （1995）	劉宗其、李奇勳、黃吉村、渥頓（2001）	林玥秀、黃文翰、黃毓伶（2003）	郭德賓（2004）
研究對象	美國餐飲業	台灣餐飲業	台灣餐飲業	台灣餐飲業
食物免費	23.5%	21.6%	0.3%	5.9%
管理者出面解決	2.7%	3.7%	2.3%	a
送優待券	1.3%	1.8%		b
更換餐食	33.4%	10.8%	19.9%	9.1%
折扣	4.3%	2.9%	2.7%	11.5%
更正	5.7%	17.3%	20.1%	2.4%
道歉	7.8%	8.0%	11.5%	11.5%
不做任何處理	21.3%	26.3%	20.5%	30.0%
責備顧客		4.1%		
換人服務			0.6%	1.2%
額外補償			6.8%	22.1%
重新烹調			0.3%	2.9%
顧客主動提出更正			1.4%	
顧客要求主管處理			4.5%	
只有口頭說明			4.2%	
不滿更正錯誤方式			4.3%	
錯誤擴大			0.5%	
欺騙或敷衍顧客			0.3%	
其他		3.5%		3.5%

a：包含於送優待券、折扣、道歉、額外補償、其他項。
b：送優待券、折扣二者合計。

(五)管理實務應用

　　以往在餐飲業顧客滿意的實務應用上，業者大都只是以「顧客至上」或「以客為尊」等觀念，來訓勉員工提供符合顧客期望的服務。然而，此種教條式的口號過於抽象，員工未必瞭解具體的做法為何。然而，在接受調查的718位消費者中，有321位（44.7%）有滿意的經驗，有397位（55.3%）有不滿意的經驗，由此可知服務失誤是經常發生的。在服務失誤的397位消費者中，有57位（14.4%）沒有提出抱怨，有340位（85.4%）有提出抱怨，由此可知在消費者意識高漲的時代，消費者不再只是默默承受，如果不滿意大多數人會向廠商提出抱怨。在提出抱怨的340位消費者中，有102位（30.0%）廠商沒有進行服務補救，有238位（70.0%）有進行服務補救，由此可知在消費者提出抱怨之後，有7成的廠商會進行服務補救，但是還是有7成的廠商沒有進行服務補救，錯失挽回消費者的機會，實在非常可惜。在有進行服務補救的238名消費者中，有77位（32.4%）還是感到不滿意，有161位（67.6%）感到滿意，由此可知，只要廠商願意進行服務補救，有三分之二的消費者還是可以挽回的，剩下的三分之一，即使無法挽回，對廠商的殺傷力也會降低許多。

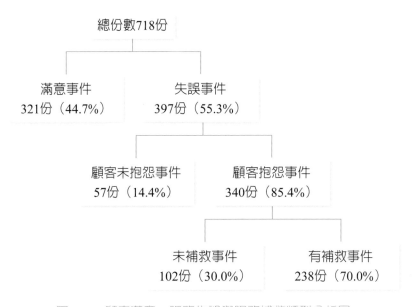

圖12-2　顧客滿意、服務失誤與服務補救類型分析圖

參考文獻

林玥秀、黃文翰與黃毓伶（2003）。服務失誤與服務補救之類型研究—以台灣地區之餐廳為例。觀光研究學報，9（1），39-58。

劉宗其、李奇勳、黃吉村與渥頓（2001）。服務失誤類型、補償措施與再惠顧率之探索性研究——以CIT法應用於餐飲業為例。管理評論，20（1），65-97。

Bitner, M.J., Booms, B.H. & Tetreault, M.S. (1990). The service encounter: diagnosing favorable and unfavorable incident. *Journal of Marketing*, 54 (January), 77-84.

Bitner, M.J., Booms, B.H. & Mohr, L.A. (1994). Critical service encounters: The employee's viewpoint. *Journal of Marketing,* 58 (October), 95-106.

Dickens, J. (1987). The fresh cream cakes market: The use of qualitative research as part of a consumer research program. In Bradely, U. (ed.). *Applied Marketing & Social Research* (2nd ed.) (pp.23-69). NY: Wiley.

Flanagan, J.C. (1954). The critical incident technique. *Psychological Bulletin, 51* (4), 327-358.

Hoffman, K.D., Kelley, S.W., & Rotalsky, H.M. (1995). Tracking service failures and employee recovery efforts. *Journal of Service Marketing,* 9 (2), 49-61.

Latham, G. & Saari, L.M. (1983). Do people do what they say? Further studies on the situational interview. *Journal of Marketing Research,* 20 (Nov), 422-427.

Nyquist, J.D., Bitner, M.J., & Booms, B.H. (1985). Identifying communication difficulties in the service encounter: A critical incidents approach. In Czepiel, J., Solomon, M., & Surprenant, C. (Eds.). *The Service Encounter* (pp. 195-212). Lexington, MA: Lexington Books.

Parasuraman, A., Zeithaml, V.A. & Berry, L.L. (1985). A conceptual model of service quality and its implications for future research. *Journal of Marketing,* 49 (Fall), 41-50.

Parasuraman, A., Zeithaml, V.A.&Berry, L.L. (1988). SERVQUAL: A multiple-item scale for measuring consumer perceptions of service. *Journal of Retailing,* 64 (Spring), 12-40.

Stauss, B. & Hentschel, B. (1992). Attribute-based versus incident-based measurement of service quality: Results of an empirical study within the German car service industry. In Kunst, P. & Lemmink, J. (Eds.). *Quality Management in Service* (pp. 59-78). Van Gorcum, Assen / Maastricht.

第十三章

難纏顧客類型分析[1]

重點
大綱

---

[1] 郭德賓（2006）。餐飲業難纏顧客之研究：以台灣地區國際觀光旅館餐廳為例。顧客滿意學刊，2（2），
1-26。

問題思考

現代企業莫不以客為尊，「顧客永遠是對的！」是每一位服務人員
必須遵從的典範。但是，顧客真的永遠是對的嗎？如果顧客有錯怎
麼辦？

 問題提示

Bitner、Boomsm 與 Mohr（1994）將導致服務接觸顧客滿意／不
滿意的主要因素分為：「員工對服務傳遞系統失誤的回應」、「員
工對顧客需要與要求的回應」、「員工自發行為」與「問題顧客行
為」四大類。其中，「問題顧客行為」往往是導致服務失誤的主要
原因之一。由此可知，服務失誤不見得都是服務人員的錯，有時候
是顧客本身的問題。

 問題解答

根據 Zemke 與 Anderson（1990）的研究顯示，超過30%的產品或
服務失誤是由於顧客的錯誤所造成。此外，Bitner、Boomsm 與
Mohr（1994）的研究發現，有22%的服務失誤是來自「問題顧客行
為」，而非服務人員所造成。然而，在「顧客至上」的現代企業典
範下，難纏顧客問題似乎被刻意忽視。

 問題思考

雖然，大家言之鑿鑿。但是，是不是真的有「奧客」？

 問題提示

「奧客」是否存在，高階主管與第一線服務人員的觀點並不相同。

 問題解答

前麗緻管理顧問公司副總裁蘇國垚認為：「沒有所謂的難纏顧客，

只有選錯目標市場的飯店」。但是，他也強調：「我們服務客人，但不服侍客人」。君悅飯店的高階主管認為：「我們沒有難纏顧客，只有比較不容易服務的顧客，因為他們的品味比較高，對於服務品質的要求也比較高」。

一、研究背景動機

在餐飲服務業中，由於服務人員與顧客之間有高度的服務接觸，站在第一線的服務人員，除了必須擁有一顆「熱忱的心」之外，還必須練就「罵不還口、打不還手、永保笑容」的超人技能。所以，王品台塑牛排董事長戴勝益認為：「服務業第一線的特色是，操不死、罵不退、笑不停、窮不怕」，不管是否樂此不疲，他們都必須站在第一線，和千奇百怪的顧客一對一肉搏。所以，第一線服務生根本不是人，而是無所不能的超人（王一芝，2004）。然而，有時候服務人員雖然「哈彎了腰、笑僵了臉、跑斷了腿」，想盡各種方法來討顧客的歡心，但是顧客似乎永遠也無法滿意。因此，服務人員就以「奧客（台語）」來稱呼此類「難纏顧客」，在國外則以「地獄來的顧客（customers from hell）」來形容此類令服務人員感到頭痛的顧客。

根據 Zemke 與 Anderson（1990）的研究顯示，超過30%的產品或服務失誤是由於顧客的錯誤所造成。此外，Bitner、Boomsm 與 Mohr（1994）的研究發現，有22%的服務失誤是來自「問題顧客行為」，而非服務人員所造成。然而，在「顧客至上」的現代企業典範下，難纏顧客問題似乎被刻意忽視。所以，以往在服務接觸顧客滿意的相關研究上，學者們大多從「顧客」的角度來進行分析，很少由「員工」的角度來思考問題。但是，顧客永遠是對的嗎？即使顧客有錯。

由於餐飲業涵蓋的範圍甚廣，有些中小型的餐飲業，人員素質參差不齊，服務品質未達一定之水準，所以以經交通部觀光局核准之國際觀光旅館餐廳為對象進行實證研究。所謂「國際觀光旅館」，指依「國際觀光旅館建築及設備標準要點」興建，以接待國際及國內觀光旅客住宿及提供服務之旅館（交通部觀光局網站，2005），不論在服務品質與服務傳遞系統的管理上，均已達一定之水準。

二、相關文獻回顧

> **問題思考**
>
> 我們常聽到服務人員抱怨，某某客人是「奧客」，到底什麼是「奧客」？
>
> **問題提示**
>
> 什麼是「奧客」？眾說紛紜。例如：「地獄來的顧客」、「問題顧客」、「蠻橫顧客」等，但是這類型顧客在本質上是相同的。
>
> **問題解答**
>
> 所謂「奧客」：在整個服務傳遞過程中，服務人員或系統並未有任何明顯失誤的情況下，顧客因為個人情緒、自私心態等因素，故意違反服務場所規定，甚至有違法行為、騷擾其他顧客，對服務人員做出不理性、不合作的行為或態度，以致服務人員無法提供良好服務品質者。

(一)難纏顧客的定義

Zemke 與 Anderson（1990）發現第一線服務人員經常會遭遇一些大聲喧譁、自私或是心血來潮而製造問題的顧客，而非服務人員或是產品本身的問題，並且將這一類型顧客稱為「地獄來的顧客」。Bitner 等人（1994）將根本不合作，也沒有意願合作，或是故意違反服務場所的規定，甚至違法、騷擾其他顧客，以致造成服務人員無法提供良好的服務品質，這一類型的顧客稱作「問題顧客（problematic customers）」。Simurda（1994）指出有一些可怕的顧客，會讓服務人員一切努力失效，他們的態度有如地獄來的兇惡，所以稱之為「地獄來的顧客」。Lovelock 與 Wirtz（2004）指出，當一個人不當使用一項服務（Jayuse）或是不當消費一項產品（Jaycustomer），之後再不當處置這項產品（Jaydispose），即稱之為「蠻橫顧客（Jaycustomers）」，代表輕率和濫用服務而造成企業、員工及其他顧客困擾的顧客。尹子平（2003）認為所謂「難纏

顧客」，就是在服務人員或是系統上並未有失誤，但顧客卻因為個人情緒、自私等因素對服務人員做出不理性、不合作行為或態度的顧客。

此外，陳佩秀（2001）指出「地獄來的顧客」可分成：「不滿意的顧客（unsatisfied customer）」和「不可理喻的顧客（unreasonable customer）」兩類。一位不滿意的顧客可能是正面的期望沒有獲得滿足，或者抱持負面的期望結果成真；不可理喻的顧客則是抱持無理的期望，包括對你的不合理期望，或者不合理地期望他們的行為會被接受。顧客對服務人員不合理的期望包括：

1. 認為服務人員應該滿足他們的每一個突發奇想。
2. 認為他們是服務人員最重要的顧客。
3. 認為他們的問題服務人員必須負起全部的責任。
4. 認為服務人員會忍受性別或種族歧視。
5. 認為服務場所能接受他們或是他們的小孩不守規定。
6. 認為服務人員會與他們做台下交易。
7. 認為服務人員應該花很多時間陪他們。
8. 認為他們總是對的。
9. 認為服務人員會臣服於身體的威脅與欺悔。
10. 相信服務人員是被訓練來好讓他們占便宜的。

由此可見，雖然學者們對於「難纏顧客」的定義眾說紛紜，例如：「地獄來的顧客」、「問題顧客」、「蠻橫顧客」等，但是這類型顧客在本質上是相同的，也就是在服務傳遞的過程中，服務提供者並沒有明顯的失誤，純粹因為顧客本身的因素而造成問題。所以，將「難纏顧客」定義為：在整個服務傳遞過程中，服務人員或系統並未有任何明顯失誤的情況下，顧客因為個人情緒、自私心態等因素，故意違反服務場所規定，甚至有違法行為、騷擾其他顧客，對服務人員做出不理性、不合作的行為或態度，以致服務人員無法提供良好服務品質者。

㈡難纏顧客的類型

Zemke 與 Anderson（1990）觀察美國的銀行、餐廳、航空公司，將服務人員經常遇到的地獄來的顧客大略分為：「自負」、「傲慢」、「凡事只對老闆說」、「壞嘴」、「對他人殘忍」、「言語粗魯」、「大聲尖叫」、「誇張」、「跋扈」、「永不滿足」、「下最後通牒」、「需求」、「要求免費物」、「試圖獲得利益」等14種類型。Stephenson（1995）觀察美國的餐廳將地獄來的顧客大致分為：「只因他們認識老闆，就期望獲得特殊待遇」、「有種族偏見」、

「以寵物之名叫服務人員」、「自認他是服務人員唯一必須等候的人」、「點特殊項目又退回」、「將食物吃了大半，再說他不喜歡」、「只因為他曾獲得一次免費之物，就期望每次都應獲得」、「經常改變心意」、「不待在自己地方」、「放縱小孩亂跑」等10種類型。Knutson、Borchgrevink 與 Woods（1999）整合前述學者的觀點，以美國的餐廳進行實證研究，使用因素分析驗證出：「不懂裝懂」、「態度惡劣」、「威嚇脅迫」、「專業苛求」、「捉摸不定」等5種地獄來的顧客類型。

　　Bitner等人（1994）使用質性的「關鍵事例技術法（Critical Incident Technique, CIT）」對美國的餐廳、旅館、航空公司進行研究，將導致服務失誤的主要原因分為：「員工對服務傳遞系統或產品失誤的反應」、「員工對於顧客需求與要求的回應」、「員工自發行為」與「問題顧客行為」四大類，發現有些服務失誤發生的原因並非來自員工，而是來自顧客，並且歸納出「酒醉」、「言語或身體的侮辱」、「違反公司政策或法令」、「不合作的顧客」等4種問題顧客類型。Belding（1996）觀察美國的零售業，將服務人員經常遭遇的難纏顧客大略分為：「時間吸血鬼」、「寬容的父母」、「性騷擾」、「流氓」、「滿口髒話」、「討價還價」、「胡亂退貨」、「優柔寡斷」、「緊張大師」等9種類型（陳秀佩，2001）。尹子平（2003）使用質性的「關鍵事例技術法」對台灣人出國團體旅遊進行研究，將旅遊業的難纏顧客大致歸納為：「酒醉鬧事」、「行為言語」、「性騷擾」、「自以為是」、「神經質」、「沒反應」、「好插話」、「無理取鬧」、「蓄意遲到」、「亂比價」等10種類型。

(三)難纏顧客的特質

問題思考
　　「奧客」到底長什麼樣子？

問題提示
　　其實「奧客」就是一般的消費者，跟平常人沒什麼二樣，只是比較難搞而已。

問題解答
　　目前在「奧客」的相關研究上，不同學者的研究結果並不盡相同。

由於目前國外在難纏顧客的相關研究上，除了 Knutson、Borchgrevink 與 Woods（1999）使用客觀的量化法進行驗證研究之外，其餘大多使用主觀的觀察法歸納出難纏顧客的主要類型，缺乏難纏顧客特質的實證資料。僅能由 Knutson 等人（1999）的調查得知，在美國餐廳的難纏顧客中，有70.4%年齡在30～50歲之間，有68.6%屬於中上階層，有40.1%出現在女性服務員服務時，有22.1%出現在男性服務員服務時，有32.3%出現在男性或女性服務員服務時的機會均等，有3.9%是單獨用餐，有45.4%是3～4人一起用餐，有37.6%是成對用餐，有13.2%是5人以上團體用餐。在一個月中，難纏顧客出現的頻率，平均大約每週光臨一次。在一週中，難纏顧客出現的時間，有46.4%在非星期假日，有51%在週末假日，但二者的差異並不顯著。

此外，國內學者尹子平（2003）調查發現，在台灣旅遊業的難纏顧客中，性別上男女一樣多，年齡大部分是青壯年，大都有出國經驗，沒有特定出國旅遊時間，職業依序以老師、民意代表、記者、公務人員及高科技人員最多，主要來自北部地區，經常為三五成群或單獨一人出遊，其不理性行為經常發生於住宿地點、餐廳及購物地點，而難纏顧客的主要特徵為：1.脾氣固執的年長者；2.教育程度不佳的客人；3.有錢有勢的客人；4.有旅遊經驗的老練旅客；5.自私自利不合群的客人；6.新竹科學園區員工；7.勞工；8.中小企業老闆；9.老師；10.不想花錢自助旅行的年輕人。

三、實證研究方法

(一)餐飲業難纏顧客的分類

問題思考
「奧客」可以分為哪些類型？

問題提示
目前在「奧客」的分類上，大家眾說紛紜，並沒有一致的共識。

問題解答
餐飲業常見的難纏顧客，可以歸納為：「傲慢自大」、「言行粗暴」、「酒醉鬧事」、「永不滿足」、「貪小便宜」、「捉摸不定」、「父母縱容」等7種主要類型。

首先，將不同學者所提出的餐飲業難纏顧客類型，由二位具有餐飲實務經驗之研究人員，依照每一種類型難纏顧客的屬性，獨立作業進行分類。然後，將二人歸類不同的項目提出討論，由二人重新審視並且加以調整。最後，將二人分類結果交給資深餐飲業專業人士進行檢視，是否有需要調整或更正之處，以提高外在判定信度與內容效度。經由此一分類過程，將餐飲業常見的難纏顧客行為歸納為：「傲慢自大」、「言行粗暴」、「酒醉鬧事」、「永不滿足」、「貪小便宜」、「捉摸不定」、「父母縱容」等7種主要類型，以作為進行驗證性分析的理論基礎。

表13-1　餐飲業難纏顧客行為類型分析表

學者	Zemke & Anderson （1990）	Bitner, Booms, Mohr （1994）	Stephenson （1995）	Knutson, Borchgrevink, Woods （1999）
對象	美國銀行、餐廳、航空業	美國旅館、餐廳、航空業	美國餐廳	美國餐廳
傲慢自大	・自負 ・傲慢 ・凡事只對老闆說		・只因他們認識老闆，就期望獲得特殊待遇	・不懂裝懂
言行粗暴	・壞嘴 ・對他人殘忍 ・言語粗魯 ・大聲尖叫 ・誇張	・言語或身體侮辱	・有種族偏見 ・以寵物之名來叫服務人員	・態度惡劣 ・威嚇脅迫
酒醉鬧事		・酒醉		
永不滿足	・跋扈 ・永不滿足 ・下最後通牒	・不合作	・自認他是服務人員唯一必須等候的人	・專業苛求
貪小便宜	・需求 ・要求免費物 ・試圖獲得利益	・違反公司政策或法令	・將食物吃了大半，再說他不喜歡 ・只因他曾獲得一次免費之物，就期望每次都應獲得	
捉摸不定			・點特殊項目又退回 ・經常改變心意	・捉摸不定
父母縱容			・不待在自己的地方 ・放縱小孩亂跑	

㈡人員訪談

　　由於目前在餐飲業難纏顧客的研究均爲國外案例，國內並無類似的研究。因此，爲了對我國餐飲業的難纏顧客有更深入的瞭解，使用Flanagan（1954）所提出的「關鍵事例技術法」，由訪員對國際觀光旅館內餐廳之高階主管5人，以及第一線服務人員30人進行深度談訪，從過去歷史經驗中印象較爲深刻、記憶較爲強烈的難纏顧客事例做詳盡的描述，以深入瞭解難纏顧客的行爲內容。研究者在訪談之前事先準備一份訪談綱要，以確保受訪者確實瞭解難纏顧客的定義與內涵，並且將訪談焦點集中在研究主題上，訪談內容除了事前所準備的開放式問卷外，以難纏顧客爲主軸令受訪者暢所欲言，研究者不做任何批判與導引，只是以適度同理心認同、鼓勵發言，從各種不同的角度、現象、事件、人物特質、互動狀態等，敘述曾遭遇過的難纏顧客事例，訪談過程全程以錄音方式記錄，訪談結束後再以逐字稿方式記錄訪談全文。然後，由二位具有餐飲實務經驗之研究人員，在眾多訪談資料中逐行逐句分析，尋找反覆出現的行爲現象，將訪談所獲得的資料進行歸類。

　　經由上述的分析過程，由第一線服務人員的訪談結果，得到43種餐飲業難纏顧客行爲，並且發現難纏顧客會給第一線服務人員帶來「工作壓力」，影響服務人員的「工作情緒」，降低服務人員的「服務品質」，甚至會有想要「轉換工作」的念頭。但是，由高階主管的訪談結果，卻發現二者的看法大不相同，例如：前麗緻管理顧問公司副總裁蘇國垚就認爲：「沒有所謂的難纏顧客，只有選錯目標市場的飯店」。但是，他也強調：「我們服務客人，但不服侍客人」。此外，君悅飯店的高階主管也認爲：「我們沒有難纏顧客，只有比較不容易服務的顧客，因爲他們的品味比較高，對於服務品質的要求也比較高」。因此，由訪談的結果可知，在餐飲業中是否存在著難纏顧客，高階主管與第一線服務人員的觀點並不相同，還有待進一步的驗證。

㈢研究架構

　　目前國內並無餐飲業難纏顧客的相關研究，國外雖然有學者探討餐飲業難纏顧客的類型，以及難纏顧客與服務人員的背景特質，但是並未分析難纏顧客對服務人員的影響效果。因此，以前述的「傲慢自大」、「言行粗暴」、「酒醉鬧事」、「永不滿足」、「貪小便宜」、「捉摸不定」、「父母縱容」等七種餐飲業主要的難纏顧客類型爲基礎，參考 Knutson 等人（1999）的難纏顧客與服務人員背景特質，以及由人員訪談所獲得難纏顧客對第一線服務人員的影響，建

立研究架構，以驗證在台灣地區的餐飲業中，是否也存在類似的難纏顧客，探討這些難纏顧客的「性別」、「年齡」、「惠顧頻率」、「餐飲經驗」、「消費型態」、「消費時間」、「消費時段」、「消費金額」、「服務人員性別」等背景特質，分析不同類型難纏顧客對服務人員在「帶來工作壓力」、「影響工作情緒」、「降低服務品質」、「想要轉換工作」的影響效果，比較不同「性別」、「年齡」、「職位」與「資歷」的服務人員在面對難纏顧客時的差異性，並且提出下列五個研究假設：

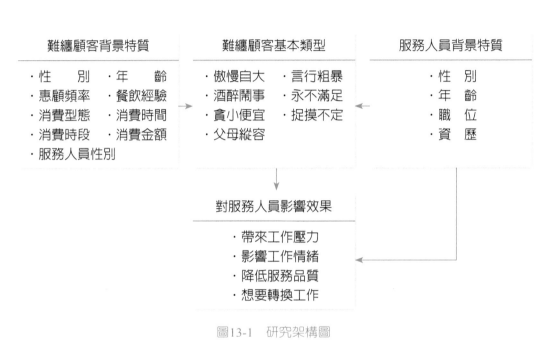

圖13-1　研究架構圖

H1：各種類型的難纏顧客行為，會給服務人員帶來顯著的工作壓力。

H2：各種類型的難纏顧客行為，會顯著影響服務人員的工作情緒。

H3：各種類型的難纏顧客行為，會顯著降低服務人員的服務品質。

H4：各種類型的難纏顧客行為，會顯著影響服務人員想要轉換工作的意願。

H5：不同背景特質的服務人員在面對難纏顧客時，在「帶來工作壓力」、「影響工作情緒」、「降低服務品質」、「想要轉換工作」上會有顯著差異。

(四)問卷設計

依據文獻回顧以及第一線服務人員訪談所獲得的資料，以43種餐飲業常見

的難纏顧客行為來發展問卷初稿，問卷內容包含下列六大部分：

1. 服務人員背景特質

使用「名目尺度」，調查受訪者的「性別」、「年齡」、「職位」與「資歷」等背景特質資料。

2. 難纏顧客背景特質

使用「名目尺度」，調查難纏顧客的「性別」、「年齡」、「惠顧頻率」、「餐飲經驗」、「消費型態」、「消費時間」、「消費時段」、「消費金額」、「服務人員性別」等背景特質資料。

3. 難纏顧客出現頻率

使用「5點評價尺度（1：不曾遇到，2：很少遇到，3：偶爾遇到，4：經常遇到，5：天天遇到）」，以43個餐飲業常見的難纏顧客行為題項，調查各種類型難纏顧客行為出現的頻率。

4. 難纏顧客影響程度

使用「5點評價尺度（1：影響非常小，2：影響小，3：影響中等，4：影響大，5：影響非常大）」，以43個餐飲業常見的難纏顧客行為題項，調查各種類型難纏顧客行為對服務人員的影響程度。

5. 難纏顧客影響效果

使用「5點評價尺度（1：影響非常小，2：影響小，3：影響中等，4：影響大，5：影響非常大）」，以4個題項調查難纏顧客行為對服務人員在「帶來工作壓力」、「影響工作情緒」、「降低服務品質」、「想要轉換工作」上的影響效果。

6. 難纏顧客應對策略

使用「名目尺度」，以3個題項調查服務人員對於難纏顧客的「處理方式」，餐廳是否有對服務人員進行難纏顧客的「教育訓練」，以及餐廳是否有對服務人員「充分授權」去應對難纏顧客。

然後，由訪員使用普查方式，以高雄地區7家國際觀光旅館餐廳進行前驅研究，總共發出240份問卷，回收175份有效問卷，使用 SPSS 統計軟體進行資料分析。最後，將前驅研究所獲得的結果，與三位餐飲業的學者專家討論，刪除3個

不易辨識的餐飲業常見難纏顧客行為題項，並且修正部分題項的文字敘述，建立包含40個餐飲業常見難纏顧客行為題項的正式問卷。

(四)問卷調查

於2005年寒假期間，透過國立高雄餐旅學院餐飲管理科系校外實習學生，由訪員以普查方式，對台灣地區49家國際觀光旅館餐廳第一線服務人員進行問卷調查，總共發出1,000份問卷，回收407份問卷，剔除81份填答不完整問卷後，回收有效問卷326份，有效問卷回收率32.6%。在回收的問卷中，北部地區占48.8%，中部地區占6.7%，南部地區占44.5%；男性占36.5%，女性占63.5%；年齡在20歲以下若占25.5%，21至30歲占58.1%，31至40歲占12.1%，41至50歲占3.4%，51歲以上占0.9%；職位為兼職人員占15.0%，實習生占15.3%，服務員占34.4%，組長占4.7%，領班占19.3%，主任占4.7%，副理占4.7%，經理以上若占2.5%；工作資歷六個月以下占25.1%，七個月至一年占20.4%，滿一年至二年占20.1%，滿二年至三年占10.7%，滿三年以上占23.8%。

四、資料處理分析

(一)難纏顧客的出現頻率與影響程度

將40個餐飲業常見的難纏顧客行為題項，進行「出現頻率」與「影響程度」分析，發現在出現頻率題項中，以「營業時間已過，卻不願離開」、「小孩於餐廳任意玩耍，大人不願管教」、「小孩吵鬧，影響顧客用餐，大人不願理睬」等3項平均值大於3（偶爾遇到），但是「堅持拒絕特定人員服務」、「恐嚇威脅，暴力相向」、「結帳時發票已印出，拒不付尾數」、「不當要求服務人員陪酒」、「對服務人員言語性騷擾」、「對服務人員毛手毛腳」、「服裝儀容不符規定，卻要強行硬闖」、「說謊冒充，招搖撞騙」、「偷竊現場器皿」、「蓄意破壞設備」等10項平均值小於2（很少遇到），其餘27項平均值均界於2.13～2.93之間。此外，在影響程度題項中，以「自以為了不起，想要怎樣就怎樣」、「自己有錯，卻怪罪服務人員」、「自視甚高，瞧不起服務人員」、「事事都要快，以為服務人員只服務他一人」、「態度惡劣，無理要求」、「無理要求遭拒，反而辱罵服務人員」、「恐嚇威脅，暴力相向」、「酒後亂吐，製造髒亂」、「大聲喧嘩，影響現場安寧」、「快到打烊時間，才要進來用餐」、「用餐時間已過，卻不願離開」、「放任小孩不管，出事責怪服務人員」、「小孩

於餐廳任意玩耍，大人不願管教」、「小孩吵鬧，影響顧客用餐，大人不願理睬」、「對服務人員言語性騷擾」、「對服務人員毛手毛腳」、「假借認識主管，要求折扣或贈品」等17項平均值大於3（影響中等），其餘23項平均值均界於2.43～2.94之間。由此可見，在台灣地區的國際觀光旅館餐廳中，偶爾會出現一些難纏顧客行為，並且對服務人員產生某種程度的影響。

表13-2　難纏顧客行為出現頻率與影響程度分析表

題項	出現頻率		影響程度	
	平均數	標準差	平均數	標準差
1.什麼事情都要找主管	2.93	0.86	2.91	0.92
2.堅持指定特定人員服務	2.35	0.93	2.50	1.05
3.堅持拒絕特定人員服務	1.81	0.89	2.44	1.18
4.自以為了不起，想要怎樣就怎樣	2.91	0.94	3.19	1.00
5.自己有錯，卻怪罪服務人員	2.80	0.90	3.17	1.05
6.自視甚高，瞧不起服務人員	2.86	0.95	3.07	1.08
7.事事都要快，以為服務人員只服務他一人	2.93	1.03	3.15	1.11
8.言語粗魯，滿嘴髒話	2.22	0.92	2.89	1.19
9.態度惡劣，無理要求	2.50	0.92	3.22	1.18
10.無理要求遭拒，反而辱罵服務人員	2.17	0.95	3.22	1.22
11.恐嚇威脅，暴力相向	1.55	0.85	3.18	1.47
12.不停抱怨，卻無具體內容	2.50	1.00	2.94	1.08
13.心情不佳，卻遷怒服務人員	2.28	0.99	2.83	1.15
14.假藉酒意，無理取鬧	2.13	1.00	2.95	1.20
15.酒後亂吐，製造髒亂	2.14	1.05	3.01	1.26
16.大聲喧嘩，影響現場安寧	2.74	1.04	3.11	1.21
17.刻意點菜單上沒有的菜	2.13	1.03	2.57	1.08
18.處處都嫌，凡事皆不滿意	2.47	0.96	2.88	1.06
19.餐食吃完一大半，才東嫌西嫌	2.61	0.97	2.86	1.01
20.藉故找理由，貪小便宜	2.75	1.00	2.84	1.02
21.藉故抱怨，根本不想付錢	2.15	1.02	2.94	1.21
22.結帳時發票已印出，拒不付尾數	1.74	0.97	2.72	1.31
23.兒童已超過收費標準，卻不願付費	2.51	1.23	2.80	1.19
24.沒有主見，根本不知到底要什麼	2.37	1.09	2.43	1.12
25.已開始上菜，卻又要求服務人員改菜單	2.31	1.04	2.86	1.20
26.快到打烊時間，才要進來用餐	2.86	1.13	3.00	1.21
27.用餐時間已過，卻不願離開	3.23	1.11	3.07	1.19
28.放任小孩不管，出事責怪服務人員	2.69	1.13	3.29	1.20
29.小孩於餐廳任意玩耍，大人不願管教	3.10	1.07	3.35	1.19
30.小孩吵鬧，影響顧客用餐，大人不願理睬	3.04	1.10	3.38	1.21

（續接下表）

題項	出現頻率		影響程度	
	平均數	標準差	平均數	標準差
31.不當要求服務人員陪酒	1.81	0.99	2.94	1.40
32.對服務人員言語性騷擾	1.93	0.96	3.03	1.36
33.對服務人員毛手毛腳	1.85	0.97	3.21	1.37
34.在禁菸區抽菸，屢勸不聽	2.19	1.04	2.89	1.23
35.服裝儀容不符規定，卻要強行硬闖	1.79	0.97	2.52	1.17
36.不聽從帶位，堅持自行選擇座位	2.73	1.15	2.85	1.16
37.說謊冒充，招搖撞騙	1.77	1.00	2.77	1.29
38.偷竊現場器皿	1.90	0.99	2.89	1.30
39.蓄意破壞設備	1.77	0.96	2.91	1.37
40.假借認識主管，要求折扣或贈品	2.77	1.20	3.03	1.13

(二)難纏顧客的背景特質

經由次數分配分析發現，在難纏顧客的「性別」上，有13.5%的服務人員認為「男性」較多，41.2%認為「女性」較多，45.2%認為無性別差異；在難纏顧客的「年齡」上，20歲以下占0.3%，21～30歲占10.5%，31～40歲占53.8%，41～50歲占32.5%，51～60歲占2.5%，61歲以上占0.3%；在「惠顧頻率」上，「初次惠顧」占9.9%，「偶爾惠顧」占55.3%，「經常惠顧」占32.9%，「天天惠顧」占1.9%；在「餐飲經驗」上，「完全外行」占18.3%，「稍有經驗」占48.4%，「頗有經驗」占31.1%，「非常專業」占2.2%；在「消費型態」上，「單獨一人」占2.5%，「二人同行」占14.9%，「3～5人同行」占48.4%，「6-10人同行」占17.7%，「11人以上團體」占16.5%；在「消費時間」上，「非例假日」占4.0%，「例假日」占22.4%，「特定節日」占9.6%，「無日期差異」占64.0%；在「消費時段」上，「早餐」占3.2%，「午餐」占10.7%，「下午茶」占7.3%，「晚餐」占36.9%，「宵夜」占1.6%，「無時段差異」占40.4%；在「服務人員的性別」上，8.1%認為「男性服務人員」較多，43.8%認為「女性服務人員」較多，48.1%認為無性別差異。由此可見，在台灣地區的國際觀光旅館餐廳中，難纏顧客在性別上以女性稍多，但是無明顯的差異，年齡約在31-50歲之間，偶爾惠顧，稍有餐飲經驗，通常3～5人同行，出現日期與消費時段並無明顯的差異，但是晚餐時段稍多，在服務人員的性別上以女性稍多，但是並無明顯的差異，此一結果與 Knutson 等人（1999）的研究結論相近。

㈢難纏顧客行為的類型分析

將40個餐飲業常見的難纏顧客行為題項，依據前述「影響程度」平均數分析的結果，刪除「堅持拒絕特定人員服務」、「恐嚇威脅，暴力相向」、「結帳時發票已印出，拒不付尾數」、「不當要求服務人員陪酒」、「對服務人員言語性騷擾」、「對服務人員毛手毛腳」、「服裝儀容不符規定，卻要強行硬闖」、「說謊冒充，招搖撞騙」、「偷竊現場器皿」、「蓄意破壞設備」等十個平均值低於2（很少遇到）的題項之後，使用「最大變異法」進行因素分析，選取在主要構面因素負荷量大於0.5以上之題項，刪除「態度惡劣，無理要求」、「心情不佳，卻遷怒服務人員」、「大聲喧嘩，影響現場安寧」、「已開始上菜，卻又要求服務人員改菜單」等四個不易辨識題項後，得到七個特徵值大於1的因素構面，包含26個題項。然後，依據各個因素構面的題項內容，分別命名為：「永不滿足」、「傲慢自大」、「父母縱容」、「言行粗暴」、「違反規定」、「自以為是」、「拖延時間」等七種主要的難纏顧客行為類型，其 Cronbach's α 值介於0.71～0.89之間，累積變異解釋量為74.69%。此一結果與研究架構略有差異，其中「酒醉鬧事」、「貪小便宜」、「捉摸不定」等三種類型難纏顧客行為，由「違反規定」、「自以為是」、「拖延時間」所取代。

表13-3　難纏顧客類型分析表

構面	評量項目	因素負荷量	Cronbach's α	特徵值	百分比	累積百分比
永不滿足	18.處處都嫌，凡事皆不滿意	0.75	0.89	3.84	14.78	14.78
	19.餐食吃完一大半，才東嫌西嫌	0.73				
	17.刻意點菜單上沒有的菜	0.70				
	20.藉故找理由，貪小便宜	0.64				
	21.藉故抱怨，根本不想付錢	0.54				
	24.沒有主見，根本不知到底要什麼	0.53				
	12.不停抱怨，卻無具體內容	0.53				
傲慢自大	5.自己有錯，卻怪罪服務人員	0.76	0.89	3.57	13.72	28.50
	4.自以為了不起，想要怎樣就怎樣	0.76				
	6.自視甚高，瞧不起服務人員	0.72				
	7.事事都要快，以為只服務他一人	0.70				
父母縱容	29.小孩於餐廳任意玩耍，大人不願管教	0.82	0.89	2.97	11.42	39.92
	30.小孩吵鬧，影響顧客，大人不願理睬	0.80				
	28.放任小孩不管，出事責怪服務人員	0.68				

（續接下表）

構面	評量項目	因素負荷量	Cronbach's α	特徵值	百分比	累積百分比
言行粗暴	8.言語粗魯，滿嘴髒話 14.假藉酒意，無理取鬧 10.無理要求遭拒，反而辱罵服務人員 15.酒後亂吐，製造髒亂	0.70 0.69 0.64 0.63	0.85	2.88	11.08	51.00
違反規定	34.在禁菸區抽菸，屢勸不聽 23.兒童已超過收費標準，卻不願付費 36.不聽從帶位，堅持自行選擇座位 40.假借認識主管，要求折扣或贈品	0.74 0.61 0.58 0.54	0.81	2.62	10.08	61.08
自以為是	2.堅持指定特定人員服務 1.什麼事情都要找主管	0.87 0.75	0.71	1.77	6.82	67.90
拖延時間	26.快到打烊時間，才要進來用餐 27.用餐時間已過，卻不願離開	0.79 0.65	0.79	1.77	6.79	74.69

㈣難纏顧客行為類型對服務人員的影響效果

　　由難纏顧客行為類型對服務人員影響效果分析的結果可知，難纏顧客給服務人員「帶來工作壓力」的平均值為3.51（2：影響小，3：影響中等，4：影響大），「影響工作情緒」的平均值為3.70，「降低服務品質」的平均值為3.28，「想要轉換工作」的平均值為2.74。由此可見，難纏顧客會給服務人員帶來相當程度的工作壓力，而且會影響服務人員的工作情緒，降低服務人員的服務品質，但是對想要轉換工作的影響程度較小。此外，為了瞭解各種類型難纏顧客對服務人員的影響效果，分別以「帶來工作壓力」、「影響工作情緒」、「降低服務品質」、「想要轉換工作」為依變數，以七種「難纏顧客行為類型」的因素分數為自變數進行迴歸分析，由難纏顧客行為類型對服務人員影響效果迴歸分析的結果可知，「永不滿足」型難纏顧客對「帶來工作壓力」、「降低服務品質」、「想要轉換工作」有顯著的正向影響效果，可見「永不滿足」型的難纏顧客，會給服務人員帶來工作壓力、降低服務品質，並且想要轉換工作。「傲慢自大」型難纏顧客對「帶來工作壓力」、「影響工作情緒」、「降低服務品質」、「想要轉換工作」均有顯著的正向影響效果，可見「傲慢自大」型的難纏顧客，會給服務人員帶來工作壓力、影響工作情緒、降低服務品質，並且想要轉換工作。「父母縱容」型難纏顧客對「帶來工作壓力」、「影響工作情緒」有顯著的正向影響效果，可見「父母縱容」型的難纏顧客，會給服務人員帶來工作壓力，而且影響工

作情緒。「違反規定」與「帶來工作壓力」、「影響工作情緒」、「降低服務品質」、「想要轉換工作」均無顯著的影響效果，可見「違反規定」型的難纏顧客對於服務人員並無重大的影響。「自以為是」型難纏顧客對「影響工作情緒」有顯著的負向影響效果，可見「自以為是」型的難纏顧客，並不會負面影響服務人員的工作情緒，反而會因為顧客直接找主管而樂得清閒。「拖延時間」型難纏顧客對「降低服務品質」有顯著的正向影響效果，可見「拖延時間」型的難纏顧客，會降低服務人員的服務品質。綜合上述所述，研究假設一至四，只有部分獲得支持。

表13-4　難纏顧客行為類型對服務人員影響效果迴歸分析表

類型	永不滿足	傲慢自大	父母縱容	言行粗暴	違反規定	自以為是	拖延時間
帶來工作壓力	0.14*	0.16*	0.23**	0.06	0.10	0.03	0.04
影響工作情緒	0.10	0.28**	0.16*	0.06	0.04	−0.13*	0.09
降低服務品質	0.14*	0.22**	0.02	0.08	0.00	0.02	0.15*
想要轉換工作	0.13*	0.20**	0.03	0.16*	−0.01	0.04	−0.02

** : p < .01 ; * : p < .05

㈤不同背景特質服務人員面對難纏顧客的差異分析

為了比較不同背景特質的服務人員在面對難纏顧客時，在「帶來工作壓力」、「影響工作情緒」、「降低服務品質」、「想要轉換工作」上是否有顯著差異，以「帶來工作壓力」、「影響工作情緒」、「降低服務品質」、「想要轉換工作」為依變數，以餐廳所在的「地區」，以及服務人員的「性別」、「年齡」、「職位」與「資歷」為因子，進行單因子變異數分析，由不同背景服務人員面對難纏顧客差異分析的結果可知，除了服務人員的「性別」在「帶來工作壓力」、「影響工作情緒」與「降低服務品質」上有顯著差異之外，其餘均無顯著差異。由此可見，在台灣地區國際觀光旅館餐廳中，女性服務人員在面對難纏顧客時，要比男性服務人員感受到較大的工作壓力，而且在工作情緒與服務品質上受到比較大的影響。所以，研究假設五，只有在服務人員的「性別」上獲得部分支持，其餘均未能獲支持。

表13-5　不同背景服務人員面對難纏顧客差異分析表（＊：p＜.10）

	項目	帶來工作壓力	影響工作情緒	降低服務品質	想轉換工作
地區	北　　部	3.72	3.53	3.17	2.71
	中　　部	3.70	3.60	3.55	2.60
	南　　部	3.67	3.49	3.38	2.79
	P　　值	0.90	0.89	0.19	0.69
性別	男　　性	3.58	3.38	3.12	2.62
	女　　性	3.80	3.62	3.38	2.82
	P　　值	0.08*	0.07*	0.07*	0.12
年齡	20歲以下	3.66	3.38	3.29	2.72
	21至30歲	3.77	3.60	3.28	2.76
	31至40歲	3.62	3.49	3.33	2.54
	41至50歲	3.18	3.18	2.73	3.18
	51歲以上	2.67	3.00	3.33	2.67
	P　　值	0.18	0.42	0.66	0.50
職位	兼職人員	3.82	3.44	3.47	2.80
	實習生	3.88	3.71	3.56	2.73
	服務員	3.75	3.55	3.26	2.78
	組　　長	3.13	3.13	2.93	2.73
	領　　班	3.65	3.58	3.34	2.76
	主　　任	3.53	2.87	2.53	2.27
	副　　理	3.53	3.60	3.13	2.80
	經理以上	3.75	4.00	3.25	2.50
	P　　值	0.43	0.17	0.13	0.82
工作年資	六個月以下	3.69	3.51	3.38	2.83
	七個月至一年	3.89	3.51	3.40	2.60
	滿一年至二年	3.75	3.56	3.27	2.92
	滿二年至三年	3.58	3.33	3.27	2.50
	滿三年以上	3.60	3.58	3.13	2.73
	P　　值	0.54	0.87	0.68	0.30

問題思考

當服務人員遇到「奧客」時,應該如何處理?

問題提示

在台灣地區的國際觀光旅館餐廳中,約有40%的服務人員受過難纏顧客的教育訓練,而且獲得充分的授權去應對難纏顧客,但是約有20%的服務人員未曾受過難纏顧客的教育訓練,也未能獲得充分的授權。

問題解答

當服務人員在面對難纏顧客時,只有33.8%會獨立應對,有2.6%不予理會,有28.5%請求同事協助,卻有35.1%交給上司處理。由此可見,台灣地區國際觀光旅館餐廳,對於服務人員如何面對難纏顧客的教育訓練並不夠完善。

當服務人員在面對難纏顧客時,有2.6%的服務人員不予理會,33.8%獨立應對,28.5%請求同事協助,35.1%交給上司處理。其次,有43.8%的服務人員受過如何應對難纏顧客的教育訓練,20%未曾受過教育訓練,36.3%沒有意見。此外,有41.5%服務人員獲得充分授權去應對難纏顧客,20.1%未獲得充分授權,38.4%沒有意見。由此可見,在台灣地區的國際觀光旅館餐廳中,當服務人員在面對難纏顧客時,約有1/3的服務人員獨立應對,約有1/3弱請求同事協助,約有1/3強交給上司處理。此外,雖然有40%左右的服務人員受過如何應對難纏顧客的教育訓練,而且獲得充分的授權去應對難纏顧客,但是還有約20%的服務人員未曾受過難纏顧客的教育訓練,也未獲得充分的授權去應對難纏顧客。

五、管理實務意涵

在現代企業「顧客至上」的典範下,「顧客永遠是對的」,成為員工必須遵守的唯一法則,但是顧客真的永遠是對的嗎?由高階主管人員訪談的結果可知,

在餐飲業高階主管的眼中，只有選錯目標市場的飯店，以及比較不容易服務的顧客，並沒有所謂的難纏顧客。然而，目標市場的選擇是否正確，屬於高階管理的策略判斷，對於第一線的服務人員而言，他們別無選擇，只能默默地接受每一位走進餐廳的顧客，並且想盡辦法去討好他們。但是，以往在服務接觸顧客滿意的相關研究上，大多只從「顧客」的角度來進行分析，很少由「員工」的角度來深入發掘問題，以致難纏顧客的議題一直被忽視。因此，高階管理者應正視難纏顧客對第一線服務人員所可能帶來的問題，瞭解不同類型難纏顧客的行為對服務人員的影響效果，並且加強服務人員的教育訓練以應對難纏顧客。

(一)難纏顧客行為對服務人員的影響效果

由難纏顧客行為出現頻率與影響程度分析的結果可知，「營業時間已過，卻不願離開」、「小孩於餐廳任意玩耍，大人不願管教」、「小孩吵鬧，影響顧客用餐，大人不願理睬」等3項平均值大於3（偶爾遇到），但是「堅持拒絕特定人員服務」、「恐嚇威脅，暴力相向」、「結帳時發票已印出，拒不付尾數」、「不當要求服務人員陪酒」、「對服務人員言語性騷擾」、「對服務人員毛手毛腳」、「服裝儀容不符規定，卻要強行硬闖」、「說謊冒充，招搖撞騙」、「偷竊現場器皿」、「蓄意破壞設備」等10項平均值小於2（很少遇到），其餘27項平均值均界於2.13～2.93之間。此外，在影響程度題項中，17項平均值大於3（影響中等），其餘23項平均值均界於2.43～2.94之間。由此可見，在台灣地區的國際觀光旅館餐廳中，確實存在某些類型的難纏顧客行為，但是除了「營業時間已過，卻不願離開」、「小孩於餐廳任意玩耍，大人不願管教」、「小孩吵鬧，影響顧客用餐，大人不願理睬」等3項較為常見之外，其餘類型出現的頻率並不高，對服務人員的影響效果也不大。然而，由於是以國際觀光旅館餐廳進行實證研究，可能因為消費金額較高，以致顧客的水準也較高，所以難纏顧客行為發生的機會也相對較少。

(二)難纏顧客的背景特質並無明顯的差異

由難纏顧客背景特質分析的結果可知，在台灣地區的國際觀光旅館餐廳中，難纏顧客的背景特質並無明顯的差異，但是可以約略描繪出較常見的難纏顧客圖像，以女性，年齡在31～50歲之間，偶爾惠顧，稍有餐飲經驗，通常3～5人同行，在晚餐時段出現，而且當服務人員為女性時較常發生，此與 Knutson 等人（1999）對美國餐飲業的研究結果相近。

(三)台灣地區國際觀光旅館餐廳的難纏顧客，可以歸納為七種主要行為類型

由難纏顧客類型分析的結果可知，在台灣地區的國際觀光旅館餐廳中，難纏顧客可以歸納為「永不滿足」、「傲慢自大」、「父母縱容」、「言行粗暴」、「違反規定」、「自以為是」、「拖延時間」等七種主要的行為類型。其中，「永不滿足」、「傲慢自大」、「父母縱容」、「言行粗暴」等4種類型，與學者對美國餐廳的研究結果相同，但是「酒醉鬧事」、「貪小便宜」、「捉摸不定」等3種類型，則由「違反規定」、「自以為是」、「拖延時間」所取代，推論其主要原因可能在於「研究對象」與「文化背景」的差異。由於以「國際觀光旅館餐廳」為對象進行研究，而美國學者是以「一般餐廳」為對象，在消費金額與顧客層次上有明顯的差異，以致「酒醉鬧事」、「貪小便宜」、「捉摸不定」等3種類型難纏顧客較少出現，但是由於台灣人對於「守法守時」的觀念相對於美國人較為薄弱，而且能在國際觀光旅館餐廳消費者，均有相當的經濟能力與身分地位，自我觀念也相對較重，以致「違反規定」、「自以為是」、「拖延時間」等3種類型難纏顧客較常出現。

(四)不同類型難纏顧客對服務人員會有不同的影響效果

由難纏顧客行為類型對服務人員影響效果迴歸分析的結果可知，在七種類型的難纏顧客中，以「傲慢自大」型對服務人員的影響效果最大，不論對服務人員「帶來工作壓力」、「影響工作情緒」、「降低服務品質」或「想要轉換工作」均有顯著的正向影響，「永不滿足」型對「帶來工作壓力」、「降低服務品質」與「想要轉換工作」有顯著的正向影響，「父母縱容」型對「帶來工作壓力」與「影響工作情緒」有顯著的正向影響，而「言行粗暴」型只對「想要轉換工作」有顯著的正向影響，「拖延時間」只對「降低服務品質」有顯著的正向影響。但是，「違反規定」型對「帶來工作壓力」、「影響工作情緒」、「降低服務品質」與「想要轉換工作」均無顯著影響。然而，有趣的是「自以為是」型卻對「影響工作情緒」有顯著的負向影響。由此可見，在台灣地區國際觀光旅館附設餐廳中，由於顧客的層次較高，「傲慢自大」與「永不滿足」型的難纏顧客較為常見，餐廳又得罪不起此類顧客，服務人員也就只有忍氣吞聲默默承受，以致工作壓力特別大。「父母縱容」型會使兒童在餐廳中胡作非為，導致設備或人員受損，造成服務人員的工作壓力，並且影響工作情緒。「言行粗暴」型會對服務人員直接造成傷害，導致服務人員想要轉換工作。「拖延時間」型只影響服務人

員準備餐食與清理設備的時間，所以只會影響服務品質。「違反規定」型在服務人員看來可能只是無傷大雅，反正交給上司處理，以致影響效果並不顯著。「自以為是」型喜歡指定特定人員服務或直接找主管，在服務人員看來反正又沒我的事，反而樂得清閒，以致與「工作情緒」呈顯著的負相關。

㈤不同性別的服務人員在面對難纏顧客時有顯著差異

由不同背景特質服務人員面對難纏顧客差異分析的結果可知，在台灣地區的國際觀光旅館餐廳中，女性服務人員在面對難纏顧客時，要比男性服務人員面臨較大的工作壓力，而且在工作情緒與服務品質上，也受到比較大的影響。此一現象，除了女性比較容易緊張的特質之外，也可能與難纏顧客比較容易發生在服務人員為女性時有關。但是，除了「性別」之外，不同背景特質的服務人員在面對難纏顧客時並無顯著差異。由此可見，難纏顧客是否會給服務人員帶來困擾，除了性別因素之外，並無顯著的差異性存在。

㈥服務人員如何應對難纏顧客的教育訓練並不夠完善

由服務人員對難纏顧客應對策略分析的結果可知，雖然在台灣地區的國際觀光旅館餐廳中，約有40%的服務人員受過難纏顧客的教育訓練，而且獲得充分的授權去應對難纏顧客。但是，還有約20%的服務人員未曾受過難纏顧客的教育訓練，也未能獲得充分的授權。此外，當服務人員在面對難纏顧客時，只有33.8%會獨立應對，有2.6%不予理會，有28.5%請求同事協助，卻有35.1%交給上司處理。由此可見，目前在台灣地區國際觀光旅館餐廳中，對於服務人員如何面對難纏顧客的教育訓練並不夠完善，還有相當大的改善空間。

㈦顧客滿意服務策略

企業在評估不同市場區隔之後，必須從中找出一個或數個值得進入以及其所要服務的市場。因此，飯店餐飲業若想建立成功的顧客關係，那麼選擇適合的目標區隔顧客便勢在必行，顧客和企業的能力相符合是非常重要的。Woo 與 Fock（2004）建議將顧客分成「正確的顧客（right customers）」：公司有能力並且可以讓顧客滿意從而帶來利潤的顧客；「錯誤的顧客（wrong customers）」：公司無法服務或不能帶來利潤，或根本不想獲得服務滿意的顧客；「風險顧客（at risk right customers）」：其一為整體滿意度高但特殊需求（服務或產品）不滿，有待加強服務，其二為整體滿意度不高但特殊需求（服務或產品）滿意度高，每次都必須增額外的成本與經費給予贈送或優待。

對於「正確的顧客」來說，正是我們理想中所要服務的顧客，而「錯誤的顧客」，卻是我們不得不放棄的顧客，因為既無利可圖又在服務場景中給其他顧客和服務人員帶來困擾，不得不忍痛放棄。針對第一種「風險顧客」，由於其對整體利潤和滿意度還是正向發展，我們必須加強服務，在服務上做提升，否則他們會轉向其他的競爭對手。針對第二種「風險顧客」，便是我們的「難纏顧客」，難纏顧客處理得當還是有可能轉為「正確的顧客」，在評估所需付出的額外成本若高到無法負荷或問題還是無法處理時（難纏顧客中的本質惡劣顧客），這種無法處理的第二種風險顧客在歸類上，便是必須要放棄的「錯誤的顧客」。

	整體的滿意度	
低		高
風險顧客	正確顧客	
難纏顧客 （服務補救，耗用額外成本與經費）	（必須保留的顧客，隨時會投向競爭者）	
錯誤顧客	風險顧客	
（難以服務，必須考慮放棄）	正確顧客 （改善與加強服務）	

高 有條件的滿意度 低（左側縱軸標示）

圖13-2　Woo 與 Fock（2004）顧客滿意服務策略圖

解決「難纏顧客」最好的策略，是在問題發生之前便已解決，意即在服務藍圖設定之初便已將問題列入考慮予以防範。在人員招募時，便挑選性格特質適合服務業需求的人員，例如：喜歡和人接觸、性格開朗、積極熱心、陽光型的人。在訓練過程中，特別強調馬斯洛「需求層級理論」的內涵與技巧。當「難纏顧客」的問題有產生徵候或已發生時，即使不能解決，亦可轉移給第三者或更高位階的人來處理，在這時間點，有一些「風險顧客」經確認後，將轉為「正確的顧客」或「錯誤的顧客」。「顧客並非永遠是對的，是我們讓顧客覺得他是對的！」公司必須能夠長期使自己的員工和顧客都滿意，才能創造獲利的契機，沒有滿意的員工便沒有滿意的顧客，沒有滿意的顧客便沒有獲利的企業。

參考文獻

王一芝（2004）。第一線服務生比超人還難為。遠見雜誌，2004/1/1，165-174。
尹子平（2003）。難纏顧客對領隊服務品質影響之研究（未出版碩士論文）。世新大學觀光學研究所，台北市。

交通部觀光局網站（2005）。http://www.taiwan.net.tw。

陳秀佩（譯）（2001）。地獄來的顧客——搞定難纏顧客的生存指南。台北：遠流。（Belding, 1996）

郭德賓與陳智中（2005）。餐飲業的難纏顧客：以台灣國際觀光旅館所屬餐廳為例。國立澎湖技術學院，第二屆服務業管理與創新學術研討會論文集（頁2883-2904），2005/9/9-11。

Bitner, M. J., Booms, B. H., & Mohr, L. A. (1994). Critical service encounters: The employee's viewpoint. *Journal of Marketing,* 58(4), 95-111.

Flanagan, J. C. (1954). The critical incident technique. *Psychological Bulletin,* 51(4), 27-358.

Knutson, B. J., Borchgrevink, C., & Woods, B. (1999). Validating a typology of the customer from hell. *Journal of Hospitality & Leisure Marketing,* 6(3), 5-22.

Lovelock, C., & Wirtz, J. (2004). *Services Marketing: People, Technology, Strategy.* Upper Saddle River, NJ: Prentice Hall.

Peter, T. J., & Waterman, R. H., Jr. (1982). *In search of excellence.* New York, NY: Harper & Row.

Simurda, S. J. (1994). Clients from hell. *Home Office Computing*, May, 12(5), 59-63.

Stephenson, S. (1995). Customers from hell. *Restaurants and Institutions*, March(15), 114-121.

Woo, Ka-Shing & Fock, Henry K. Y. (2004). Retaining and diverting customers: An exploratory study of right customers, at-risk right customers, and wrong customers. *Journal of Services Marketing,* 18(3), 187-197.

Zemke, R., & Anderson, K. (1990). Customer from hell. *Training*, February.

第 肆 篇
個案討論篇

　　如何整合理論與實務，並且將所學實際應用於日常生活中，是學習的最高境界。所以，第肆篇「個案討論篇」，是透過實際的案例分析，將前三篇所學的理論與實務加以整合應用，內容包含：「第十四章　顧客滿意個案討論」、「第十五章　員工自發行為個案討論」、「第十六章　服務失誤個案討論」、「第十七章　服務補救個案討論」、「第十八章　補救失誤個案討論」，學會本篇的顧客滿意、服務失誤與服務補救個案討論，可以讓你對於如何將書上所學的顧客滿意理論，實際應用於服務業的經營管理更加得心應手。

第十四章

顧客滿意個案討論

一、個案描述

二、個案討論

問題思考

到底什麼是什麼事情，讓顧客感到滿意？是「有形產品」，還是「無形服務」？

問題提示

「顧客滿意」是由顧客比較購買前的期望與購買後的績效所產生，只要超越顧客的期望，顧客就會感到滿意。

問題解答

能讓顧客感到滿意的事情很多，有時候只是一個貼心的服務，甚至一個淺淺的微笑，都能讓顧客感動。

一、個案描述

高雄市文化中心附近巷子裡，有許多餐廳販賣各式異國料理，當我吃完晚餐之後，服務人員 A 走過來問我：「什麼時候上附餐飲料？」我反問：「你們附餐有什麼飲料？」服務人員回答說：「附餐飲料是紅茶。」我說：「我喝紅茶會睡不著，可不可以換別的？」服務人員回答說：「可以換綠茶。」我說：「綠茶也一樣會睡不著，可不可以換別的，例如果汁？」服務人員回答說：「果汁要另外點。」我說：「那我不要了，可不可以退錢？」服務人員回答說：「不要也不可以退錢。」買完單之後，我帶著不舒服的心情，默默離開餐廳，很久不再到那家餐廳吃飯。

在一個下著毛毛雨的夜裡，因為不想淋雨走太遠去吃飯，不得已再走入那家餐廳，這次換了另外一位服務人員 B。當我吃完晚餐之後，服務人員走過來問我：「什麼時候上附餐飲料？」我反問：「你們附餐有什麼飲料？」服務人員回答說：「附餐飲料是紅茶。」我說：「我喝紅茶會睡不著，可不可以換別的？」服務人員回答說：「可以換綠茶。」我說：「綠茶也一樣會睡不著，可不可以換別的，例如果汁？」服務人員回答說：「果汁要另外點，我幫你換豆漿好不好？」這個回答超出我預料之外，雖然送來的豆漿稀如水，但是至少服務人員盡力了，我帶著滿意的心情離開餐廳，心裡想下次如果有機會再來試試。

在一個寒冷的夜裡，我再度走入那家餐廳，這次又換了另外一位服務人員C。當我吃完晚餐之後，服務人員走過來問我：「什麼時候上附餐飲料？」我反問：「你們附餐有什麼飲料？」服務人員回答說：「附餐飲料是紅茶。」我說：「我喝紅茶會睡不著，可不可以換別的？」服務人員回答說：「我看您一直在咳嗽，我幫您換一杯熱薑茶好不好？」這個回答讓我整個人愣住了，真的可以嗎？沒多久，服務人員滿懷笑容，端來一杯熱薑茶，喝完之後，整個心都溫暖起來了。於是，我帶著愉快的心情離開餐廳，心裡想下次一定要再來光顧。

過了三個月之後，我再度來到那家餐廳，迎接我的是另一位服務人員D，她笑著對我說：「陳小姐您好久沒來了。」聽她這麼一叫，我心裡嚇了一跳，心想你怎麼還記得我姓陳！坐下來點菜之後，她看我菜單看了好久，就對我說：「我記得您上次點的是德國豬腳，您覺得比較油膩，現在我們餐廳有推出新的菜單，我推薦您試試清蒸鱸魚，吃起來比較清淡，會比較合您的口味。」聽她這麼一說，我再也憋不住了，笑著問她說：「妳怎麼會記得我姓陳？怎麼會記得我上次點的是德國豬腳？」她笑著對我說：「餐廳裡客人那麼多，每天來來去去，大部分的客人我們都記不得。」「那你為什麼會記得我呢？」我迫不及待的想知道答案。她笑著回答說：「像您這麼溫文儒雅，氣質出眾，我當然會記得您。」聽她這麼一說，我的整個心都融化了，整個晚餐心情都很愉快，結帳時還史無前例地給了小費。於是，我帶著感動的心情離開餐廳，心想這家餐廳雖然很小，卻是我心目中最棒的餐廳。

二、個案討論

(一)當顧客提出標準服務以外的要求時，服務人員要不要接受，這樣的顧客算不算「奧客」？

Bitner、Booms 與 Tetreault（1990）將導致服務接觸顧客滿意的主要因素分為：「員工對服務傳遞系統失誤的回應」、「員工對顧客需要與要求的回應」與「員工自發行為」三大類。在餐飲業服務接觸的實證研究中發現，導致顧客滿意的主要因素，以「員工自發行為」所占比率最高，「服務傳遞系統良好」次之，「員工對顧客需要與要求的回應」最低。由此可知，雖然服務人員完全依照餐廳的標準服務流程來做並沒有錯，但是每一位顧客的需求不盡相同，標準服務流程只能滿足顧客的一般需求，無法滿足顧客的特殊需求。所以，當顧客提出特殊需求時，並不一定是「奧客」，如果服務人員能夠自發性地滿足顧客的特殊需求，顧客將會感到特別滿意。

顧客滿意是由消費者比較購買前的期望，與購買後的實際感受是否一致所產生。第一位服務人員 A 完全依照餐廳的標準作業流程來做，基本上並沒有錯，但是卻不符合顧客的期望，所以顧客帶著不舒服的心情，默默離開餐廳，很久不再到那家餐廳吃飯。第二位服務人員 B，雖然也是依照餐廳的標準作業流程來做，卻做了小小的變通，對餐廳而言，成本並沒有增加，可是符合顧客的期望，所以顧客帶著滿意的心情離開餐廳，心裡想下次如果有機會願意再來試試。第三位服務人員 C，並沒有依照餐廳的標準作業流程來做，而是自發性地站在顧客立場為顧客設想，對餐廳而言，雖然成本略有增加，但是卻超越顧客的期望，所以顧客帶著愉快的心情離開餐廳，心裏想下次一定要再來光顧。第四位服務人員 D，雖然也是依照餐廳的標準作業流程來做，但是她自發地記住了顧客的姓名，過去的消費經驗與偏好，並且非常有技巧的回答顧客的問題，對餐廳而言，成本一點也沒有增加，卻遠遠超越顧客的期望，所以顧客整個心都融化了，結帳時還史無前例地給了小費，帶著感動的心情離開餐廳，這才是服務的最高境界。

⑶如果你是這家餐廳的老闆，當你發現服務人員並沒有完全依照餐廳的標準作業流程來做時，你會採取什麼樣的反應？

當服務人員沒有依照餐廳的標準作業流程來做時，老闆可能會有三種反應：1.當成沒看到，2.責備員工，3.獎勵員工。採取第一種作法，是比較具有彈性的作法，好處是由員工自行裁量，壞處是員工不知道標準在哪裡。採取第二種作法，是比較制式的作法，好處是一切按規定來，成本比較低，壞處是制度僵化，不知變通，流失顧客。採取第三種作法，是比較正向的作法，好處是鼓勵員工主動服務顧客，提升顧客滿意度，壞處是員工可能不知道標準在哪裡，無形中增加很多成本。

第十五章

員工自發行為個案討論

問題思考

服務業都會有所謂的「標準作業流程（SOP）」，如果員工並沒有依照標準作業流程來做時，到底是好？還是壞？

 問題提示

當員工並沒有依照企業所訂定的標準作業流程來做，而以自己的方式來提供服務時，稱之為「員工自發行為」。員工自發行為對顧客滿意度的影響，有可能是正向的，也有可能是負向的。

 問題解答

「顧客滿意」是由顧客比較購買前的期望與購買後的績效所產生，只是依照企業所訂定的標準作業流程來做，最多只能符合顧客的期望，讓顧客感到滿意。但是，如果服務人員能夠提供標準作業流程以外的服務，將會超越顧客的期望，給顧客帶來驚喜，大大提高顧客滿意度，再透過顧客的口碑宣傳，有效提高企業知名度，強化顧客忠誠度。

一、個案描述

有一位美國知名大學的教授，受邀到芝加哥參加世界旅館年會發表演講，前一天晚上住在加拿大一家小旅館，隔天一大早到機場搭機時，才發現手提電腦放在旅館內忘記帶走，裏面有今天要演講的簡報資料，如果沒有手提電腦，他今天的演講就講不成了。

著急的教授趕快打電話回旅館，告訴服務人員他今天上午10點，要到芝加哥參加世界旅館年會發表演講，所有的演講資料都放在手提電腦裡面，如果沒有手提電腦，他今天的演講就講不成了，請服務人員趕快去查看，手提電腦是不是放在房裏忘記帶出來。

服務人員請教授稍候，馬上檢查房間確認，手提電腦的確是放在房裡忘了帶走。於是，教授告訴服務人員，那部手提電腦對他非常重要，請服務人員馬上送到機場給他，服務人員答應了教授的要求，立刻帶著手提電腦趕到機場。但是，

當服務人員趕到機場時，教授的班機時間已經到了，教授不得已只好搭著飛機離開。

當天上午十點，在芝加哥世界旅館年會會場，教授正要發表演講，他首先向全場的來賓道歉，因為他的個人疏忽，前一天晚上住在加拿大的一家小旅館，隔天一大早到機場搭機時，才發現手提電腦放在旅館內忘記帶，而他所有的演講資料都放在手提電腦中。雖然，服務人員立刻帶著手提電腦趕到機場，但是由於班機的時間已到，他也只能搭著飛機離開。所以，今天的演講他只能口述內容，而無法提供簡報資料給大家參考，實在感到非常抱歉。

就在這個時候，會場的大門打開了，有人急急忙忙地衝進來，嘴裡喊著，教授你的手提電腦在這裏。原來是加拿大那家小旅館的服務人員，帶著手提電腦坐飛機趕到會場，這時候會場裏響起了掌聲，所有與會人員都被這位服務人員的服務精神所深深感動。於是，這段故事被寫在世界旅館年會的會議紀錄中，並刊載於年刊的封面故事，而這家加拿大的小旅館，從此被譽為「全球服務最佳旅館」。

二、個案討論

㈠看完這個服務人員自發行為個案，你對於這位服務人員的行為，有什麼看法？同樣的事件如果發生在台灣，旅館服務人員會採取什麼樣的反應？

同樣的事件如果發生在台灣，大部分的旅館服務人員會告訴顧客，我們有發現您的手提電腦，我們會幫您妥善保管，等您有空時再來拿。只有小部分的旅館，會用郵寄的方式，將手提電腦寄還給顧客。如果顧客要求服務人員將手提電腦送到機場給他，大概只有少數服務極佳的旅館能夠做到。所以，加拿大這家小旅館服務人員的服務精神，是非常令人感動的，堪稱服務人員的最佳典範。

㈡如果你是這家旅館的服務人員，當顧客要求你送遺忘的手提電腦到機場時，你會採取什麼樣的反應？當你到達機場時，發現顧客的班機已經起飛了，你會採取什麼樣的反應？如果你搭飛機幫顧客送手提電腦，當你回到旅館時，會有什麼樣的結果？

一般而言，當顧客要求服務人員送遺忘的手提電腦到機場時，服務人員會依照旅館的標準作業流程來做，即使旅館的標準作業流程，容許服務人員送顧客遺忘的手提電腦到機場，服務人員也必須考量，如果他走了，他的工作有沒有人

可以代理。即使，服務人員的工作有人可以代理，服務人員也必須徵得主管的同意，才能夠離開工作崗位。如果服務人員到達機場時，發現顧客的班機已經起飛了，這個時候牽涉的問題就更多了，通常服務人員會告知顧客，東西已經儘速送到機場了，但是班機已經起飛，暫時幫顧客保管物品，請顧客有空時再來拿，或是使用郵寄方式，將手提電腦寄還給顧客。如果服務人員想要搭飛機幫顧客送東西，因為涉及工作時間與差旅費用的問題，必須徵得最高階主管的同意才行，不可以擅作主張。

㈢如果你是這家旅館的老闆，當你發現服務人員搭飛機幫顧客送遺忘的手提電腦時，你會採取什麼樣的反應？

如果你是這家旅館的老闆，可能會有三種反應：1.當成沒看到，所有的費用由員工自行承擔，誰叫你自作主張，沒罵你已經不錯了。2.責備員工，把服務人員臭罵一頓，擅離職守，記過外加扣薪水，警告不得再犯。3.獎勵員工，所有的費用由旅館支付，並且給予隆重的表揚，讓他成為旅館員工的服務典範。至於這三種方法中，哪一種方法最好，取決於老闆的經營理念，及其所塑造的企業文化。

㈣為什麼加拿大的這家小旅館，做得到這樣的服務，台灣的旅館卻做不到？

因為想要做到這麼好的服務，並不是那麼容易。首先，旅館必須要有良好的標準作業流程，明確地告訴服務人員，在什麼情況之下，他被授權可以做哪些事情。其次，旅館要有良好的企業文化，鼓勵員工主動為顧客提供標準作業流程以外的服務。最後，旅館要對做出良好自發行為的員工，給予正式隆重的表揚，讓他成為旅館的英雄人物，建立員工的服務典範。

第十六章

服務失誤個案討論

問題思考

當發生「服務失誤」時，是否要進行「服務補救」？如果不進行「服務補救」，對廠商有何影響？

問題提示

我們常說，「預防勝於治療」。「服務補救」是必須耗費成本的，但是當發生「服務失誤」時，如果不進行「服務補救」，將來處理善後的成本，可能是服務補救的好幾倍，有時候甚至花錢都解決不了問題。以往的企業重視「交易行銷」，以一次交易企業可以賺多少錢的觀點，來評量顧客對企業的貢獻。因此，主張「銀貨兩訖」，貨物出門，概不退換。所以，當交易結束時，企業與顧客之間的關係也跟著結束。但是，現代的企業重視「關係行銷」，從「顧客終生價值」的觀點，以顧客終其一生對企業的總貢獻，來評量顧客對企業的價值。所以，當交易結束後，企業與顧客之間的關係才剛開始，強調與顧客建立良好的長期關係。

問題解答

滿意的顧客除了會再度光臨之外，還會透過正面的口碑宣傳介紹新顧客。同理可知，不滿意的顧客除了不會再度惠顧之外，還會透過負面的口碑宣傳，讓其他顧客不再上門。從實證研究中發現，發生服務失誤在所難免，只要顧客願意提出抱怨，就是希望給廠商機會進行服務補救，只要服務補救做得好，大部分的顧客都可以救回來，即使救不回來，對廠商的殺傷力也會降低許多。如果廠商不進行「服務補救」，顧客將會逐漸流失，最後只有走上倒閉一途。

一、個案描述

在夜市中有二家自助式火鍋店隔街相望，由於價格合理且物美價廉，我幾乎每個月都會去個幾次。由於這二家火鍋店比鄰而居，價格和菜色一模一樣，火鍋

料和湯頭也大同小異，二者可謂不分軒輊。甲店設在戶外，只使用簡陋的遮陽棚遮風避雨，每逢颱風下雨就得停止營業，而乙店設在屋內，環境較為整潔明亮，而且不受天候影響。然而，令人好奇的是，甲店的生意總是比乙店好許多，經過長期的觀察發現，甲店的服務人員比較熱絡，比較會招呼逛夜市的人進來坐吃火鍋，一旦吃習慣了，就會常常來光顧；反觀乙店，生意就冷清許多，只有在甲店休息或下雨天時，生意才會特別好。

第一次到此夜市吃火鍋時，對二家店都沒有特殊的偏好，而是被比較熱絡的甲店服務人員拉進去的，久而久之就成為甲店的常客，只有在颱風天或甲店不開時，才會到隔壁的乙店去。有一次學生要到家裡聚餐，由於人數眾多怕家裡容納不下，心想何不請學生去夜市吃火鍋，不必忙得不可開交。於是我找甲店老闆商量，希望能給我們一點優惠，經過討價還價之後，他答應打九折優待，結帳之後才花了五千多元，既經濟又實惠，從此我成了這家火鍋店的忠誠顧客。

有一天，我一如往常的帶著家人到夜市吃火鍋，甲店的服務人員也如往常一般招呼我們入座，由於天氣突然轉涼，所以店中座無虛席。然而，就在我們坐定之後，服務人員已經起鍋熱油，又有一位服務人員突然跑來，希望我們能夠換位置，因為有一群人數較多的客人要坐在一起，我們答應了服務人員的要求起身讓坐，並且等他幫我們清理新的桌面。在我們等待的過程中，原來的服務人員送菜來問我們要坐哪裡，我們回答說剛才有人要我們換到隔壁桌去，此時要我們換桌的服務人員在遠處高喊，不必換桌了他已經幫新客人找到位置了。正當我們要回到原來的座位時，四個叼著香菸的年輕人，大辣辣地走進來坐在我們的座位上，服務人員卻自顧忙著去招呼其他的客人，一點也無視於我們的存在，雖然我曾招手高喊「小姐！小姐！」試圖引起他們的注意，但是似乎每個人都在忙，沒有人注意到我們已經在這裡站很久了，眼看比我們晚來的客人，都已經在吃著熱騰騰的火鍋，而我們卻像棄嬰一般無人理睬，此時再也無法按耐心中的怒火，揮手示意家人「我們不吃了！」

正要離去時剛好遇到老闆，提著一鍋高湯要為客人加湯，我怒氣沖沖地向他抱怨，老闆嘴上說著：「好，馬上給你弄！」又馬不停蹄的忙著他的事去了。於是，我告訴自己再也不要到這家店來吃火鍋了，並且帶著家人走到對面的乙店，叫了同樣的火鍋。在等待火鍋煮熟的過程中，我數度起身走到甲店，想要告訴老闆我憤而離席的原因，因為我實在不想放棄已經吃習慣了的甲店，只要他很誠懇地向我道歉，我可以體諒他尖峰時間人手不足的疏忽，以後還是會經常來光顧。

但是，老闆似乎依然忙得不可開交，我想他大概會比較重視已經坐在店裡的客人，而沒有時間聽我囉嗦吧！於是湧到心口的話又吞了回去。

吃完了乙店的火鍋，感覺也還不錯，問問家人也是同樣的看法，仔細想想甲店似乎沒有想像中那麼好，而乙店也沒有想像中那麼差。因此，大夥一致同意以後都改到乙店吃火鍋，再也不要到甲店受氣了。

二、個案討論

㈠火鍋店的忠誠顧客為何會掉頭而去，問題出在哪裡？

在此一個案中，火鍋店的忠誠顧客會掉頭而去的主要原因，在於火鍋店的生意太好，服務人員忙不過來，以致疏忽了客人，而且當服務失誤時，又未能妥善處理顧客的抱怨，才會導致顧客掉頭而去。

㈡當消費者向火鍋店老闆抱怨時，火鍋店老闆有幾種可行方案可以選擇？每個方案的損益得失為何？選擇哪個方案對火鍋店比較有利？

當消費者向火鍋店老闆抱怨時，火鍋店老闆有二種可行方案可以選擇。甲案：隨便應付一下，反正生意太好忙不過來，趕快招呼其他的客人要緊；乙案：先把手頭的事情停下來，仔細聆聽顧客的抱怨後，並且妥善加以處理。兩個方案的損益分析如下：

	甲案	乙案
收益	俗語云：「一鳥在手，勝過十鳥在林」。趕快招呼已經在座的客人，並且招攬新的客人，反正生意很好，你不吃，有別人要吃，不差你這個難以伺候的客人。	1.消費者將繼續光臨，以一家四口，每週光臨一次計算，每次消費250元，每月收入1,000元，每年收入12,000元，十年收入12萬元。 2.以每學期請學生聚餐一次計算，每次消費5,000元，每年收入10,000元，十年收入10萬元。 3.消費者將不會轉到隔壁的火鍋店，使得本火鍋店生意興隆，進而擴大營運，收益無法估計。

	甲案	乙案
損失	1.消費者將永遠不再光臨，以一家四口，每週光臨一次計算，每次消費250元，每月損失1,000元，每年損失12,000元，十年損失12萬元。 2.以每學期請學生聚餐一次計算，每次消費5,000元，每年損失10,000元，十年損失10萬元。 3.消費者將會轉到隔壁火鍋店，使得隔壁火鍋店生意興隆，形成潛在的競爭威脅，損失無法估計。	必須停下來處理顧客的抱怨，無法招呼其他的客人，損失招攬新客人的機會。

(三)在此一個案中，如果你是這家火鍋店的老闆，你會採取何種做法來處理此一事件？為什麼？

　　在此一個案中，當消費者向火鍋店老闆抱怨時，雖然老闆嘴上說著：「好，馬上給你弄！」但是又去忙其他的事情，並沒有停下來仔細聆聽顧客的抱怨，並且採取必要的補救手段。這樣的作法，不但無法撫平費者心中的不滿，反而使問題更加惡化。因此，如果能夠採取下列作法，可能更能挽回消費者的心：

1. 先把手上的事情停下來，仔細聆聽顧客的抱怨，並且妥善加以處理。
2. 向消費者說明造成服務不周的原因，請求消費者的諒解，並且以打折優惠的方式，表達誠摯的歉意。
3. 重新評估服務人員的配置是否足夠，考慮在營業尖峰期增加人手，以免因為生意太好，服務人員太忙，以致疏忽了顧客。
4. 加強服務人員的教育訓練，以及服務失誤時的補救技巧，以避免再度發生類似的情況。

第十七章

服務補救個案討論

重點
大綱

問題思考

什麼是「服務補救」？「服務補救」一定要花錢嗎？

問題提示

當發生「服務失誤」，「服務補救」能不能讓顧客滿意，往往是廠商處理服務失誤時的「態度」問題，有時候並一定要花錢。

問題解答

所謂「服務補救」，指廠商在發生服務失誤之後，所採取的任何改善措施。有時候顧客提出抱怨，只是想表達心中的不滿，只要廠商能夠好好回應，就能夠讓顧客的憤怒平息，並不見得一定要花錢。例如，在進行服務補救時，如果廠商能夠站在顧客立場設想，以謙卑的心情、感恩的態度，來處理顧客的抱怨，或許只要深深的一鞠躬，誠懇地口頭道歉，顧客也能接受，此時如果能夠以實際行動，展現體貼顧客的心意，將更能化解顧客的不滿。

一、個案描述

在高雄市九如路上，有一家四星級大飯店，二樓是自助式的中餐廳，由於菜色頗多而且價格合理，去了幾次之後，感覺非常經濟實惠，就成了我們全家外出聚餐的好地方。有一次女兒生日，太太提議到外面聚餐，於是全家興沖沖地到此家餐廳用餐。

由於附近停車不易，所以我們一如往常將車停在這家飯店的停車場，然後走進餐廳用餐。然而，當我們走到樓梯口時，卻發現二樓立著「整修中暫停營業」的告示牌，經詢問一樓西餐部櫃檯的服務人員，才知道二樓正在重新裝潢，要下個月才重新開幕。但是，時間都已經是晚上七點多了，而且週末假日交通擁擠，我們實在不想再大費周章地開車到別家餐廳，更何況大夥早已飢腸轆轆，只想早點填飽肚子，不如改在一樓吃西餐也一樣。西餐部的服務人員看到有意用餐，很客氣的回答我們的詢問，並且說我們可以先進去看看沒關係，但是當我們走進餐

廳時，發現偌大的餐廳只有七、八個人在用餐，不但菜色很少而且所剩不多，無法滿足我們飽餐一頓的渴望，於是我們決定換到另外一家餐廳用餐。

走出飯店到停車場開車，管理員開口向我要停車券，我說：「我們並沒有用餐，哪來的停車券？」管理員說：「沒有停車券的話要繳停車費。」我說：「我們來二樓用餐，可是你們中餐部整修暫停營業，我們只好換到別家餐廳，我們是為了要來吃飯，才會把車停在這裡，餐廳沒有開門營業是你們的錯，又不是我的錯，憑什麼向我收停車費？」管理員卻說：「這是公司規定，除非有餐廳蓋章，否則一定要收停車費。」為了不想再浪費時間和管理員理論，只好息事寧人，準備乖乖地交錢繳費，一問之下卻嚇了一跳，停車費一小時五十元。我們從走進去到走出來，也不過短短的三分鐘，竟然要跟我收五十元，更何況錯在飯店，又不是錯在我，飯店餐廳暫停營業又沒有在停車場公告周知，實在令人嚥不下這口氣。

但是，人在屋簷下，不得不低頭，只好客氣地與管理員打個商量，是否可以把停車單保留給下一個客人，就可以解決此一問題。管理員卻說，停車單上都有打時間，下一個客人不知道什麼時候才會來，沒法幫我這個忙。此時，剛好有一部車要開進停車場，我跟管理員說，那你把停車單給他不就得了，不過只差了三分鐘，管理員卻說，他們的停車單都是連號的，沒有辦法這樣做。我實在想不通，管理員給我的這些理由邏輯何在，無非只是想敷衍我而已。管理員看我已經有點火大，趕忙解釋一切都是公司規定，只要去餐廳部給他們蓋個章就可以了。此時，我已經對這家餐廳感到非常的不耐煩，而且逐漸失去了耐心，為了不想把事情鬧得更僵，我請比較溫柔有耐性的太太出馬，去餐廳部請他們在停車單上蓋個章，我則帶著小孩在車上等。

然而，隨著時間一分一秒的過去，太太並沒有回來，我再也按耐不住性子，決定下車一看究竟，一進了餐廳就看見向來一向溫柔婉約的太太正在跟西餐部的服務人員理論，我說：「你跟服務人員講有什麼用，為什麼不直接找他們的經理？」太太說：「我有請他們找經理，可是他們說經理不在現場，那為什麼不打個電話聯絡，他們說經理聯絡不到。」聽到這裡，我再也按耐不住心裡的怒火，「這是一間什麼樣的飯店？你們是怎樣教育員工的？這就是你們對待顧客的態度？叫你們經理出來！」我不知不覺拉高了嗓門，「已經告訴過你，我們經理不在！」服務人員不甘示弱地回答，「那你們飯店總有其他人在吧？」

隨著爭執聲的增大，飯店內所有的客人都暫時停止用餐，而把焦點移轉到這場爭執。這時旅館部的經理走過來，對著西餐部的女服務生說：「給他蓋章

吧！」女服務生依然義正嚴詞地說：「可是他們並沒有用餐啊？」旅館部經理揮揮手說：「我知道，你給他蓋章吧！」女服務生只好用很無奈的表情，在停車單上蓋了章。拿了停車單走出飯店，心中並沒有戰勝對手的喜悅，只有滿肚子的怨氣，好好的一個晚上，高高興興出來吃飯，結果被折騰成這個樣子，再也沒有心情到別家餐廳吃飯了，只好帶著抱歉的眼神向太太和小孩說：「我們回家吃泡麵吧！」此時，心中只有一個念頭，我們再也不會到這家飯店吃飯了！

二、個案討論

(一)在此一個案中，消費者有沒有錯？餐廳服務人員有沒有錯？停車場管理員有沒有錯？如果大家都沒有錯，那麼問題究竟出在哪裡？

此一個案的當事人包含：消費者、餐廳服務人員、停車場管理員，因此必須分別從三個不同的角度來探討問題。首先，在此一個案中，消費者會認為自己並沒有錯，因為他是要來吃飯，才會把車停在飯店的停車場，餐廳暫停營業，飯店應在停車場公告，不然他怎麼會知道，所以，錯在飯店，他才會大發雷霆。其次，餐廳服務人員也會認為自己並沒有錯，因為飯店規定有用餐才能免費使用停車場，消費者並沒有在餐廳用餐，所以她才會堅持不在停車單上蓋章，她只是遵照公司的規定，為公司節省停車費的支出，怎麼會有錯。第三，停車場管理員也會認為自己並沒有錯，因為飯店規定停車單上有蓋章，才能免費使用停車場，消費者並沒有在停車單上蓋章，所以他才會堅持要收停車費，他只是遵照公司的規定，為公司增加停車費的收入，怎麼會有錯。既然，大家都沒有錯，那麼問題究竟出在哪？原因是公司的規定僵化，員工只會墨守成規，而不知如何變通。

(二)在此一個案中，餐廳服務人員有幾種可行方案可以選擇？每個方案的損益得失為何？選擇哪個方案對飯店比較有利？

在此一個案中，餐廳服務人員有二種可行方案可以選擇。甲案：依照公司規定，向消費者收取五十元停車費；乙案：給消費者在停車單上蓋章，由餐廳支付五十元停車費。兩個方案的損益分析如下：

	甲案	乙案
收益	停車費五十元	1.正在餐廳用餐的客人不會受影響，以致對餐廳有所不滿。 2.消費者將會再度光臨，以一家四口，每個月光臨一次計算，每次每人平均消費500元，每月收入2,000元，每年收入24,000元，十年收入24萬元。 3.消費者會向親朋好友稱讚此家餐廳的優點，介紹親朋好友要到此家餐廳，獲益無法估計。
損失	1.正在餐廳用餐的客人情緒受到影響，可能會對餐廳有所不滿。 2.消費者將永遠不再光臨，以一家四口，每個月光臨一次計算，每次每人平均消費500元，每月損失2,000元，每年損失24,000元，十年損失24萬元。 3.消費者會向親朋好友抱怨此家餐廳的缺失，希望親朋好友不要到此家餐廳，以免受氣，損失無法估計。	停車費五十元

（三）在此一個案中，如果你是這家餐廳的經理，你會採取何種做法來處理此一事件？為什麼？

在此一個案中，雖然有旅館部經理出面，要餐廳服務人員在停車單上蓋章。但是這樣的作法，只是避免問題的惡化而已，並沒有真正化解消費者心中的不滿。因此，如果能夠採取下列作法，可能更能挽回消費者的心：

1. 由餐廳經理出面瞭解整個事件的始末，向消費者說明引起誤會的原因，並誠摯地表達歉意。
2. 除了在停車單上蓋章之外，由餐廳經理陪同消費者一起走到停車場，告知公司將會重新檢討整個的作業流程，並且加強服務人員的教育訓練，絕對不會再有類似的情況發生。奉上自己的名片，希望消費者能不吝指教，並且致贈餐廳的折價券，邀請消費者再度光臨，以便有榮幸能夠繼續為其服務。
3. 建議公司重新檢討公司的標準作業流程，並且加強員工的教育訓練，以避免同樣的事情再度發生。

第十八章
補救失誤個案討論[1]

重點
大綱

---

[1] 城中志宏（2003）。南港一家會打客戶巴掌的牛排館。線上檢索日期：2003年11月27 日。網址：http://www.nkzone.com.tw/member_board.asp?page=121&id=#。

問題思考

什麼是「服務失誤」？什麼是「奧客」？二者哪裡不一樣？

 問題提示

所謂「服務失誤」，是指服務表現未達到顧客對服務的評價標準，只要顧客認為其需求未被滿足，或是企業的服務低於其預期水準，就預示著企業有可能發生服務失誤。所謂「奧客」，是在整個服務傳遞過程中，服務人員或系統並未有任何明顯失誤的情況下，顧客因為個人情緒、自私心態等因素，故意違反服務場所規定，甚至有違法行為、騷擾其他顧客，對服務人員做出不理性、不合作的行為或態度，以致服務人員無法提供良好服務品質者。

 問題解答

「服務失誤」與「奧客」，有時候只是一念之間而已，有時候「服務人員」與「顧客」各說各話，公說公有理，婆說婆有理，外人很難判斷誰是誰非。然而，從事服務業，就是要服務客人，千萬別忘了「顧客至上」、「以客為尊」，是服務人員最基本的信條。

一、個案描述

7月24日晚上8點10分，我與六個同事相約共進晚餐想要享受一下下班後的輕鬆。走在南港科學園區旁的南港路上，在我的堅持下選擇了一家牛排館。沒有想到就在這裡，我遭受到生平最大的侮辱！

8點47分，我們已用完自助吧，等了30分鐘我們餐點終於陸續送來。當我點的菲力牛排送來我面前時，我望著前面一塊一半是乳白色脂肪的「菲力」，接著一位女服務員對問我：「小姐，要什麼醬？」我回答她：「一半一半好了，謝謝！」只見她一臉像我找她麻煩似的回到廚房拿了盛著冒煙黑胡椒醬的銀色器具淋下來，忽然，我的大腿感覺到溫度！一坨醬汁已經在我的白色棉質裙子上，形成一塊直徑約6公分的污漬。我趕緊用餐巾紙擦拭，卻已於事無補。

我一邊忙著清理裙子一邊對服務人員無奈地說：「小姐怎麼辦？這很難洗耶！」女服務員繼續爲其他人的牛排淋醬汁，並斜眼看了看我。我想她可能沒聽清楚，我又說：「小姐，我是說這條裙子被醬汁弄到了很難洗耶，怎麼辦？你們要不要處理一下？」她這次終於有回應了，她說：「那妳想怎樣？」這下換我愣住了。我說：「沒有啊，我只是想問你們該如何處理？」接著，只見她拉開嗓門對著廚房喊：「這小姐說要我們賠她裙子啦！」

　　一個膚色黝黑、身材略爲壯碩的女人走出來，聽服務員說：「醬汁滴到她裙子，要我們賠啦！」自稱負責人的女人看了看，竟對我說：「小姐！難道妳說妳這條裙子一萬塊我們就要賠妳一萬塊嗎？」我說：「從頭到尾都沒有說要你們賠錢啊，我只是說這樣很難洗，這條裙子等於是報銷了，想問妳們要如何處理而已。」她回我：「那妳下次來的時候，我們再幫你拿去送洗。」我說：「可是我不會再來了耶！」她大聲回我：「妳明天拿來！我們拿去送洗，可以了吧？！」說完轉身就走，並抬起她的下巴說：「我們這家店暫時還不會倒啦！妳放心啦！」與我一樣從事服務業的同事們每個人都搖頭嘆息；這是什麼服務啊！

　　我拿起刀叉心想：算了，自認倒楣吧！並隨口說一句：「你們服務眞的很爛。」沒想到她們兩個走回來；服務員指著我的牛排，蹲下身在我的左耳邊大聲質問我：「小姐！妳還要不要用？還用不用？不用妳就出去！」我這次眞的生氣了，把刀叉用力放下說：「妳這什麼服務態度？好，我走！」我的同事連我共6人起身準備離去。

　　就在這時候負責人說：「你們全部給滾出去！像你們這種『奧客』我們不屑賣牛排給你們！」我問她：「妳這叫什麼負責人啊？妳是這樣負責的嗎？妳是這樣服務客人的嗎？」在我說這些話時；我清楚看到她的臉部猙獰、嘴角抽蓄！她吼著：「滾！」接著，一個巴掌打在我的左臉頰上！就在她還要一直逼近我時，我的同事全部擋在我前面：「小姐妳憑什麼打人啊？」這時他們店裡有個抱著約3歲的小孩拉住她，但她仍繼續嘶吼著！我的同事們這時已經被他們極度惡劣的態度激怒，故報警處理（8點58分）。就在等候警察時，他們快速地把桌上的所有餐點收拾乾淨，負責人抱著已經被她嚇哭的孩子瞪著我們，原來她還是爲人之母啊！

　　9點12分警察才來，她便上前去換了一張無辜的臉告訴警察：「我們是xx廚房的啦！」我不懂她說的暗語，總之一行人就到了南港派出所。一開始警察便把我們叫到門口對我說：「小姐，妳要告她什麼呢？傷害嗎？那很麻煩的，要到醫院驗傷，而且日後的出庭程序也很麻煩的。」我的同事在一旁生氣的說：「警察

先生，你就是希望我們和解嘛！好啊，那也應該看他們有沒有誠意啊？」我們並沒有主動要求什麼，因爲當時的我並不知道，6個人被轟出來的侮辱和一巴掌該用什麼來衡量？一切看對方誠意在哪裡？負責人竟說：「那我說對不起總可以了吧？」

我的家人也來了，姐姐氣憤的問她：「如果你妹妹或妳小孩去吃牛排不僅被轟出去，還被打一巴掌再跟你說對不起，你能接受嗎？」我說：「你們不是有錄影嗎（店內貼有「錄影中，請微笑」的標語。）她對警察說：「那是因爲南港園區的人來用餐都很不友善，像他們一進來就都沒有笑臉。」若不是親耳聽到沒有人敢相信！消費者去消費還要陪笑臉？我的同事不可思議的問她：「小姐，妳們到底會不會做生意啊？」和解無效，我決定提出毀損和公然侮辱的告訴。

報案三聯單上是9點20分，完成筆錄的時間竟是0點10分了！同事們陪我在一樓餵蚊子，對方也在做筆錄，但卻是在樓上吹冷氣。我無法忘懷他們極惡劣態度，甚至動手打人！甚至尋求和解的機會（現在想想覺得自己實在太笨了！爲什麼還要給他們機會呢？）我是被害人找他們和解，他們卻還是一副強勢的態度！一開始他們請我們到店裡坐不到十分鐘，談話過程平和，但他們居然突然報警說我們妨礙他們做生意！更令人啼笑皆非的是，他們隔天找了里長來調解，一開始讓我覺得很欣慰，覺得總算有一個比較理性的人可以溝通了。

沒想到那家牛排店的負責人是鄰長，大家應該都知道鄰長是里長指派吧？鄰長把當天在的狀況和到警察局的對話完全顛倒是非，例如：她自己說：「好啦！我知道我沒念什麼書啦，不像你們都是高學歷啦！」或「難道要我跪下來道歉嗎？」這種毫無理性的話我們在警察局都告訴她這不是她該有的道歉態度，而我們要的也不可能是這樣。但在里長所轉述的竟是我們說她沒讀書、要她跪下來道歉。天啊！其他更離譜的就不贅述了。（包含她說我帶記者去拍桌勒索，這些記者爲了保護自己都有針孔錄影存檔。）最後，所謂的「調解」，就是打了二次我的公司的總申訴專線，表示要跟我的上級反映，試圖要讓我丟了工作！

講到這裡我眞的要特別感謝我的直屬長官，和單位最高層主管及同事們對我的強力支持，讓我著實有家人的感覺。這件事發生後不僅時時給關心，更是不影響對我正面的工作評價。我相信這不是所有部門，甚至企業所能做到的。一巴掌，對我而言已經造成身心上的陰影。今天我卸下尊嚴，在知道連對簿公堂都恐怕沒有機會勝訴的情況下，讓我告訴好朋友們我的親身經驗，一個我與其他5位同事所目擊的不可思議！

就短短的10幾分鐘，我不只給他們一次劣質服務態度後的彌補機會，若在

一開始對於裙子有一句抱歉的話語，也不至於演變成如此局面。尤其是她那句「我們這家店暫時還不會倒啦！妳放心啦！」，以及開店在南港科學園區旁，竟然還義正詞嚴地說，店內貼有「錄影中，請微笑」的標語，是因為南港園區的人來用餐都很不友善？身為一名消費者，要把這家惡意的店讓大家知道，這種「不食嗟來食」的態度，實在令人氣結！

聽到這消息的朋友除了不敢相信外，無不氣憤難平！各位親愛的朋友們，在我們每天努力認真工作之餘，也讓大家一起抵制這種惡行惡狀的店！尤其是要轉寄或告訴您所認識在南港科學園區或住在南港的親友，因為當同為一名消費者的你進入這家店時，若沒有親切的笑容和和藹的態度很有可能會像我一樣，遭到一頓氣和一個巴掌！請記得我與其他5位同事的親身經驗。

二、個案討論

(一)為什麼只是去吃個牛排，竟然還要鬧到上法院，到底問題出在哪裡？如果是你，你會怎麼處理這件事情？

在此一個案中，整個事件的導火線在於，消費者的裙子被牛排的醬汁淋到，向服務人員提出抱怨，為什麼到後來會演變成，消費者被老闆娘打巴掌，甚至到法院互告呢？主要的原因有二：1.服務人員第一時間的處理方式不當，或許她認為顧客的口氣不佳，所以回話態度也不太禮貌；2.老闆娘的反應過於情緒化，當老闆娘聽到服務人員的抱怨時，沒有深入去聊解事情發生的原因，只是聽服務人員片面之詞，就按耐不住心中的怒火，說了一些很難聽的氣話，引發消費者更大的怒火，後來甚至動手打人，導致事情擴大惡化，以致無法善後。

(二)在此一個案中，如果你是這家牛排館的老闆娘，你會採取何種做法來處理此一事件？為什麼？

在此一個案中，當消費者向服務人員抱怨時，服務人員並沒有停下來仔細聆聽顧客的抱怨，並且採取必要的補救手段，而是繼續做自己的事情。這樣的作法，不但無法回應顧客的抱怨，反而會讓顧客更加不滿。因此，如果能夠採取下列作法，將能避免後續一連串事件的發生：

1. 服務人員應該先把手上的事情停下來，協助顧客處理衣物，向顧客誠心地道歉，並仔細聆聽顧客的抱怨，請求顧客原諒。

2. 服務人員應向消費者表達願意提供洗衣費用，或是賠償消費者的損失，表達誠摯的歉意。

3. 如果消費者還是無法接受服務人員的道歉，可以先向老闆娘說明事情發生的始末，表示願意賠償顧客的損失，再請老闆娘出面協助，展現更大的誠意。

4. 牛排館應該加強服務人員的教育訓練，加強服務人員的專業技能，學習如何與消費者溝通，在工作忙碌時的個人情緒管理，以及服務失誤時的補救技巧，並且讓服務人員瞭解，發生服誤失誤所必須付出的代價，以避免再度發生類似的事件。

(三)當消費者向服務人員抱怨時，牛排館老闆娘有幾種可行方案可以選擇？每個方案的損益得失為何？選擇哪個方案對牛排館比較有利？

當消費者向服務人員抱怨時，牛排館老闆娘有二種可行方案可以選擇。甲案：站在服務人員那一邊，與服務人員同仇敵愾，幫服務人員討回公道。乙案：仔細聆聽顧客的抱怨，向顧客道歉，賠償顧客的所有損失，並且折扣優惠。兩個方案的損益分析如下：

		甲案	乙案
收益		反正不差你這個客人，要吃你吃，不吃你滾，才不稀罕你這個難以伺候的客人，更不想賠你洗衣費。	1.消費者將繼續光臨，以同事6人，每月光臨一次計算，每次消費500元，每月收入3,000元，每年收入36,000元。 2.不必與消費者打官司，專心做生意，不用耗費時間與精神，不須支付出庭律師費，更不需要負擔訴訟失敗的賠償金。 3.消費者會將愉快的消費經驗 PO 上網路，透過網路社群的迅速傳播，形成良好的正面口碑，使牛排館生意更加興隆。
損失		1.消費者將永遠不再光臨，以同事6人，每月光臨一次計算，每次消費500元，每月損失3,000元，每年損失36,000元。 2.與消費者打官司，耗費時間與精神，無法做生意，每次出庭律師費10,000元，還要負擔訴訟失敗的賠償金。 3.消費者將不愉快的消費經驗PO上網路，透過網路社群的迅速傳播，造成不良的負面口碑，使得牛排館生意大受影響，損失無法估計。	1.向消費者誠心道歉，只需動嘴巴，不用花錢。 2.本次消費打5折，損失餐費1,500元，再送折價券，下次消費折抵500元。 3.賠償消費者洗衣費500元，精神損失500元。

國家圖書館出版品預行編目資料

餐飲服務：服務品質與顧客關係管理——理論
與實務／郭德賓編著. -- 二版. -- 高雄
市：國立高雄餐旅大學，2020.11
　面；　公分
ISBN 978-986-99592-3-0（平裝）

1.餐飲業　2.餐飲管理

483.8　　　　　　　　　　　109015035

1LA6　餐旅系列

餐飲服務
服務品質與顧客關係管理：理論與實務

作　　　者 — 郭德賓

出 版 者 — 國立高雄餐旅大學（NKUHT Press）

發 行 人 — 楊榮川

總 經 理 — 楊士清

總 編 輯 — 楊秀麗

副總編輯 — 黃惠娟

責任編輯 — 范郡庭

封面設計 — 王麗娟

出版/發行 — 五南圖書出版股份有限公司

地　　　址：106台北市大安區和平東路二段339號4樓

電　　　話：(02)2705-5066　　傳　　真：(02)2706-6100

網　　　址：https://www.wunan.com.tw

電子郵件：wunan@wunan.com.tw

劃撥帳號：01068953

戶　　　名：五南圖書出版股份有限公司

法律顧問　林勝安律師事務所　林勝安律師

出版日期　2016年10月初版一刷
　　　　　2020年11月二版一刷
　　　　　2021年 4 月二版二刷

定　　　價　新臺幣460元

GPN：1010501638

本書經「國立高雄餐旅大學教學發展中心」學術審查通過出版

經典永恆・名著常在

五十週年的獻禮 —— 經典名著文庫

五南，五十年了，半個世紀，人生旅程的一大半，走過來了。

思索著，邁向百年的未來歷程，能為知識界、文化學術界作些什麼？

在速食文化的生態下，有什麼值得讓人雋永品味的？

歷代經典・當今名著，經過時間的洗禮，千錘百鍊，流傳至今，光芒耀人；

不僅使我們能領悟前人的智慧，同時也增深加廣我們思考的深度與視野。

我們決心投入巨資，有計畫的系統梳選，成立「經典名著文庫」，

希望收入古今中外思想性的、充滿睿智與獨見的經典、名著。

這是一項理想性的、永續性的巨大出版工程。

不在意讀者的眾寡，只考慮它的學術價值，力求完整展現先哲思想的軌跡；

為知識界開啟一片智慧之窗，營造一座百花綻放的世界文明公園，

任君遨遊、取菁吸蜜、嘉惠學子！